中等职业教育国家规划教材

全国中等职业教育教材审定委员会审定

锅 炉 设 备

（第二版）

电厂热力设备运行专业

主　　编　周菊华
编　　写　操高城
责任主审　李文彦
审　　稿　林　江

中国电力出版社
CHINA ELECTRIC POWER PRESS

内 容 提 要

　　本书以煤粉炉为重点,讲述了大型电厂锅炉的设备结构、工作原理和有关系统。内容包括:燃料、燃烧计算,锅炉机组热平衡,煤粉制备系统及设备,燃烧基本理论及燃烧设备,循环流化床锅炉,自然水循环原理及蒸汽净化,过热器、再热器及减温设备,省煤器、空气预热器结构和工作特性,强制流动锅炉的工作原理,锅炉除尘、除灰系统及设备的工作流程及特点等。

　　本书是电力职业技术学校电厂锅炉安装与检修专业和电厂锅炉运行专业的必修专业课教材,同时也适用于火电厂集控运行专业、热工检测与控制技术专业及电厂热能动力专业,还可供从事火电厂锅炉安装、检修和运行的工程技术人员参考。

图书在版编目(CIP)数据

　　锅炉设备/周菊华主编. —2版. —北京:中国电力出版社.2006.8(2024.8重印)
　　中等职业教育国家规划教材
　　ISBN 978-7-5083-4459-1

　　Ⅰ.锅… Ⅱ.周… Ⅲ.火电厂-锅炉-专业学校-教材　Ⅳ.TM621.2

　　中国版本图书馆 CIP 数据核字(2006)第 062490 号

中国电力出版社出版、发行

(北京市东城区北京站西街 19 号　100005　http://www.cepp.sgcc.com.cn)

北京雁林吉兆印刷有限公司印刷

各地新华书店经售

*

2002 年 1 月第一版

2006 年 8 月第二版　　2024 年 8 月北京第三十次印刷

787 毫米×1092 毫米　16 开本　13.5 印张　329 千字

定价 36.00 元

电力中等职业教育国家规划教材

编委会

中等职业教育国家规划教材
出版说明

　　为了贯彻《中共中央国务院关于深化教育改革全面推进素质教育的决定》精神，落实《面向 21 世纪教育振兴行动计划》中提出的职业教育课程改革和教材建设规划，根据教育部关于《中等职业教育国家规划教材申报、立项及管理意见》（教职成〔2001〕1 号）的精神，我们组织力量对实现中等职业教育培养目标和保证基本教学规格起保障作用的德育课程、文化基础课程、专业技术基础课程和 80 个重点建设专业主干课程的教材进行了规划和编写，从 2001 年秋季开学起，国家规划教材将陆续提供给各类中等职业学校选用。

　　国家规划教材是根据教育部最新颁布的德育课程、文化基础课程、专业技术基础课程和 80 个重点建设专业主干课程的教学大纲（课程教学基本要求）编写的，并经全国中等职业教育教材审定委员会审定。新教材全面贯彻素质教育思想，从社会发展对高素质劳动者和中初级专门人才需要的实际出发，注重对学生的创新精神和实践能力的培养。新教材在理论体系、组织结构和阐述方法等方面均作了一些新的尝试。新教材实行一纲多本，努力为教材选用提供比较和选择，满足不同学制、不同专业和不同办学条件的教学需要。

　　希望各地、各部门积极推广和选用国家规划教材，并在使用过程中，注意总结经验，及时提出修改意见和建议，使之不断完善和提高。

教育部职业教育与成人教育司

二〇〇一年十月

前　言

　　《锅炉设备》是教育部 80 个重点建设专业主干课程之一，是根据教育部最新颁布的中等职业学校电厂热力设备运行专业"锅炉设备"课程教学大纲编写的。

　　本书以培养学生的创新精神和实践能力为重点，以培养在生产、服务、技术和管理第一线工作的高素质劳动者和中初级专门人才为目标。教材的内容适应劳动就业、教育发展和构建人才成长"立交桥"的需要，使学生通过学习具有综合职业能力、继续学习的能力和适应职业变化的能力。

　　本书共分七单元，内容密切结合热能动力装置专业、集控运行专业的教学要求和职工培训、技能鉴定的需要，全面系统地阐述了锅炉的工作原理，锅炉设备结构、工作原理，有关辅助设备和系统等。按照我国电力工业发展趋势，在取材方面，尽量反映我国大型电厂的现状、特点，同时又注意吸收国外锅炉的先进经验和最新技术。

　　本书第一版由武汉电力职业技术学院副教授周菊华、山西电力职业技术学院副教授操高城、上海电力学校高级讲师陈海金编写，武汉电力职业技术学院周菊华统稿。此次修订，周菊华负责绪论、单元一、单元二、单元三及单元六中的课题四和单元七，操高城负责单元四、单元五和单元六。

　　本书可作为中等职业学校（普通中专、成人中专、技工学校、职业高中）教材，也可作为职工培训用书或供建筑设备安装人员参考。

　　限于编者水平，书中缺点和错误在所难免，恳切希望使用本教材的师生和广大读者批评指正。

编　者

2006 年 4 月

第 一 版 前 言

　　《锅炉设备》是中等职业教育国家规划教材之一，是根据教育部最新颁布的重点建设专业主干课程《锅炉设备》教学大纲编写的。

　　全书共分七个单元。武汉电力学校高级讲师周菊华任主编，并编写绪论、单元二、单元三、单元七；上海电力学校高级讲师陈海金编写单元一、单元六中的课题四，太原电力学校高级讲师操高城编写单元四、单元五及单元六中的课题一、课题二、课题三。全书由保定电力学校高级讲师王玉清主审。

　　限于编者水平，书中缺点和错误在所难免，恳切希望使用本教材的师生和广大读者批评指正。

编　者

2001 年 7 月

目　录

绪　　论

一、电厂锅炉的作用、组成及工作过程

电能是实现工业、农业、交通运输和国防现代化的主要动力,是国民经济发展的基础,是社会文明进步的标志。发电厂是生产电能的工厂,根据生产电能的能源不同,有火力发电厂、水力发电厂和核能发电厂。此外,还有少量的风能、太阳能和潮汐发电厂等。而火力发电厂是目前包括我国在内的世界大多数国家电能生产的主力。

火力发电是利用煤、石油或天然气等燃料的化学能来生产电能的,其生产过程如图0-1所示。燃料送入锅炉1中燃烧,放出热量将给水加热蒸发形成饱和蒸汽,饱和蒸汽经进一步加热后成为具有一定温度和压力的过热蒸汽,过热蒸汽经蒸汽管道进入汽轮机2膨胀做功,高速汽流推动汽轮机的转子并带动发电机3转子一起旋转发电。蒸汽在汽轮机中做完功以后排入凝汽器4,并在凝汽器中被循环水泵11提供的冷却水冷却成为凝结水;凝结水经凝结水泵5升压后进入低压加热器6,利用汽轮机的抽汽加热后进入除氧器7除氧,除氧后的凝结水连同补给水

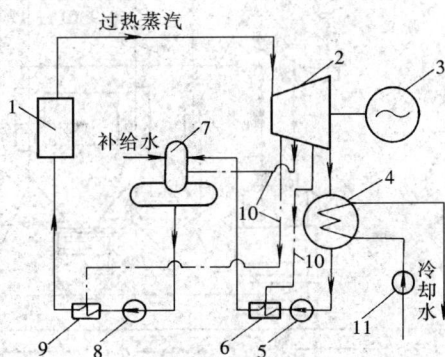

图0-1　火力发电厂生产过程示意图
1—锅炉;2—汽轮机;3—发电机;4—凝汽器;
5—凝结水泵;6—低压加热器;7—除氧器;8—给水泵;
9—高压加热器;10—汽轮机抽汽管道;11—循环水泵

由给水泵8升压,经高压加热器9进一步提高温度后送回锅炉。火力发电厂的生产过程就是不断重复上述循环的过程。

由此可以看出,在火力发电厂的生产过程中存在着三种形式的能量转换:在锅炉中燃料的化学能转变为热能;在汽轮机中热能转变为机械能;在发电机中机械能转变为电能。锅炉、汽轮机和发电机称为火力发电厂的三大主机。

锅炉是火力发电厂三大主机中最基本的能量转换设备。其作用是利用燃料在炉内燃烧释放的热能加热给水,产生规定参数(温度、压力)和品质的蒸汽,送往汽轮机做功。电厂锅炉机组由锅炉本体设备、辅助设备和系统、锅炉附件等组成,如图0-2所示。锅炉本体包括"锅"和"炉"两部分,锅即泛指汽水系统,它的主要任务是有效吸收燃料放出的热量,将水加热成过热蒸汽。对自然循环锅炉,锅炉汽水系统主要由省煤器、汽包、下降管、水冷壁、过热器、再热器、联箱等组成。炉即泛指锅炉的燃烧系统,它的主要任务是使燃料在炉内良好燃烧,放出热量。它由炉膛、烟道、燃烧器、空气预热器等组成。此外,锅炉本体还包括用来构成封闭的炉膛和烟道的炉墙以及用来支撑和悬吊汽包、受热面、炉墙等设备的构架。

锅炉的辅助设备和系统主要有通风设备、输煤设备、制粉设备、给水设备、除尘除灰设备、自动控制设备、水处理设备及一些锅炉附件(安全门、水位计、吹灰器、热工仪表)

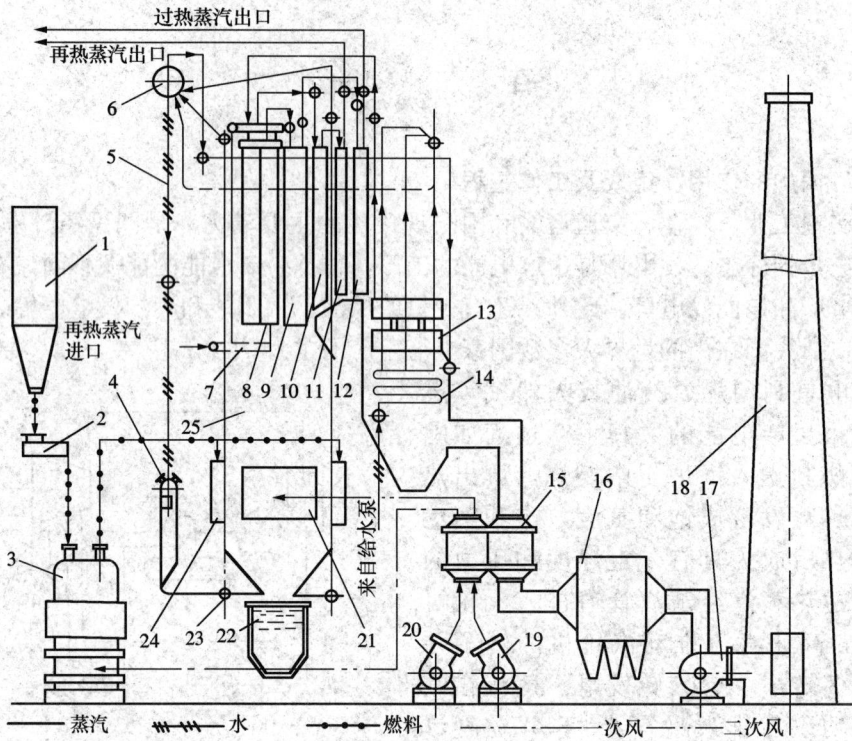

图 0-2 电厂锅炉设备构成及生产过程示意简图

1—原煤斗；2—给煤机；3—磨煤机；4—循环泵；5—下降管；6—汽包；7—墙式再热器；8—分隔屏；
9—后屏；10—屏式再热器；11—末级再热器；12—末级过热器；13—低温过热器；14—省煤器；
15—空气预热器；16—电气除尘器；17—引风机；18—烟囱；19—二次风机；
20—一次风机；21—大风箱；22—除渣装置；23—下水包；24—燃烧器；25—炉膛

等。通过锅炉燃烧系统和汽水系统流程图（图0-3、图0-4），可以简要地说明锅炉的工作
过程。

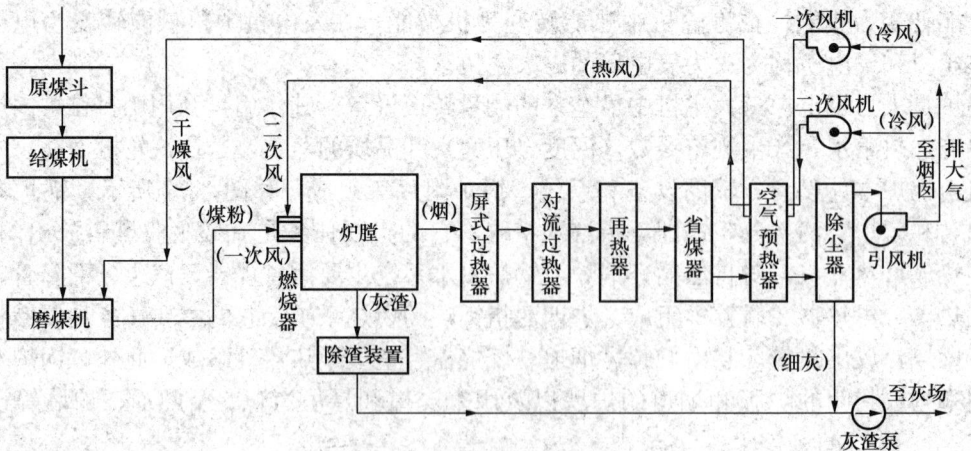

图 0-3 锅炉燃烧系统流程

（一）燃烧系统

冷空气——一次风机——空气预热器

原煤仓——给煤机——磨煤机——煤粉分离器——合格的煤粉——由空气送入炉内燃烧。

燃烧所需的空气——送风机——空气预热器——燃烧器二次风喷口——炉膛。

炉膛烟气——屏式过热器——对流过热器——再热器——省煤器——空气预热器——除尘器——引风机——烟囱——大气。

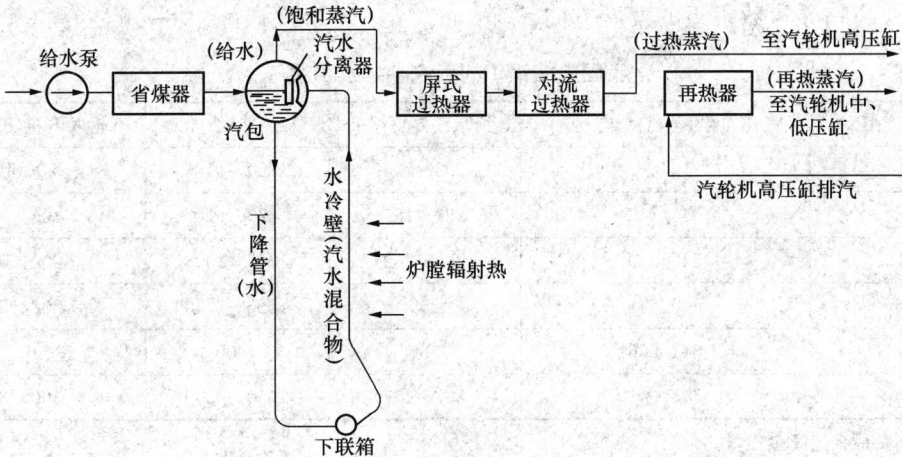

图 0-4　锅炉汽水系统流程

（二）汽水系统

给水（凝结水和少量补给水经化学水处理——低压加热器——除氧器——给水泵——高压加热器）——锅炉省煤器加热——水冷壁蒸发——过热器升温至汽轮机要求的进汽温度。

汽轮机高压缸排汽——锅炉再热器——汽轮机中、低压缸。

二、电厂锅炉的主要特性

（一）锅炉容量

锅炉容量即锅炉蒸发量，它是反映锅炉生产能力大小的基本特性数据。常用符号 D 表示，单位为 t/h。习惯上，电厂锅炉容量也用与之配套的汽轮发电机组的电功率来表示，如 300MW。

在大型锅炉中，锅炉容量又分为额定蒸发量和最大连续蒸发量。蒸汽锅炉的额定蒸发量（BECR）是指在额定蒸汽参数、额定给水温度、使用设计燃料并保证热效率时所规定的蒸汽量。蒸汽锅炉的最大连续蒸汽量（BMCR）是指在额定蒸汽参数、额定给水温度、使用设计燃料，长期连续运行时所能达到的最大蒸汽量。一般 BMCR＝（1.03～1.2）BECR。

（二）锅炉蒸汽参数

锅炉蒸汽参数是说明锅炉蒸汽规范的特性数据，一般指锅炉过热器出口处的蒸汽压力（表压力）和蒸汽温度，分别用符号 p、t 表示，单位分别为 MPa、℃。锅炉设计时所规定的蒸汽压力和温度称为额定蒸汽压力和额定蒸汽温度。对于具有再热器的锅炉，蒸汽参数还应包括再热蒸汽压力、再热蒸汽温度和再热蒸汽流量。额定蒸汽压力是指蒸汽锅炉在规定的给水压力和负荷范围内，长期连续运行时应予保证的蒸汽压力，单位是 MPa。额定蒸汽温度是指蒸汽锅炉在规定的负荷范围、额定蒸汽压力和额定给水温度下长期连续运行所必须保证的出口蒸汽温度,单位是℃。

20 世纪 70 年代以前,我国的火电机组单机容量在 100MW 以下,蒸汽参数以 10MPa/540℃为主;80 年代初期,自行设计和制造了单机容量为 200MW 的火电机组,配置主蒸汽参数为超高压,并具有中间再热系统的 14MPa/540℃/540℃的锅炉机组。

20 世纪 80 年代以后,我国的火电机组以引进技术国产化为主,建设了一批亚临界与超临界参数大容量发电机组。各种技术类型的 300、500、600、800MW 级亚临界与超临界参数的锅炉机组相继投入运行。表 0 - 1～表 0 - 3 是中国电站锅炉的蒸汽参数及容量系列。表 0 - 4 是国外超临界参数机组的发展方向。

表 0 - 1 我国电站锅炉的蒸汽参数及容量

蒸汽压力（MPa）	过热/再热蒸汽温度（℃）	给水温度（℃）	MCR＊（t/h）	汽轮发电机功率（MW）
9.9	540	205～225	220，410	50，100
13.8	540/540	220～250	420，670	125，200
16.8～18.3	540/540	250～280	1025～2008	300，600
17.5	540/540	255	1025～1650	300，500
25.4	541/566	286	1900	600
25.0	545/545	267～277	1650～2650	500，800

＊ 为锅炉最大连续蒸发量。

表 0 - 2 亚临界压力自然循环及控制循环锅炉的容量及参数

机组功率（MW）	300	300	300	600	600
循环方式	自然循环	控制循环	自然循环	自然循环	控制循环
过热蒸汽流量（t/h）	1025	1025	1025	2026.8	2008
再热蒸汽流量（t/h）	860	834.8	823.8	1704.2	1634
过热蒸汽压力（MPa）	18.2	18.3	18.3	18.19	18.22
再热蒸汽压力（MPa）	4.00/3.79	3.83/3.62	3.82/3.66	4.176/4.3	3.49/3.31
过热蒸汽温度（℃）	540	541	540	540.6	540.6
再热蒸汽温度（℃）	330/540	322/541	316/540	313.0/540.6	313.3/540.6
给水温度（℃）	276	281	278	276	278.33
燃煤量（t/h）	136.61	139.89	122.6	264.4	269.9
燃烧方式	四角燃烧	四角燃烧	对冲燃烧	对冲燃烧	四角燃烧

注 1. 蒸汽压力的数值为表压。
　　2. 以分数形式表示的蒸汽温度,分子为过热汽温,分母为再热汽温。

表 0 - 3 超临界压力直流锅炉及低倍率循环锅炉的容量及参数

机组功率（MW）	600	500	800	500
过热蒸汽流量（t/h）	1900	1650	2650	1650

机组功率（MW）	600	500	800	500
再热蒸汽流量（t/h）	1613	1481	2151.5	1481
过热蒸汽压力（MPa）	25.4	25.0	25.0	17.46
再热蒸汽压力（MPa）	4.77/4.57	4.15/3.9	3.86/3.62	4.12/4.0
过热蒸汽温度（℃）	541	545	545	540
再热蒸汽温度（℃）	338/566	295/545	283/545	333/540
给水温度（℃）	286	270	277	255
燃煤量（t/h）		208	336.5	
燃烧方式	四角燃烧	对冲燃烧	对冲燃烧	对冲燃烧
水冷壁型式	螺旋管圈	垂直管屏	垂直管屏	垂直管屏

　　注　1. 蒸汽压力的数值为表压。

　　　　2. 以分数形式表示的蒸汽温度，分子为过热汽温，分母为再热汽温。

表 0-4　　　　　　　　　国外超临界参数机组的发展方向

主蒸汽压力（bar*）	290	305	335	400
主蒸汽温度（℃）	582	582	610	700
再热蒸汽压力（bar*）	80	74	93	112
再热蒸汽温度（℃）	580	600	630	720
循环热效率（%）	47	49	>50	52~55

＊ 1bar=0.1MPa。

（三）锅炉效率 η

锅炉热效率是说明锅炉运行经济性的特性数据。它是指锅炉有效利用热量 Q_1 与单位时间内所消耗燃料的输入热量 Q_r 的百分比，常用符号 η 表示。即

$$\eta = \frac{\text{有效利用热量}}{\text{输入热量}} \times 100\% = \frac{Q_1}{Q_r} \times 100\% \qquad (0-1)$$

现在电厂大型锅炉效率都在 90% 以上。

（四）锅炉净效率 η_j

只用锅炉热效率说明锅炉运行的经济性是不够的，因为锅炉热效率只反映了燃料和传热过程的完善程度，但从火电厂锅炉的作用看，只有供出的蒸汽和热量才是锅炉的有效产品，自用蒸汽及排污水吸收热量并不向外供出，而是自身消耗或损失掉了。而且要使锅炉正常运行，生产蒸汽除耗用燃料外，还要消耗一定数量的电力，使其所有的辅助系统和附属设备正常运行。因此，锅炉运行的经济性指标，除锅炉热效率外，还有锅炉净效率。

锅炉净效率是指扣除了锅炉机组运行时的自用能耗（热能和电能）后的锅炉效率。锅炉净效率可用式（0-2）计算：

$$\eta_j = \frac{Q_1}{Q_r + \sum Q_{zy} + \frac{b}{B}29270\sum P} \times 100\% \qquad (0-2)$$

式中 B——锅炉燃料消耗量，kg/h；

$\quad Q_{zy}$——锅炉自用热耗，kJ/kg；

$\quad \sum P$——锅炉辅助设备实际消耗功率，kW；

$\quad b$——电厂发电标准煤耗率，kg/（kW·h）。

三、电厂锅炉的分类和型号

（一）锅炉分类

锅炉分类方法很多，主要有七种，可见表0-5。

表0-5　　　　　　　　　　　　　　　锅　炉　分　类

序号	分类方法	锅　炉　类　型	序号	分类方法	锅　炉　类　型
1	按燃烧方式分	层燃炉、室燃炉、旋风炉、流化床炉、循环流化床锅炉等。如图0-5所示	5	按工质流动特性分	自然循环锅炉，强制循环锅炉（直流锅炉、控制循环锅炉、复合循环锅炉）。如图0-6和图0-7所示
2	按燃用燃料分	燃煤炉、燃油炉、燃气炉	6	按燃煤锅炉排渣方式分	固态排渣炉、液态排渣炉
3	按蒸汽压力分	中压锅炉（$p=2.94\sim4.92MPa$），高压锅炉（$p=7.84\sim10.8MPa$），超高压锅炉（$p=11.8\sim14.7MPa$），亚临界压力锅炉（$p=16.7\sim19.6MPa$），超临界压力锅炉（$p\geq22.1MPa$）	7	按锅炉燃烧室内的压力分	负压燃烧锅炉（指炉膛出口烟气静压小于大气压力），压力燃烧锅炉（指炉膛出口烟气静压大于大气压力），微正压燃烧锅炉（指炉膛中烟气压力很小，仅为$1.96\sim4.90kPa$）
4	按锅炉容量分	随时代和技术进步，锅炉容量按大、中、小的排序和分类在不断演变，目前300MW以上的机组配置的锅炉为大容量锅炉			

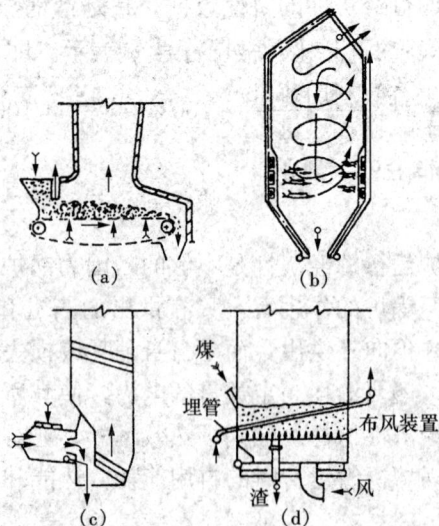

图0-5　锅炉燃烧方式

（a）层燃炉；（b）室燃炉；（c）旋风炉；（d）流化床炉

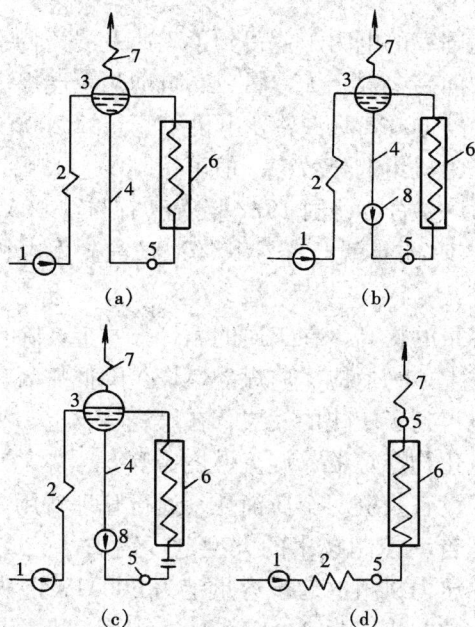

图 0-6　蒸发受热面内工质流动方式

(a) 自然循环；(b) 强制循环；(c) 控制循环；(d) 直流锅炉

1—给水泵；2—省煤器；3—锅炉汽包；4—下降管；5—联箱；6—水冷壁；

7—过热器；8—锅水循环泵

（二）锅炉型号

锅炉型号是指锅炉产品的容量、参数、性能和规格，常用一组规定的符号和数字来表示。我国电厂锅炉型号一般用四组字码表示，其表达形式如下：

$$\triangle\triangle-\times\times\times/\times\times\times-\times\times\times/\times\times\times-\triangle\times$$

第一组符号是制造厂家（HG 表示哈尔滨锅炉厂，SG 表示上海锅炉厂，DG 表示东方锅炉厂，WG 表示武汉锅炉厂）；第二组数字分子是锅炉容量，单位 t/h，分母数字为锅炉出口过热蒸汽压力，单位 MPa；第三组数字分子分母分别表示过热蒸汽温度和再热蒸汽温度，单位℃；最后一组中，符号表示燃料代号，而数字表示锅炉设计序号。煤、油、气的燃料代号分别是 M、Y、Q，其他燃料代号是 T。

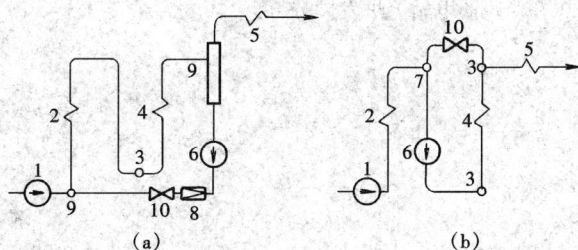

图 0-7　复合循环系统

（a）全负荷复合循环锅炉；（b）部分负荷复合循环锅炉

1—给水泵；2—省煤器；3—联箱；4—蒸发受热面；5—过热器；6—强制循环泵；7—混合器；8—止回阀；9—汽水分离器；10—调节阀

例如，DG－670/13.7－540/540－M8 表示东方锅炉厂制造，容量为 670t/h，过热蒸汽压力为 13.7MPa，过热蒸汽温度为 540℃，再热蒸汽温度为 540℃，设计燃料为煤，设计序号为 8（该型号锅炉为第 8 次设计)。

近几十年来，世界发达国家的电力工业得到了飞速发展，特别是计算机和耐温金属材料的开发和应用，为电厂锅炉向高参数、大容量、高自动化发展提供了强有力的技术支撑。目前，在工业发达的国家中，与600MW汽轮发电机组配套的2000t/h超临界压力的大型电厂锅炉已相当普遍，超临界压力机组的热效率一般可达40%～42%，先进的则高达45%以上，供电煤耗在300g/（kW·h）左右。美国1972年就已有与1300MW配套的4400t/h超临界压力的锅炉投入运行，日本1974年就已有与1000MW汽轮发电机组配套的3180t/h超临界压力的锅炉投入运行。

此外，随锅炉参数、容量的提高，在工质的循环方式上，除自然循环锅炉外，又发展了强制循环锅炉；在燃烧方式上，为适应劣质煤的燃烧，降低氮氧化物和二氧化硫等有害气体的污染，循环流化床锅炉也得到了较快的发展；在燃烧技术上，为适应劣质煤燃烧，减轻污染，相继研制开发了低氮氧化物燃烧器、旋流燃烧器等。

为进一步降低每千瓦的设备投资、金属消耗、运行管理费用，提高机组运行的经济和安全性，高参数、大容量、高自动控制技术的大型电厂锅炉，已成为当今电厂锅炉的发展趋势。目前，我国发展超临界压力机组的起步容量定为600MW，从技术性、经济性和机组配用的材料方面考虑，蒸汽参数初步定为24～25MPa，温度538～560℃，一次中间再热。

复 习 思 考 题

0-1 在火力发电厂的生产过程中存在哪几种形式的能量转换？

0-2 锅炉本体由哪些主要设备组成？锅炉的主要辅助设备有哪些？

0-3 试述锅炉的工作过程。

0-4 电厂锅炉有哪些主要特性参数？

0-5 按工质在蒸发受热面中流动方式电厂锅炉有几种形式？

0-6 谈谈电站锅炉发展趋势。

燃料、燃烧计算与锅炉热平衡

内容提要

　　煤的组成及其各成分的性质，煤的主要特性及发电用煤分类，煤的燃烧化学反应，理论空气量的计算，烟气成分、烟气容积及过量空气系数、漏风系数的计算，烟气焓的概念及计算，锅炉热平衡概念，输入热量和各项热损失分析。

课题一　燃　　　料

教学目的

　　理解煤的组成、成分基准及主要性质，发电用煤分类，以及对锅炉工作的影响。

教学内容

　　燃料通常是指燃烧时能放出大量热量的物质。电站锅炉是耗用大量燃料的动力设备，其工作的安全性和经济性与燃料性质密切相关。因此，了解燃料的性质及其对锅炉运行的影响是十分重要的。

　　燃料按其物理状态可分为固体、液体和气体三类。按其获得的方法，将直接从自然界取得未经工艺加工的燃料称为天然燃料，如原煤、原油及天然气。而经过工艺加工后获得的木炭、焦炭和石油制品则称为人工燃料。按用途分，将用于炼焦、锻造和化工的焦结性好、含杂质少的燃料称为工艺燃料，对不适于做工艺燃料的锅炉燃用燃料称为动力燃料。目前我国的燃料政策规定：电厂锅炉以燃煤为主，且尽量燃用水分和灰分含量较高、发热量低、燃烧较为困难的劣质煤。因此，本课题主要介绍煤及其特性。

一、煤的成分及分析基准

　　煤是由多种可燃的有机物和不可燃的矿物质、水分组成的复杂的固体碳氢燃料。它是远古植物遗体随地壳的变动被埋没入地下，长期处在地下温度、压力较高的环境中，植物中的纤维素、木质素经脱水腐蚀，含氧量不断减少，碳质不断增加，逐渐形成化学稳定性强、含碳量高的固体化合物。由于埋入地下的深度和时间不同，地质作用的强弱不同，就形成了不同的煤种，即分为褐煤、烟煤、贫煤和无烟煤四大类。

　　为了实用方便，一般通过元素分析和工业分析来确定煤中各组成成分的含量。测出煤的有机物由碳（C）、氢（H）、氧（O）、氮（N）、硫（S）五种元素组成，它们以复杂的化合物形式存在于煤中。工业分析法测出煤的组成成分是水分（M）、挥发分（V）、固定碳（FC）和灰分（A），煤的有机物则由挥发分（V）和固定碳（FC）组成。

（一）煤的元素分析成分

全面测定煤中所含全部化学成分的分析叫元素分析。煤中所含元素达三十几种，一般将不可燃物质都归入灰分。这样，煤的元素分析成分包括：碳（C）、氢（H）、氧（O）、氮（N）、硫（S）、灰分（A）和水分（M），各化学元素成分用质量百分数表示，即

$$C+H+O+N+S+A+M=100\%$$

1. 碳（C）

碳是煤中含量最多的可燃元素，也是煤的基本成分。其含量约为 45%～85%。煤的含碳量越高，其发热量就越高。1kg 碳完全燃烧约可放出 32866kJ 的热量。煤中碳的一部分与氢、氧、硫等结合成有机化合物，在受热时从煤中析出成为挥发分；而其余呈单质状态，称为固定碳。固定碳不易着火，燃烧缓慢。因此，含碳量越高的煤，着火和燃烧就越困难。

2. 氢（H）

氢是煤中发热量最高的可燃元素。氢在煤中的含量较少，约为 3%～6%（水分中的氢是不可燃的，不计入氢的含量），地质年龄越长的煤，其含量越少。1kg 氢完全燃烧（生成物为 H_2O）时可放出 120×10^3 kJ 的热量。比碳的发热量高 3～5 倍。H_2、C_mH_n 等这些气体物质极易着火燃烧。因此，氢的含量越高，煤就越容易着火和燃烧。

3. 硫（S）

硫的含量一般不超过 2%，个别煤种含量高达 3%～10%。煤中的硫以三种形式存在：即有机硫（S_o）（与碳、氢、氧等结合成复杂的化合物）、黄铁矿硫 S_p 和硫酸盐硫 S_s。前两种可以燃烧，统称为可燃硫（S_c）。1kg 硫完全燃烧时可放出约 9040kJ 的热量。硫酸盐硫不能燃烧，归入灰分之中。我国多数煤的硫酸盐硫含量很少，常将全硫当作可燃硫对待。

硫的燃烧产物是 SO_2，其中一部分将会进一步氧化成为 SO_3。SO_3 在随烟气流动过程中与烟气中的水蒸气结合成硫酸蒸气；当硫酸蒸气在低温受热面上凝结时，将对金属受热面造成强烈腐蚀；烟气中 SO_3 在一定条件下还可能引起过热器、再热器烟气侧的高温腐蚀。随烟气排入大气的 SO_2、SO_3，将造成环境污染，损害人体健康和动植物生长。此外，煤中的黄铁矿硫 S_p 质地坚硬，在煤粉磨制过程中将加速磨煤部件的磨损。因此，硫是煤中有害的可燃元素。

4. 氧（O）和氮（N）

氧和氮都是煤中的不可燃元素。氧的存在不仅使煤中可燃元素相对减少，而且还会与部分可燃元素（碳、氢）结合成稳定的化合物，使煤中的可燃碳和可燃氢含量减少，降低了煤的发热量。氮则是有害元素，因煤在高温下燃烧时，其所含的氮会或多或少的转化为氮氧化合物（NO_x），并随烟气排出锅炉造成大气污染。

煤中氧的含量变化很大，少的只有 1.0%～2.0%，多的高达 40%；氮的含量一般很少，约为 0.5%～2.0%，在热力计算中可忽略。

5. 灰分（A）

灰分是煤燃烧后剩余的不可燃矿物杂质，它与燃烧前煤中的矿物质在成分和数量上有较大区别。灰分的含量在各煤种中的变化很大，少的只有 4%～5%，多的高达 60%～70%。

煤中灰分含量增加，可燃质含量相应减少，煤的发热量降低。在燃烧过程中，灰分会妨

碍可燃质与氧的接触，使火焰传播速度减慢，影响煤的着火与燃烬。此外，多灰煤还会给锅炉运行带来困难，增加受热面的积灰、结渣、磨损的可能性，并加大了大气污染程度。因此，灰分也是煤中的有害成分。对于固态排渣煤粉炉，从燃烧的稳定性和运行的安全性考虑，燃煤的灰分不宜超过40％。

6. 水分（M）

水分是煤中主要杂质。各种煤的水分含量差别很大，少的仅2％左右，多的可达50％～60％。水分的含量一般随煤的地质年代的延长而减小，同时也受开采方法、运输和贮存条件的影响。

煤中的水分含量增加，相对减少了可燃成分的含量，降低了煤的发热量。另外，水分多的煤，不仅造成磨煤机出力降低及制粉系统堵塞，增加煤粉制备的困难。而且也给锅炉运行的经济性和安全性带来不利影响，如导致着火推迟，炉膛温度降低，加大锅炉尾部受热面烟气侧腐蚀和积灰可能性，增加不完全燃烧热损失和排烟热损失，使锅炉热效率降低，并造成引风机电耗增大等。显然，水分是煤中有害成分。

（二）煤的工业分析

煤的元素成分含量是锅炉燃烧计算的依据，但它们并不能直接反映出煤的燃烧特性，也不能充分确定煤的性质。另外，由于煤的元素分析方法比较复杂，所以电厂常采用比较简单的工业分析。在一定的实验室条件下，通过对煤样进行干燥、加热、燃烧，测定煤的水分（M）、挥发分（V）、固定碳（FC）和灰分（A）这四种成分的质量百分数称为工业分析。煤的工业分析既能反映煤在燃烧方面的某些特性，又是我国电厂用煤分类的重要依据。

1. 水分（M）

实际应用状态下的煤（工作煤或收到基）中所含水分，称为全水分M_t。它包括表面水分M_f和固有水分M_{inh}两部分。表面水分也称外部水分，主要是在开采、运输、贮存及洗选期间，附着于煤粒表面的水分，如因雨雪、地下水或人工润湿等而进入煤中。这部分水分变化很大，而且易于蒸发，可以通过自然干燥方法予以除掉。一般规定：原煤试样在温度为20±1℃、相对湿度为（65±5）％的空气中自然风干后失去的水分即为外部水分M_f。

固有水分也称为内部水分M_{inh}，是指原煤试样失去了外部水分M_f后所剩余的水分。内部水分需在较高的温度下才能从煤样中除掉。一般可以通过分别测定外部水分和全水分，并由全水分减去外部水分求出。

将自然干燥后的煤粉取样1g左右，放入预先加热至105～110℃（褐煤相应的温度约为145±5℃）的烘箱内约2h后，试样质量减轻的量占原质量的百分数即为空气干燥基水分。

2. 挥发分（V）

将失去水分的煤样放入带盖的坩埚中，置于900℃高温电炉内隔绝空气加热约7min后，放入干燥器内冷却至室温后称重，可得出空气干燥基挥发分，即

$$V_{ad} = \frac{G - G_1}{G} \times 100 - M_{ad}$$

式中 G——原煤样质量，g；

G_1——空气干燥基煤样加热后的质量，g；

M_{ad}——空气干燥基水分，％。

故挥发分是指失去水分的煤样置于隔绝空气的环境中，加热至一定温度时，煤中的有机化合物分解而析出的气体。挥发分并非煤中的固有成分，而是在特定条件下受热分解的产物。挥发分主要由碳氢化合物（$\sum C_m H_n$）、氢（H_2）、一氧化碳（CO）、硫化氢（H_2S）等可燃气体及少量氧（O_2）、二氧化碳（CO_2）、氮（N_2）等不可燃气体组成。因此，挥发分容易着火燃烧。同时挥发分析出后使煤粒表面呈多孔状，增加了固体可燃质与氧的接触面积。所以挥发分含量越高的煤，越容易着火，也越易燃烬。相反，挥发分少的煤，着火困难，不易燃烧完全。鉴于挥发分对煤的性质和锅炉工作的重大影响，它已成为人们对煤进行分类的主要依据。

3. 固定碳（FC）和灰分（A）

原煤试样除掉水分、析出挥发分后，剩余部分就是焦炭。焦炭由固定碳和灰分组成。将焦炭放入箱形电炉内，在 $815\pm10℃$ 的温度下灼烧 2h，固定碳基本烧尽，取出冷却至室温后称重，剩余质量占原煤样质量的百分数即为空气干燥基灰分的含量。将焦炭质量减去灰分的质量，就是固定碳的质量。

（三）煤的成分分析基准

由于煤中水分和灰分含量常随开采、运输、贮存等因素的变化而变化，即使同一种煤，由于灰分、水分的变化，其他成分含量也就随之而变，因此，根据煤存在的条件或根据需要而规定的"成分组合"称为基准。如果所用的基准不同，同一种煤的同一成分的百分含量结果便不一样。常用的基准有以下四种。

1. 收到基

以收到状态的煤为基准计算煤中全部成分的组合称为收到基，其中包括全水分。收到基以下角标 ar 表示。

$$C_{ar} + H_{ar} + O_{ar} + N_{ar} + S_{ar} + A_{ar} + M_{ar} = 100\% \tag{1-1}$$

$$FC_{ar} + V_{ar} + A_{ar} + M_{ar} = 100\% \tag{1-2}$$

收到基成分含量反映了煤作为收到状态下的各成分含量。锅炉热力计算均采用收到基成分。

2. 空气干燥基

煤样在实验室规定的温度下自然干燥失去外部水分后，其余的成分组合便是空气干燥基，以下角标 ad 表示。

$$C_{ad} + H_{ad} + O_{ad} + N_{ad} + S_{ad} + A_{ad} + M_{ad} = 100\% \tag{1-3}$$

$$FC_{ad} + V_{ad} + A_{ad} + M_{ad} = 100\% \tag{1-4}$$

空气干燥基成分含量一般在实验室内做煤样分析时采用。

3. 干燥基

干燥基是以假想无水状态的煤作为基准，以下角标 d 表示。由于已不受水分的影响，灰分含量百分数相对比较稳定，可用于比较两种煤的含灰量。

$$C_d + H_d + O_d + N_d + S_d + A_d = 100\% \tag{1-5}$$

$$FC_d + V_d + A_d = 100\% \tag{1-6}$$

4. 干燥无灰基

干燥无灰基是指以假想无水、无灰状态的煤作为基准，以下角标 daf 表示。

$$C_{daf} + H_{daf} + O_{daf} + N_{daf} + S_{daf} = 100\% \tag{1-7}$$

$$FC_{daf} + V_{daf} = 100\% \tag{1-8}$$

由于干燥无灰基成分不受水分、灰分含量的影响，是表示碳、氢、氧、氮、硫成分百分数最稳定的基准，可作为燃料分类的依据。

上述煤的组成成分及各种分析基准之间的关系，可由图 1-1 表示。表 1-1 列出各种分析基准之间换算系数。可以用于同种煤不同分析基准之间除水分以外的各种成分（如 C、H、O、N、S、A）、挥发分和高位发热量的换算，换算公式为

$$x = Kx_0 \tag{1-9}$$

式中　x_0——按原基准计算的某一成分的质量百分数，%；

　　　x——按新基准计算的某一成分的质量百分数，%；

　　　K——换算系数。

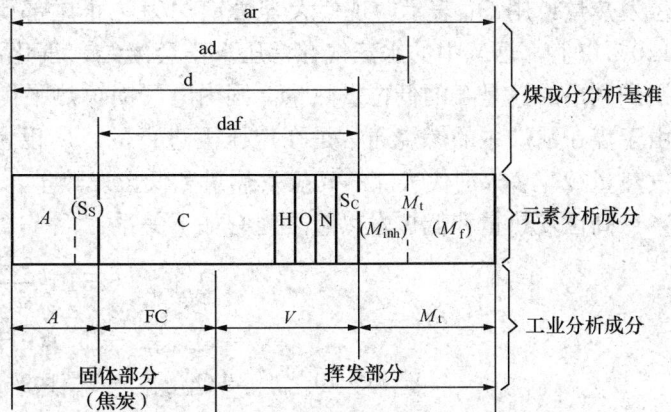

图 1-1　煤的成分及各基准之间的关系

表 1-1		煤的各基准之间的换算系数 K		
K　x　x_0	收到基 ar	空干基 ad	干燥基 d	干燥无灰基 daf
收到基 ar	1	$\dfrac{100-M_{ad}}{100-M_{ar}}$	$\dfrac{100}{100-M_{ar}}$	$\dfrac{100}{100-M_{ar}-A_{ar}}$
空气干燥基 ad	$\dfrac{100-M_{ar}}{100-M_{ad}}$	1	$\dfrac{100}{100-M_{ad}}$	$\dfrac{100}{100-M_{ad}-A_{ad}}$
干燥基 d	$\dfrac{100-M_{ar}}{100}$	$\dfrac{100-M_{ad}}{100}$	1	$\dfrac{100}{100-A_d}$
干燥基无灰基 daf	$\dfrac{100-M_{ar}-A_{ar}}{100}$	$\dfrac{100-M_{ad}-A_{ad}}{100}$	$\dfrac{100-A_d}{100}$	1

表 1-1 中换算系数 K 不仅可以用于各基准间百分数的换算，也可以用于各基准的发热量之间的换算。但是，不能用于水分间的换算。水分之间换算可用式（1-10）：

$$M_{ar} = M_f + M_{ad}\frac{100-M_f}{100} \tag{1-10}$$

式中　M_f——外部水分，%。

二、煤的主要特性

煤的主要特性包括煤的发热量、灰的熔融性、煤的可磨性（见第二单元）等。它们对锅炉及其制粉系统的工作有较大影响，分别介绍如下。

（一）煤的发热量

发热量是煤的重要特性之一，单位质量的煤完全燃烧时所放出的热量，称为煤的发热量。用 Q 表示，以 kJ/kg 为单位。

煤的发热量有高位发热量和低位发热量之分。1kg 煤完全燃烧所放出的热量，其中包括燃烧产物中的水蒸气凝结成水所放出的汽化潜热，称为高位发热量，用 Q_{gr} 表示；1kg 煤完全燃烧所放出的热量，其中不包括燃烧产物中的水蒸气凝结成水所放出的汽化潜热，称为低位发热量，用 Q_{net} 表示。现代大容量锅炉为防止尾部受热面低温腐蚀，排烟温度一般均在120℃以上，烟气中的水蒸气在常压下不会凝结，汽化潜热不能释放出来，因此，实际能被锅炉利用的只是煤的低位发热量。国内电厂锅炉热平衡计算中采用的是低位发热量。另外，由于煤在锅炉中的燃烧通常是在定压下进行的，所以常用定压高位发热量 $Q_{gr,p}$ 和定压低位发热量 $Q_{net,p}$ 分别代表煤的高位发热量和低位发热量。

高位发热量和低位发热量之间有如下关系：

$$Q_{ar,net,p} = Q_{ar,gr,p} - 2510\left(\frac{9H_{ar}}{100} + \frac{M_{ar}}{100}\right)$$
$$= Q_{ar,gr,p} - 25.1(9H_{ar} + M_{ar}) \tag{1-11}$$
$$Q_{ad,net,p} = Q_{ad,gr,p} - 25.1(9H_{ad} + M_{ad}) \tag{1-12}$$
$$Q_{d,net,p} = Q_{d,gr,p} - 226H_d \tag{1-13}$$
$$Q_{daf,net,p} = Q_{daf,gr,p}Q_{gr,p} - 226H_{daf} \tag{1-14}$$

不同基准下煤的高位发热量之间，可以直接乘以表1-1中的换算系数进行换算。不同基准下煤的低位发热量之间，必须先化成高位发热量后，才能用表1-1中的换算系数进行换算。

煤的发热量以氧弹热量计测定为准，也可根据煤的元素分析成分用门捷列夫经验公式进行估算：

$$Q_{ar,gr,p} = 339C_{ar} + 1255H_{ar} + 109(S_{ar} - O_{ar}) \tag{1-15}$$
$$Q_{ar,net,p} = 339C_{ar} + 1030H_{ar} + 109(S_{ar} - O_{ar}) - 25M_{ar} \tag{1-16}$$

下面介绍与发热量有关的两个重要概念：

1. 标准煤

各种煤的发热量差别很大，低的仅 8380kJ/kg，高的可达 29270kJ/kg 以上。在发电厂或锅炉负荷不变时，当燃用低发热量的煤时煤耗量就大，而燃用高发热量的煤时煤耗量就小。故不能只用煤耗量大小来比较各发电厂或锅炉经济性的优劣。为便于各发电厂进行经济性比较、计算煤耗量与编制生产计划，需引用标准煤的概念。

规定以收到基低位发热量 $Q_{ar,net,p} = 29270$ kJ/kg 的煤作为标准煤。若煤的收到基低位发热量为 $Q_{ar,net,p}$ （kJ/kg），实际煤耗量为 B （t/h），折合成标准煤的消耗量为 B_b （t/h），则

$$B_b = \frac{BQ_{ar,net,p}}{29270} \tag{1-17}$$

2. 折算成分

煤中的水分、灰分和硫分对煤的燃烧和锅炉运行都有不利影响。如只看其含量的质量百分数，还不能正确估计它们对锅炉工作的危害程度。例如，一台锅炉在同一负荷下，分别燃烧灰分相同、发热量不同的两种煤时，发热量低的煤耗量就大，带入炉内的灰分就多，危害也大。因此，为准确反映杂质对锅炉工作的影响，需将这些杂质含量与煤的发热量联系起来，而引入了折算成分。即对应于煤的发热量为 4187kJ/kg 时燃煤带入锅炉的有害杂质的成分含量，其表达式为

$$M_{ar,zs} = 4187 \frac{M_{ar}}{Q_{ar,net,p}} \qquad (1-18)$$

$$A_{ar,zs} = 4187 \frac{A_{ar}}{Q_{ar,net,p}} \qquad (1-19)$$

$$S_{ar,zs} = 4187 \frac{S_{ar}}{Q_{ar,net,p}} \qquad (1-20)$$

当煤的折算成分 $M_{ar,zs}>8\%$、$A_{ar,zs}>4\%$、$S_{ar,zs}>0.2\%$时，分别称为高水分、高灰分、高硫分煤。

（二）灰的熔融性

煤在燃烧后残存的灰分是由各种矿物成分组成的混合物，它没有固定的由固相转为液相的熔融温度，因此，煤灰的熔融过程需要经历一个较宽的温度区间。煤灰在某一确定的温度下开始熔化，此温度定义为灰的熔点，也称其为灰熔点。通常把煤灰的这种性质称为灰的熔融性，并用灰的变形温度 DT、软化温度 ST 和液化温度 FT 来表示。灰熔点与灰的组成成分、灰所处周围环境的性质及煤中灰分含量有关，并对锅炉运行有很大影响。

灰的熔融性一般用实验方法测定。常用的是角锥法，如图 1-2 所示。把煤灰用模子制成底边长为 7mm、高为 20mm 的等边三角锥体（其中一个侧面垂直于底面及灰托板），然后连同耐高温的灰托板

图 1-2 测定灰熔点时灰锥的几种形态

放入充有适量还原性气体（CO、H_2等）的电炉内加热，并以规定的速度升温。根据灰锥形态的变化，确定三个特性温度 DT、ST 和 FT。

变形温度 DT——灰锥顶端开始变圆或弯曲时的温度，℃；

软化温度 ST——灰锥弯曲并触及托板或整个灰锥变成半球形时的温度，℃；

液化温度 FT——灰锥溶化成液体或厚度在 1.5mm 以下时对应的温度，℃。

煤灰的熔融性是判断锅炉运行中是否会结渣的主要因素之一，它一般用软化温度 ST 来代表。各种煤的 ST 一般在 1100～1600℃ 之间。通常把 ST<1200℃ 的煤灰称为易熔灰；ST>1400℃ 的煤灰称为难熔灰。当灰粒温度低于软化温度 ST 时，在受热面上只能形成疏松的弱黏聚型灰渣，易脱落；当灰粒或积灰温度高于软化温度 ST 时，固态的灰粒将变成熔融状态，熔化的灰粒具有较强的黏性，当它未得到及时冷却而与受热面接触时，就会黏附在受热面上形成结渣（结焦），导致传热恶化，影响正常水循环，严重时将会威胁固态排渣锅炉的正常运行。

由于煤灰中含有多种成分，没有固定的熔点，故 DT、ST、FT 是液相和固相共存的三个温度，而不是固相向液相转化的界限温度，仅表示煤灰形态变化过程中的温度间隔。这个温度间隔对锅炉结渣程度有较大的影响，当 ST−DT>200～400℃时，说明灰渣的液态与固态共存的温度区间较宽，煤灰随温度变化慢，冷却时可在较长时间保持一定的黏度，在炉膛中易于结渣，这样的灰渣称为长渣，适用于液态排渣炉。当温度间隔值在 ST−DT=100～200℃时，说明灰渣的液态与固态共存时间较短，称为短渣，此灰渣黏度随温度变化急剧变化，凝固快，适用于固态排渣炉。另外，为防止炉膛出口附近的受热面上结渣，应使炉膛出口烟气温度 ϑ''_l 比灰的软化温度 ST 低 50～100℃。

影响灰熔融性的因素，主要是灰的成分、灰所处环境介质的性质及煤中灰分含量。

1. 灰的成分

灰的成分比较复杂，一般包含氧化硅（SiO_2）、氧化铝（Al_2O_3）、各种氧化铁（FeO、Fe_2O_3、Fe_3O_4）、钙镁氧化物（CaO、MgO）及碱金属氧化物（K_2O、Na_2O）等成分。

灰中的不同成分具有不同的熔点，如表 1-2 所示。一般说来灰中高熔点成分（SiO_2、Al_2O_3、MgO 等）越多时，灰的熔点也越高；相反，含熔点低的成分（FeO、K_2O、Na_2O 等）越多时，则灰的熔点也越低。但是，也有本身是高熔点成分，当它与其他成分结合成共晶体或共晶体混合物时，会使灰熔点降低。如 CaO 本身熔点为 2570℃，当它与 FeO 和 Al_2O_3 组成 $CaO \cdot FeO + CaO \cdot Al_2O_3$ 共晶体混合物时，其熔点会降到 1200℃，这是由于 CaO 具有助熔作用。

表 1-2   灰中各种成分的熔点

名 称	熔 点（℃）	名 称	熔 点（℃）
SiO_2	2230	Fe_3O_4	1420
Al_2O_3	2050	K_2O、Na_2O	800~1000
MgO	2800	$3Al_2O_3 \cdot 2SiO_2$	1850
CaO	2570	$CaO \cdot Al_2O_3$	1500
FeO	1540	$CaO \cdot FeO + CaO \cdot Al_2O_3$	1200
Fe_2O_3	1550		

灰的成分按其化学性质，可分为酸性氧化物和碱性氧化物。酸性氧化物包括 SiO_2、Al_2O_3；碱性氧化物包括 Fe_2O_3、CaO、MgO、K_2O 和 Na_2O 等。灰中酸性氧化物增加时，会使灰熔点提高；而灰中碱性氧化物增加时，会使灰熔点降低。

2. 灰所处环境介质的性质

当灰所处环境介质的性质发生改变时，会使灰的熔点发生变化。例如，当介质中存在有 CO、H_2 等还原性气体时，这些气体与灰中的高价氧化铁（Fe_2O_3）相遇，就会使高价氧化铁还原成低熔点的氧化亚铁（FeO），而 FeO 又与 SiO_2 结合成共晶体并进而形成共晶体混合物，从而使灰熔点大大降低。

在锅炉运行中，炉内烟气中总难免有些 CO 等还原性气体，通常把这种含有少量还原性气体的烟气称为弱还原性气氛。为了使实验室测出的灰熔点与炉内实际情况比较接近，一般在保持弱还原性气氛的电炉中测定灰的熔融特性。

3. 煤中灰分含量

当灰的成分和其所处环境介质的性质相同而煤中灰分含量不同时，灰的熔点也会发生变化。燃烧含灰多的煤容易结渣，这是由于灰量多时灰中各成分相互接触频繁，在高温下产生化合、分解、助熔作用的机会增多，使灰熔点降低。

三、动力煤的分类

电厂锅炉用煤称为动力煤，动力煤通常以煤的干燥无灰基挥发分 V_{daf} 含量为主要依据进行分类，大致分为无烟煤、贫煤、烟煤、褐煤等几种。

1. 无烟煤

无烟煤 $V_{daf} \leqslant 10\%$，俗称白煤，表面有明显的光泽，机械强度高，密度较大，不易碾磨，无烟煤埋藏年代长，碳化程度最深，其含碳量最高（一般 $C_{ar} > 50\%$，最高可达 95%）。由于挥发分含量少，且挥发分析出温度较高，故不易着火，也不易燃烬，但其发热量高（$Q_{ar,net,p} = 21.0 \times 10^3 \sim 25.0 \times 10^3 \, kJ/kg$），且燃烧时焦炭无黏结性，贮存过程中不易风化和自燃。

2. 贫煤

贫煤 $10\% < V_{daf} \leqslant 20\%$，碳化程度较无烟煤低，含碳量高（$C_{ar} = 50\% \sim 70\%$），性质介于无烟煤与烟煤之间，挥发分较低，故一般不易点燃。但其发热量不低（$Q_{ar,net,p} > 18.5 \times 10^3 \, kJ/kg$），且燃烧时火焰较短，不易结焦。对 V_{daf} 低的贫煤，在燃烧性能方面与无烟煤相近。

3. 烟煤

烟煤的挥发分含量较高，变化也较大，一般 $20\% < V_{daf} < 40\%$。按烟煤的燃烧特性不同，可分为两类：一类为中挥发分煤，其 $V_{daf} = 20\% \sim 27\%$、$Q_{ar,net,p} > 16.5 \times 10^3 \, kJ/kg$；另一类为高挥发分煤，其 $27\% < V_{daf} < 40\%$、$Q_{ar,net,p} > 15.5 \times 10^3 \, kJ/kg$。

烟煤外表呈灰黑色，有光泽，质地松软，烟煤的碳化程度低于无烟煤。一般碳的含量 $C_{ar} = 40\% \sim 70\%$，灰分含量 $A_{ar} = 7\% \sim 30\%$，水分含量 $M_{ar} = 3\% \sim 18\%$。总之，由于烟煤的挥发分含量较高，着火及燃烧都比较容易，火焰也长，且发热量较高（一般 $Q_{ar,net,p} = 20.0 \times 10^3 \sim 30.0 \times 10^3 \, kJ/kg$）。但燃烧时，大多数烟煤有弱焦结性（对 $V_{daf} > 25\%$）。

4. 褐煤

褐煤 $V_{daf} > 40\%$（最高可达 60%），外表多呈褐色或黑褐色，质软易碎。褐煤碳化程度很浅，碳的含量 $C_{ar} = 40\% \sim 50\%$；水分含量 $M_{ar} = 20\% \sim 40\%$、灰分含量 $A_{ar} = 6\% \sim 40\%$ 较高，因而发热量较低（$Q_{ar,net,p} = 11.5 \times 10^3 \sim 21.0 \times 10^3 \, kJ/kg$）。由于挥发分含量高，且析出温度较低，故着火和燃烧都比较容易。也很容易风化和自燃，不宜远途输送和长时间贮存。

此外，在动力煤中还有洗中煤、泥煤、油页岩和煤矸石等，均属热值很低、杂质多、单独燃烧困难的劣质煤。加强对这些燃料的开发利用，是我国的一项基本能源政策。

四、液体燃料

电厂锅炉用的液体燃料主要是石油经过提炼后的残留物——重油或渣油，此外还有轻柴油。重油是由裂化重油、减压重油、常压重油等按不同比例调制而成的。而石油炼制过程中排出的残余物不经处理而直接作为燃料油时称为渣油。重油和渣油的共同特点是黏度大，需加热到一定温度方可保证顺利运输和良好雾化，且作为锅炉启动点火及低负荷运行时的辅助燃料。轻柴油则主要作为锅炉点火用油。

燃料油的成分和煤一样，由碳、氢、氧、氮、硫、水分、灰分等组成。其碳的含量在 81%～84%，氢的含量在 11%～14%，发热量 $Q_{ar,net,p} = 37.7 \times 10^3 \sim 44.0 \times 10^3 \, kJ/kg$，属易燃的高发热量燃料。表 1-3 列出了部分燃油的成分分析和发热量。

与煤相比，由于燃料油含氢量高，所以极易着火燃烧；灰分含量极少，不存在炉内结渣和磨损等问题，也不需要除渣、除尘设备；输送和运行调节也较方便。但应指出，由于含氢量

表 1-3   燃油的成分分析和发热量

成分 油种	C_{ar}（%）	H_{ar}（%）	O_{ar}（%）	N_{ar}（%）	S_{ar}（%）	A_{ar}（%）	M_{ar}（%）	$Q_{ar,net,p}$ （kJ/kg）
大庆原油	85.47	12.21	0.74	0.27	0.11	0.01	1.02	41535
大庆重油	86.47	12.47	0.29	0.28	0.21	0.01	0.20	39915
胜利原油	85.31	12.36	1.26	0.24	0.90	0.03	1.40	41719
胜利重油	85.97	11.97	0.62	0.34	1.06	0.04	1.30	41317
胜利渣油	85.33	12.07	0.97	0.59	1.00	0.04	0.10	41242

高，燃烧后会生成大量水蒸气，燃料油中所含硫分和灰分使受热面腐蚀和积灰比较严重。此外，对燃油的管理必须注意防火。燃料油的主要特性指标有黏度、凝固点、闪点、燃点。静电特性、含硫量、灰分等。

（一）黏度

黏度是流动阻力的量度，对燃油的流动性能和雾化性能有较大影响。国内电厂采用恩氏黏度 °E 表示。当燃油中含胶状沥青物质多时，黏度就大。当压力较高时，黏度随压力升高而变大。当温度升高，黏度降低，流动性好。为保证重油在管道内的正常输送和燃油的雾化质量，必须加热到 100℃ 左右，使油喷嘴前的黏度小于 $29.5×10^{-6} m^2/s$（4°E）。

（二）凝固点

燃料油是各种烃的复杂混合物，它从液态变为固态是逐渐进行的，没有固定的发生凝固点。石油工业规定，试样油在一定的试管内冷却，将试管倾斜 45°，试管中油面在 1min 内保持不变时对应的油温为其凝固点。它的高低与燃料油的石蜡含量有关，石蜡含量多凝固点就高。凝固点高的燃油将增加输送、管理和使用上的困难。锅炉燃用的重油，其凝固点一般在 15℃ 以上。

（三）闪点

在常压下，随着温度的升高燃油会挥发出油气，当油面上的油气达到一定浓度时，若有明火接触油面，就会发生短暂的蓝色火焰，此时的油温叫闪点。重油的闪点较高，一般为 80~130℃。

（四）燃点

油温达到闪点后遇明火即可闪燃，但要使油连续燃烧下去，必须使油温更高一些。当油面上的油气与空气的混合物遇到明火能着火连续燃烧，持续时间不少于 5s 时，此时的最低油温为其燃点。重油的燃点比闪点高 20~30℃。闪点和燃点是燃料油防火和鉴别、控制着火燃烧的重要指标。闪点和燃点越高，贮存、运输时着火的危险性越小。

（五）静电特性

油是不良导体，它与空气、钢铁、布等摩擦容易产生静电。电荷在油面上积聚能产生很高的电压。一旦放电就会产生火花，使油发生燃烧爆炸。产生静电的强弱与油的流动速度、管道材料和粗糙度、空气湿度和油中杂质含量等因素有关，因此，输油、贮存的设备及管线均应有良好的接地。

（六）含硫量

石油中的硫以硫化氢、单质硫和各种硫化物的形式存在。按含硫量的多少，可将油分为

低硫油 $S_{ar}<0.5\%$，中硫油 $S_{ar}=0.5\%\sim2\%$ 和高硫油 $S_{ar}>2\%$。当 $S_{ar}>0.3\%$ 时，应注意低温受热面的腐蚀问题。

（七）灰分

燃油中灰分很少，主要来源于生产和运输过程中混入的杂质。但灰分含有钒、钠、钾、钙等元素的化合物。钒和钠在燃烧过程中生成钒酸钠，其熔点约为 600℃，在壁温高于 610℃ 的过热器受热面上会生成对各种钢材有腐蚀作用的液膜，造成高温腐蚀。

五、气体燃料

气体燃料一般也含有碳、氮、氢、氧、硫、水分和灰分，通常以各种气体的容积百分数来表示其成分。锅炉燃用的气体燃料是指各种煤气，按照来源分为天然煤气和人工煤气两类。天然煤气有从地下气层引出的气田煤气和从油井引出石油时伴生的油田煤气两种。它们的主要成分是甲烷（CH_4），此外还有少量烷烃（C_nH_{2n+2}）、烯烃（C_nH_{2n}）、CO_2、硫化氢及氮气等，属重碳氢化合物。气田煤气的甲烷含量高达 $75\%\sim98\%$，油田伴生煤气甲烷含量为 $30\%\sim70\%$，而 CO 含量达 5%，两者发热量都很高，可达 $36600\sim54400kJ/m^3$（标准状态下），燃烧经济性好。天然煤气不仅是优质动力燃料，同时又是宝贵的化工原料，只有少数电厂用其作为锅炉点火燃料。

人工煤气的种类较多，按获得的方法不同可分为高炉煤气、焦炉煤气及发生炉煤气等。

高炉煤气是高炉中焦炭部分燃烧和铁矿石还原作用产生的可燃气，其主要可燃成分为一氧化碳 CO 和氢 H_2，CO 为 $20\%\sim30\%$、H_2 为 $5\%\sim15\%$，N_2 为 $45\%\sim55\%$，CO_2 为 $5\%\sim15\%$。由于高炉煤气含有大量不可燃气体和灰尘，所以发热量很低，一般只有 $3800\sim4200kJ/m^3$（标准状态下）。高炉煤气是一种含灰尘很多的低级燃料，故在使用前需进行净化处理。由于炼铁高炉经常需要检修，所以在冶金联合企业的发电厂中，常用它与煤粉或重油混烧。

焦炉煤气是炼焦炉的副产品，其主要可燃成分为氢和甲烷，氢气占 $50\%\sim60\%$，甲烷占 $20\%\sim30\%$，以及少量一氧化碳和其他杂质，所以其发热量较高，约为 $17000kJ/m^3$。焦炉煤气属于优质动力燃料，也是重要的化工原料，可以从中提炼氨、苯和焦油等多种化工产品，所以在燃用前应设法回收。一般不作为锅炉燃料使用。

将工业氧和空气送入地下煤层并使之气化可引出地下气化煤气，这是一项新技术。地下气化煤气成分取决于地下煤矿成分及气化程度，其发热量较低，使用受到地域限制。我国部分气体燃料的特性如表 1-4 所示。

表 1-4　　　　　　　　　　　我 国 部 分 煤 气 特 性

煤气种类	煤气平均成分（体积）（%）											定压发热量（kJ/m³）	
	CH_4	C_mH_n				H_2	CO	CO_2	H_2S	N_2	O_2	高位	低位
		C_2H_6	C_3H_8	C_4H_{10}	其他								
气田煤气	97.42	0.94	0.16	0.03	0.06	0.08		0.52	0.03	0.76		39600	35600
油田煤气	83.18		3.25	2.19	6.74			0.83		3.84		44300	38270
液化石油气		50	50									113000	104670
高炉煤气						2	27	11		60		3718	3678
发生炉煤气	1.8				0.4	8.4	30.4	2.2		56.4	0.2	5950	5650

课题二 燃料燃烧计算

教学目的

了解理论空气量、实际空气量、过量空气系数、烟气容积、烟气焓的概念、计算及相互关系。

教学内容

燃料的燃烧是指燃料中的可燃元素（C、H、S）与氧在高温条件下进行的强烈化学反应过程。燃料燃烧产物包括烟气和灰渣。当燃烧反应产物中不再含可燃物质时称完全燃烧；当燃烧反应产物中还含有可燃物质时称不完全燃烧。

燃烧计算的主要任务是确定燃料完全燃烧所需的空气量、燃烧生成的烟气容积和烟气焓等。计算中把空气和烟气都当成理想气体，即在标准状态下（0.101MPa 大气压和 0℃）下，1kmol 的理想气体的体积均为 22.41 标准 m³。燃烧计算是锅炉机组设计计算和校核计算的基础，也是正确进行锅炉经济运行控制的基础。

一、燃烧反应

（一）碳的燃烧

碳完全燃烧，其化学反应式为

$$C + O_2 \rightarrow CO_2$$
$$12.01kgC + 22.41m^3O_2 \rightarrow 22.41m^3CO_2$$

或
$$1kgC + 1.866m^3O_2 \rightarrow 1.866m^3CO_2$$

碳不完全燃烧时，其化学反应式为

$$2C + O_2 \rightarrow 2CO$$
$$2 \times 12.1kgC + 22.41m^3O_2 \rightarrow 22.41m^3CO$$

或
$$1kgC + 0.933m^3O_2 \rightarrow 1.866m^3CO$$

（二）氢的燃烧

氢完全燃烧时，其化学反应式为

$$2H_2 + O_2 \rightarrow 2H_2O$$
$$2 \times 2.016kgH_2 + 22.41m^3O_2 \rightarrow 2 \times 22.41m^3H_2O$$

或
$$1kgH_2 + 5.56m^3O_2 \rightarrow 11.1m^3H_2O$$

（三）硫的燃烧

硫完全燃烧时，其化学反应式为

$$S + O_2 \rightarrow SO_2$$
$$32kg + 22.41m^3O_2 \rightarrow 22.41m^3SO_2$$

或
$$1kgS + 0.7m^3O_2 \rightarrow 0.7m^3SO_2$$

二、燃烧的空气需要量及过量空气系数

在进行热力计算、组织炉内燃烧和选用风机时都需要计算燃料燃烧所需的空气。理论空气需要量是指燃料燃烧计算中 1kg（或 $1m^3$）燃料完全燃烧所需要的最低限度的空气量，它实质上是 1kg（或 $1m^3$）燃料中的可燃成分 C、H、S 完全燃烧所需的最小空气量。用符号 V^0 表示，单位 m^3/kg。

对应于 1kg 燃料中可燃成分 C、H、S 的质量为 $\frac{C_{ar}}{100}kg$、$\frac{H_{ar}}{100}kg$、$\frac{S_{ar}}{100}kg$，则

1kg 燃料中碳完全燃烧需氧 $1.866\frac{C_{ar}}{100}m^3$；

1kg 燃料中氢完全燃烧需氧 $5.56\frac{H_{ar}}{100}m^3$；

1kg 燃料中硫完全燃烧需氧 $0.7\frac{S_{ar}}{100}m^3$，

则 1kg 燃料中可燃成分完全燃烧共需氧量 G'_{O_2} 为

$$G'_{O_2} = 1.866\frac{C_{ar}}{100} + 5.56\frac{H_{ar}}{100} + 0.7\frac{S_{ar}}{100} \qquad (1-21)$$

因 1kg 燃料本身含氧量为 $\frac{O_{ar}}{100}kg$，在标准状态下它的容积为 $\frac{22.41}{32}\times\frac{O_{ar}}{100}=0.7\frac{O_{ar}}{100}$（$m^3$）。所以 1kg 燃料完全燃烧时需从空气中取得的氧 G_{O_2} 为

$$G_{O_2} = 1.866\frac{C_{ar}}{100} + 5.56\frac{H_{ar}}{100} + 0.7\frac{S_{ar}}{100} - 0.7\frac{O_{ar}}{100} \qquad (1-22)$$

空气是多种气体的混合物，主要包括氧和氮，其次还有氩、二氧化碳、氢及少量的水分等。锅炉计算中认为干空气中只有 O_2 和 N_2 两种。且取其容积成分为 $O_2=21\%$，$N_2=79\%$。因此 1kg 燃料完全燃烧时所需理论空气量为

$$V^0 = \frac{1}{0.21}\left(1.866\frac{C_{ar}}{100} + 5.56\frac{H_{ar}}{100} + 0.7\frac{S_{ar}}{100} - 0.7\frac{O_{ar}}{100}\right)$$
$$= 0.0889(C_{ar}+0.375S_{ar}) + 0.265H_{ar} - 0.0333O_{ar}$$
$$= 0.0889R_{ar} + 0.265\left(H_{ar}-\frac{O_{ar}}{8}\right) \qquad (1-23)$$

对于式（1-23）有三点说明：①V^0 是不含水蒸气的干空气；②V^0 只决定于燃料成分，当燃料一定时 V^0 即为一常数；③碳和硫的完全燃烧反应可写成 $R+O_2\rightarrow RO_2$，其中 $R_{ar}=C_{ar}+0.375S_{ar}$，相当于 1kg 燃料中"当量碳量"。在进行烟气分析时，碳和硫的燃烧产物 CO_2 和 SO_2 的容积总是一起被测定。

由质量表示的理论空气量 L^0 为

$$L^0 = 1.293V^0 = 0.115(C_{ar}+0.375S_{ar}) + 0.342H_{ar} - 0.0431O_{ar} \qquad (1-24)$$

式中　1.293——干空气密度，kg/m^3。

三、实际空气需要量及过量空气系数

燃料在炉内燃烧时很难与空气达到完全理想的混合，如仅按理论空气需要量（简称理论空气量）给它供应空气，必然会有一部分燃料得不到足够的氧气而不能完全燃烧。因此，在锅炉实际运行中，为使燃料燃烬，实际送入炉内的空气量 V_k 总是要大于理论空气量 V^0。实际空气量 V_k 与理论空气量 V^0 之比，称为过量空气系数，用符号 α 表示（在空气量计算时用 β 表示），即

$$\alpha(\beta) = \frac{V_k}{V^0} \qquad (1-25)$$

显然，1kg 燃料完全燃烧时需要的实际空气量为

$$V_k = \alpha V^0 \qquad (1-26)$$

实际空气量与理论空气量之差，称为过量空气量，用 ΔV_g 表示：

$$\Delta V_g = V_k - V^0 = \alpha V^0 - V^0 = (\alpha-1)V^0 \qquad (1-27)$$

炉内燃烧过程是在炉膛出口处结束，所以对燃烧有影响的是炉膛出口的过量空气系数 α''，α 一般是指炉膛出口处的过量空气系数 α''。过量空气系数是锅炉运行的重要指标，太大会增大排烟热损失，太小则不能保证燃料完全燃烧。它的最佳值与煤种、燃烧方式以及燃烧设备的完善程度有关，应通过试验确定。对相同成分的燃料，其 V^0 相同，故 α 多少即可表示其实际供应空气量的多少。对不同型式的锅炉、不同的燃料，其 α 值不同。各种锅炉在燃用不同燃料时 α''_l 推荐值列入表 1-5 中。

表 1-5　　　　　　　　　　　炉膛出口过量空气系数 α''_l 推荐值

燃料及燃烧设备型式	固态排渣煤粉炉		液态排渣煤粉炉		燃油及燃气炉	
	无烟煤、贫煤及劣质烟煤	烟煤、褐煤	无烟煤、贫煤	烟煤、褐煤	平衡通风	微正压
α''_l	1.20~1.25	1.15~1.20	1.2~1.25	1.15~1.2	1.08~1.10	1.05~1.07

例 1-1　已知煤的分析数据如下：$C_{ar}=56.83\%$，$H_{ar}=4.08\%$，$O_{ar}=9.63\%$，$N_{ar}=0.73\%$，$S_{ar}=0.63\%$，$A_{ar}=19.12\%$，$M_{ar}=8.89\%$，$V_{daf}=34.28\%$。$Q_{ar,net,p}=22263kJ/kg$。计算该煤在完全燃烧时的理论空气需要量 V^0 及在 $\alpha=1.2$ 时的实际空气需要量 V_k。

解：根据公式（1-23），得

$$V^0 = 0.0889C_{ar} + 0.265H_{ar} + 0.0333(S_{ar} - O_{ar})$$
$$= 0.0889 \times 56.83 + 0.265 \times 4.08 + 0.0333(0.063 - 9.63)$$
$$= 5.834(m^3/kg)$$

根据公式（1-26），得

$$V_k = \alpha V^0 = 1.2 \times 5.834 = 7.008 \ (m^3/kg)$$

答：该煤在完全燃烧时的理论空气需要量 $V^0 = 5.834$（m^3/kg），实际空气需要量 $V_k = 7.008$（m^3/kg）。

四、漏风量和漏风系数

现代电厂锅炉大多采用负压运行（炉膛及烟道压力略低于环境压力），因而运行中，外界冷空气会通过锅炉不严密处漏入炉膛以及其后的烟道中，致使烟气中的过量空气增加。相对于 1kg 燃料而言，漏入的空气量与理论空气量 V^0 之比称为漏风系数，以 $\Delta\alpha$ 表示，即

$$\Delta\alpha = \frac{\Delta V}{V^0} \qquad (1-28)$$

对于任一级受热面来说，其漏风系数 $\Delta\alpha$ 与进出口的过量空气系数 α'、α'' 有如下关系：

$$\Delta\alpha = \alpha'' - \alpha' \qquad (1-29)$$

由于漏风的存在，沿烟气的流程，烟道内的过量空气系数 α 不断增大。从炉膛开始，烟

道内任意截面处的过量空气系数 α，可等于炉膛出口的过量空气系数 α_1'' 加前面各段烟道的漏风系数之和，即

$$\alpha = \alpha_1'' + \sum \Delta\alpha \tag{1-30}$$

式中　$\sum \Delta\alpha$——炉膛出口与计算烟道截面间，各段烟道漏风系数的总和。

空气预热器中，空气侧压力比烟气侧高，所以会有部分空气漏入烟气中，该级的漏风系数 $\Delta\alpha_{ky}$ 要高些。在空气预热器中，有

$$\beta_{ky}' = \beta_{ky}'' + \sum \Delta\alpha_{ky} \tag{1-31}$$

式中　β_{ky}'、β_{ky}''——空气预热器进口和出口的过量空气系数。

考虑到炉膛及制粉系统的漏风，β_{ky}'' 与 α_1'' 之间的关系为

$$\beta_{ky}'' = \alpha_1'' - \Delta\alpha_1' - \Delta\alpha_{zf} \tag{1-32}$$

式中　$\sum \Delta\alpha_1'$——炉膛漏风系数；

$\sum \Delta\alpha_{zf}$——制粉系统漏风系数。

锅炉漏风会导致锅炉效率降低、引风机的电耗增大，直接影响到锅炉的安全经济运行，因此必须尽可能地减少漏风。漏风系数与锅炉结构、安装及检修质量、运行操作情况等有关。

课题三　烟气容积和过量空气系数

一、烟气的组成

烟气是多种成分组成的混合气体。按实际燃烧过程，根据燃料和空气成分以及燃烧反应产物可知，当燃料完全燃烧时，烟气中含有以下成分：

(1) 碳和硫完全燃烧的生成物（CO_2 及 SO_2）；

(2) 燃料和空气中的氮（N_2）；

(3) 过量空气未被利用的氧（O_2）；

(4) 氢燃烧生成的、空气带入的以及燃料所含水分蒸发而成的水蒸气（H_2O）。

当燃料不完全燃烧时，除上述各成分外，烟气中还含有少量的可燃气体，如 CO、H_2、CH_4 等，一般 H_2、CH_4 的含量极少，为计算方便忽略不计，而只考虑 CO。

用 V_y 表示 1kg 燃料燃烧生成的烟气总容积；用 V_{CO_2}、V_{SO_2}、V_{N_2}、V_{O_2}、V_{H_2O}、V_{CO} 表示烟气中 CO_2、SO_2、N_2、O_2、H_2O、CO 的分容积，则

完全燃烧时（$\alpha > 1$），

$$V_y = V_{CO_2} + V_{SO_2} + V_{N_2} + V_{O_2} + V_{H_2O} \tag{1-33}$$

不完全燃烧时（$\alpha > 1$），

$$V_y = V_{CO_2} + V_{SO_2} + V_{N_2} + V_{O_2} + V_{H_2O} + V_{CO} \tag{1-34}$$

不包括水蒸气的烟气容积称为干烟气容积，用 V_{gy} 表示。

$$V_{gy} = V_{CO_2} + V_{SO_2} + V_{N_2} + V_{O_2} + V_{CO} \tag{1-35}$$

通常烟气中 CO_2 和 SO_2 容积之和用 V_{RO_2} 表示（因为 CO_2 和 SO_2 的热力性质和化学性质都十分接近，而在烟气分析中又不易分开，故计算时可以合并，表示为 $CO_2 + SO_2 = RO_2$），即

$$V_{RO_2} = V_{CO_2} + V_{SO_2} \tag{1-36}$$

则
$$V_{gy} = V_{RO_2} + V_{N_2} + V_{O_2} + V_{CO} \tag{1-37}$$

二、烟气容积计算

烟气容积的计算有两种方法，一种是依据燃料的燃烧反应式计算，另一种是烟气分析成分计算，现分别介绍如下。

（一）根据燃烧反应计算

烟气容积的大小与燃烧的完全程度和计算截面处的过量空气系数大小有关。在锅炉设计或对未运行锅炉进行估算时，通常依据燃烧化学反应式计算。为了便于理解，一般计算出实际干烟气容积和实际水蒸气容积，两者之和即为烟气总容积。

1. 干烟气容积 V_{gy} 的计算

实际干烟气的容积等于理论干烟气容积与过量空气容积之和。

（1）理论干烟气容积。当过量空气系数 $\alpha=1$，1kg 燃料完全燃烧生成的干烟气容积称为理论干烟气容积，用符号 V_{gy}^0 表示，单位为 m^3/kg。它由三部分组成。

$$V_{gy}^0 = V_{CO_2} + V_{SO_2} + V_{N_2}^0 = V_{RO_2} + V_{N_2}^0 \tag{1-38}$$

式中　V_{CO_2} ——1kg 燃料中的 $\dfrac{C_{ar}}{100}$ 碳燃烧生成的 CO_2 容积，$V_{CO_2} = 1.866 \dfrac{C_{ar}}{100}$，$m^3/kg$；

V_{SO_2} ——1kg 燃料中的 $\dfrac{S_{ar}}{100}$ 硫燃烧生成的 SO_2 容积，$V_{SO_2} = 0.7 \dfrac{S_{ar}}{100}$，$m^3/kg$；

$V_{N_2}^0$ ——理论氮气容积 $V_{N_2}^0$，由 1kg 燃料中的氮（质量为 $\dfrac{N_{ar}}{100}$ kg，容积为 $\dfrac{22.4}{28} \times$

$\dfrac{N_{ar}}{100} = 0.8 \dfrac{N_{ar}}{100} m^3$）和理论空气中的氮（其容积为 V^0 的 79%）组成，$V_{N_2}^0 =$

$0.8 \dfrac{N_{ar}}{100} + 0.79 V^0$，$m^3/kg$。

则式（1-38）可写成

$$V_{gy}^0 = 1.866 \frac{C_{ar}}{100} + 0.7 \frac{S_{ar}}{100} + 0.8 \frac{N_{ar}}{100} + 0.79 V^0 \tag{1-39}$$

（2）实际干烟气容积 V_{gy}。当 $\alpha > 1$ 时，1kg 燃料完全燃烧生成的烟气容积称为实际干理论烟气容积。它仅比理论干烟气容积多了那部分过量空气的容积 $\Delta V = (\alpha-1) V^0$，即

$$V_{gy} = V_{gy}^0 + \Delta V_g = V_{gy}^0 + (\alpha-1) V^0 = 1.866 \frac{C_{ar}}{100} + 0.7 \frac{S_{ar}}{100} + 0.8 \frac{N_{ar}}{100} + 0.79 V^0 + (\alpha-1) V^0$$
$$= 0.01866 C_{ar} + 0.007 S_{ar} + 0.008 N_{ar} + (\alpha-0.21) V^0 \tag{1-40}$$

2. 水蒸气容积 V_{H_2O} 的计算

实际水蒸气的容积等于理论水蒸气容积与过量空气中的水蒸气容积之和。

（1）理论水蒸气容积 $V_{H_2O}^0$。当过量空气系数 $\alpha=1$，1kg 燃料完全燃烧生成烟气中的水蒸气容积为理论水蒸气容积。它来源于四个方面：①燃料中氢燃烧生成的水蒸气，其容积为

$11.1 \dfrac{H_{ar}}{100} = 0.111 H_{ar}$；②燃料中水分蒸发形成的水蒸气，其容积为 $\dfrac{22.4}{18} \times \dfrac{M_{ar}}{100} = 1.24 \times \dfrac{M_{ar}}{100} =$

$0.0124 M_{ar}$；③随同理论空气量 V^0 带入的水蒸气，其容积为 $\dfrac{22.4}{18} \times \dfrac{d_k}{1000} V^0$。其中：$d$ 为 1kg

干空气的含湿量，锅炉热力计算中 $d=10g/kg$，$\rho_k = 1.293 kg/m^3$。因此，理论空气量 V^0 带

入的水蒸气容积为 $0.0161V^0$；④燃用液体燃料时，如采用蒸汽来雾化燃油，则应增加雾化燃油带入的水蒸气容积，其数值为 $\dfrac{22.4}{18}G_{wh}=1.24G_{wh}$，$G_{wh}$ 为雾化油时消耗的蒸汽量，kg/kg。则

$$V^0_{H_2O}=11.1\frac{H_{ar}}{100}+1.24\frac{M_{ar}}{100}+\frac{22.4}{18}\times\frac{d\rho_k}{1000}V^0+1.24G_{wh}$$

$$=0.111H_{ar}+0.0124M_{ar}+0.0161V^0+1.24G_{wh}，\quad m^3/kg \qquad (1-41)$$

锅炉燃煤时，$G_{wh}=0$。

（2）实际水蒸气容积 V_{H_2O}。当过量空气系数 $\alpha>1$，1kg 燃料完全燃烧生成烟气中的水蒸气容积为实际水蒸气容积。它比理论水蒸气容积多了过量空气中的水蒸气容积，即

$$V_{H_2O}=V^0_{H_2O}+1.24（\alpha-1）V^0\frac{d\rho_k}{1000}$$

$$=0.111H_{ar}+0.0124M_{ar}+0.0161\alpha V^0，\quad m^3/kg \qquad (1-42)$$

3. 烟气总容积 V_y 的计算

1kg 燃料在 $\alpha>1$ 的情况下完全燃烧时生成的烟气容积为烟气总容积。它等于实际干烟气容积 V_{gy} 与实际水蒸气容积 V_{H_2O} 之和，即

$$V_y=V_{gy}+V_{H_2O}$$

$$=0.01866C_{ar}+0.007S_{ar}+0.008N_{ar}+0.111H_{ar}+0.0124M_{ar}+1.0161\alpha V^0-0.21V^0，\quad m^3/kg$$

$$\qquad (1-43)$$

（二）根据烟气分析成分计算烟气容积

对于运行的锅炉，燃料燃烧生成的烟气，其组成和容积是随运行工况的变化而变化的。测定与计算运行锅炉中烟气的成分、烟气容积和过量空气系数，是为了了解炉内的燃烧情况，从而进行燃烧调整及改进燃烧设备。

运行锅炉可根据烟气分析成分计算干烟气容积，烟气成分是用烟气分析器测得。

1. 烟气成分测定

烟气的成分一般用烟气中某种气体的分容积占干烟气容积的百分数表示。若以 CO_2、SO_2、O_2、N_2 和 CO 分别表示干烟气中二氧化碳和二氧化硫、氧、氮及一氧化碳所占的容积百分数，则

$$RO_2=\frac{V_{RO_2}}{V_{gy}}=\frac{V_{CO_2}+V_{SO_2}}{V_{gy}}\times100 \qquad\qquad O_2=\frac{V_{O_2}}{V_{gy}}\times100$$

$$N_2=\frac{V_{N_2}}{V_{gy}}\times100 \qquad\qquad CO=\frac{V_{co}}{V_{gy}}\times100$$

上各式中，V_{RO_2}、V_{O_2}、V_{N_2}、V_{co}、V_{gy} 等均为 1kg 燃料燃烧生成的烟气中相应的气体容积。

目前广泛采用的测量方法是烟气容积分析法。它是将一定容积（100cm³）的烟气试样，顺序和某些化学吸收剂相接触，对烟气各组成气体逐一进行选择性吸收，每次减少的容积，即是被测成分在烟气中所占的容积。这种方法又称化学吸收法。常用的仪器就是奥氏烟气分析仪，如图 1-3 所示。它包括一个量筒，三个吸收瓶和一个平衡瓶。分析前，在吸收瓶 1 内装入氢氧化钾或氢氧化钠水溶液，用来吸收 RO_2；在吸收瓶 2 内装入焦性没食子酸溶液，用来吸收 O_2（它也能吸收 CO_2 和 SO_2）；吸收瓶 3 装入氯化亚铜氨溶液，用来吸收 CO（它

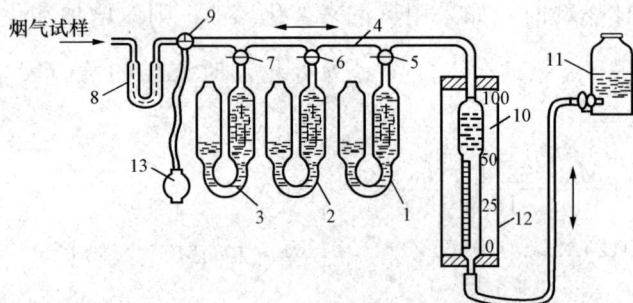

图 1-3 奥氏烟气分析仪

1—RO₂ 吸收瓶；2—O₂ 吸收瓶；3—CO 吸收瓶；4—梳形管；

5、6、7—旋塞；8—过滤器；9—三通旋塞；10—量管；11—平衡
瓶（水准瓶）；12—水套管；13—抽气皮囊

也能吸收 O_2)。

分析时，先将水准瓶 11 提高使水充满量管 10，然后放低水准瓶，将经过滤器 8 的烟气试样吸入量管至 100mL 处；关闭旋塞 9，打开旋塞 5，提高水准瓶 11 将烟气试样驱入吸收瓶 1 使烟气中的 CO_2 和 SO_2 被吸收；往复几次后，再将烟气试样吸回到量管中测量其失去的毫升数；此失去的数值即是 RO_2 值。以同样的方法用吸收瓶 2 测出 O_2，用吸收瓶 3 测出 CO。最后量管中剩余的毫升数是 N_2

值（另有一些微量气体，可忽略不计）。由于某些吸收剂有双重吸收作用，测试时吸收的顺序不能颠倒。因此可写出下列关系式：

$$RO_2 + O_2 + N_2 + CO = 100$$

则

$$N_2 = 100 - (RO_2 + O_2 + CO)$$

2. 根据烟气成分分析结果计算干烟气的容积

$$CO_2 + SO_2 + CO = \frac{V_{CO_2} + V_{SO_2} + V_{CO}}{V_{gy}} \times 100$$

$$V_{gy} = \frac{V_{CO_2} + V_{SO_2} + V_{CO}}{RO_2 + CO} \times 100$$

因

$$V_{CO_2} + V_{CO} = 1.866 \frac{C_{ar}}{100}$$

$$V_{SO_2} = 0.7 \frac{S_{ar}}{100}$$

则

$$V_{gy} = \frac{1.866(C_{ar} + 0.375 S_{ar})}{RO_2 + CO} = \frac{1.866 R_{ar}}{RO_2 + CO}, \ \ m^3/kg \qquad (1-44)$$

3. 烟气总容积 V_y 计算

锅炉运行中 1kg 燃料燃烧后生成的烟气总容积 V_y 仍为实际干烟气容积 V_{gy} 与实际水蒸气容积 V_{H_2O} 之和，水蒸气仍按式（1-42）计算，因而

$$V_y = V_{gy} + V_{H_2O}$$

$$= \frac{1.866 \ (C_{ar} + 0.375 S_{ar})}{RO_2 + CO} + 0.111 H_{ar} + 0.0124 M_{ar} + 0.0161 \alpha V^0 \qquad (1-45)$$

三、锅炉运行时过量空气系数的确定

过量空气系数对锅炉的燃烧和经济运行有很大影响，在锅炉运行中，通过烟气分析准确、迅速地测量过量空气系数，是保证锅炉安全经济运行的基础。

根据过量空气系数的定义，有 $\alpha = \dfrac{V_k}{V^0} = \dfrac{V_k}{V_k - \Delta V_g}$。

当已知烟气分析数据时，可用下列各式计算过量空气系数：

完全燃烧时，

$$\alpha = \frac{21}{21 - 79\left[\dfrac{O_2}{100 - (RO_2 + O_2)}\right]} \qquad (1-46)$$

不完全燃烧时，

$$\alpha = \frac{21}{21 - 79\left[\dfrac{O_2 - 0.5CO}{100 - (RO_2 + O_2 + CO)}\right]} \qquad (1-47)$$

对燃煤锅炉，当煤完全燃烧时，可用下列近似公式计算：

$$\alpha = \frac{21}{21 - O_2} \qquad (1-48)$$

α 的简化公式原则上只有在完全燃烧且燃料成分 N_{ar} 和 β 值都很小的情况下使用，否则误差较大。

由式（1-48）可知，过量空气系数与烟气中氧的容积成分基本上一一对应，所以在运行中，通过监视烟气中的 O_2 值，可达到监视和控制进入炉内实际空气量的目的。目前，电厂锅炉广泛采用磁性氧量表或氧化锆氧量表来测量烟气中的含氧量 O_2。

例 1-2 已测得某运行中的燃煤锅炉空气预热器前烟气中的氧 $O_2' = 5.53\%$，空气预热器出口处烟气中氧 $O_2'' = 6\%$，CO=0，求这级空气预热器的漏风系数 $\Delta\alpha_{ky}$。

解： 首先按式（1-48）算出空气预热器进、出口处的过量空气系数 α_{ky}'、α_{ky}''，即

$$\alpha_{ky}' = \frac{21}{21 - O'} = \frac{21}{21 - 5.53} = 1.34$$

$$\alpha_{ky}'' = \frac{21}{21 - O'} = \frac{21}{21 - 6} = 1.40$$

根据公式（1-29）得 $\quad \Delta\alpha_{ky} = \alpha_{ky}'' - \alpha_{ky}' = 1.40 - 1.34 = 0.06$

答： 空气预热器的漏风系数 $\Delta\alpha_{ky} = 0.06$。

四、烟气焓的计算

在进行锅炉的热平衡及受热面的传热计算时，需要知道空气的焓和烟气的焓。在这里，空气和烟气的焓是指 1kg 固体或液体燃料所需的空气量或所产生的烟气量在等压下从 0℃加热到 ϑ℃所需的热量，单位为 kJ/kg。

（一）空气焓

（1）据理想气体焓的计算方法，理论空气量的焓 H_k^0 为

$$H_k^0 = V^0 (c\vartheta)_k \qquad (1-49)$$

（2）实际空气量的焓的计算式为

$$H_k = \beta H_k^0 = \beta V^0 (c\vartheta)_k \qquad (1-50)$$

式中 $(c\vartheta)_k$ ——1m³ 干空气连同其携带的水蒸气在温度 ϑ℃时的焓，kJ/m³（见表 1-4）。

（二）烟气焓

1. 理论烟气的焓 H_y^0

理论烟气是多种成分的混合气体，由工程热力学可知，其焓等于各组成成分焓的总和。所以理论烟气的焓的计算式为

$$H_y^0 = V_{RO_2}(c\vartheta)_{RO_2} + V_{N_2}^0(c\vartheta)_{N_2} + V_{H_2O}^0(c\vartheta)_{H_2O} \qquad (1-51)$$

式中，$(c\vartheta)_{RO_2}$、$(c\vartheta)_{N_2}$、$(c\vartheta)_{H_2O}$ 分别为 $1m^3$ 三原子气体、氮气和水蒸气在温度 ϑ ℃时的焓值，kJ/m^3（见表 1-4）。由于 $V_{CO_2} \gg V_{SO_2}$，且两者比热容接近，故取 $(c\vartheta)_{RO_2} = (c\vartheta)_{CO_2}$。

2. 实际烟气的焓 H_y

在设计、校核计算锅炉时，烟气分析数据不可能求得，则可按理论烟气的焓、烟气中过量空气的焓以及飞灰的焓三部分的总和来计算烟气的焓，即

$$H_y = H_y^0 + (\alpha - 1)H_k^0 + H_{fh} \qquad (1-52)$$

其中飞灰焓 H_{fh} 为

$$H_{fh} = \frac{A_{ar}}{100}\alpha_{fh}(c\vartheta)_h \qquad (1-53)$$

式中 $(c\vartheta)_h$ ——1kg 灰在温度 ϑ ℃时的焓值，kJ/m^3（见表 1-6）。

飞灰的焓数值较小，因此只有当 $4187\dfrac{A_{ar}\alpha_{fh}}{Q_{ar.net}} \geqslant 6$ 时才考虑，否则可略去。

在锅炉烟道中，沿烟气的流程，不同部位的过量空气系数和烟温不同，因此烟气的焓也不同。在受热面的传热计算中，必须分别计算各个受热面所在部位的烟气焓并制成焓温表。利用焓温表，根据过量空气系数和烟气温度，可求出烟气的焓。反之也可以由过量空气系数和烟气的焓值查出烟气的温度。

表 1-6　　　　　　　　　**1m³ 空气、烟气及 1kg 灰的焓**　　　　　　　kJ/m³，kJ/kg

ϑ℃	$(c\vartheta)_{CO_2}$	$(c\vartheta)_{N_2}$	$(c\vartheta)_{O_2}$	$(c\vartheta)_{H_2O}$	$(c\vartheta)_K$	$(c\vartheta)_h$
100	170	130	132	151	132	80
200	358	260	267	305	266	168
300	559	392	407	463	403	260
400	772	527	551	626	542	357
500	994	664	699	795	684	461
600	1225	804	850	969	830	554
700	1462	948	1004	1149	978	665
800	1705	1094	1160	1334	1129	770
900	1952	1242	1318	1526	1282	812
1000	2204	1392	1478	1723	1435	1005
1100	2458	1544	1638	1925	1595	1128
1200	2717	1697	1801	2132	1753	1261
1300	2977	1853	1964	2344	1914	1426
1400	3239	2009	2128	2559	2076	1583
1500	3503	2166	2294	2779	2239	1777
1600	3769	2325	2461	3002	2403	1957
1700	4036	2484	2629	3229	2567	2206
1800	4305	2644	2797	3458	2732	2412
1900	4574	2804	2967	3690	2899	2625
2000	4844	2965	3138	3926	3066	2847
2100	5115	3128	3309	4163	3234	
2200	5387	3289	3483	4402	3402	

课题四 锅炉机组热平衡

教学目的

掌握锅炉热平衡和输入、输出热量的意义，熟悉各项热损失的概念及影响因素，了解锅炉热效率、燃料消耗量的计算。

教学内容

锅炉热平衡是指在稳定热力工况下，从能量平衡的观点看，输入锅炉的热量等于锅炉支出的热量。输入锅炉的热量主要来源于燃料燃烧放出的热量，支出热量包括用于生产蒸汽和热水的有效利用热和生产中的各项热损失。

热平衡对锅炉的设计及运行都是十分重要的，通过热平衡试验、计算及分析研究，可以了解并确定燃料燃烧的热量有多少被有效利用，有多少成为热损失，这些损失表现在哪些方面。同时，可求得锅炉热效率及燃料消耗量，因而可鉴定锅炉设计、改造和运行工况的好坏，并由此分析造成热损失的原因，寻求提高锅炉经济性的途径。

一、锅炉热平衡方程

锅炉的输入热量等于支出热量的平衡关系用公式表示出来，就是锅炉的热平衡方程。对于燃煤锅炉，通常是以 1kg 燃料为基础来建立热平衡方程的。故 1kg 燃料带入炉内的热量、锅炉有效利用热量和热损失之间可列出如下的热平衡方程：

$$Q_r = Q_1 + Q_2 + Q_3 + Q_4 + Q_5 + Q_6 \qquad (1-54)$$

式中 Q_r ——锅炉输入的热量，kJ/kg；

Q_1 ——锅炉有效利用热量，kJ/kg；

Q_2 ——排烟损失的热量，kJ/kg；

Q_3 ——气体未完全燃烧热损失，kJ/kg；

Q_4 ——固体未完全燃烧热损失，kJ/kg；

Q_5 ——锅炉散热损失，kJ/kg；

Q_6 ——灰渣物理热损失，kJ/kg。

将式（1-54）两边同除以 Q_r，并乘以 100%，则可建立占输入热量的百分数来表示的热平衡方程式，即

$$100 = q_1 + q_2 + q_3 + q_4 + q_5 + q_6$$
$$(1-55)$$

其中 $q_1 = \dfrac{Q_1}{Q_r} \times 100\%$，$q_2 = \dfrac{Q_2}{Q_r} \times 100\%$，…

式中 q_1 ——锅炉有效利用热量占输入热量的百分数，%；

q_2 ——排烟损失的热量占输入热量的百

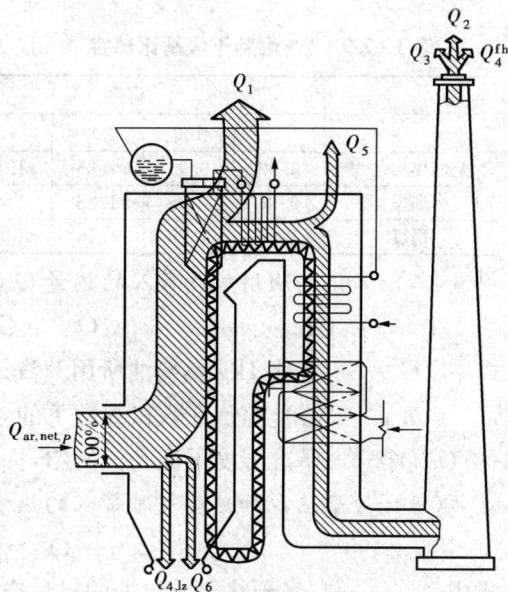

图 1-4 锅炉热平衡示意图

分数,%;

q_3——气体未完全燃烧损失的热量占输入热量的百分数,%;

q_4——固体未完全燃烧损失的热量占输入热量的百分数,%;

q_5——锅炉散热损失的热量占输入热量的百分数,%;

q_6——灰渣物理热量损失占输入热量的百分数,%。

1kg 燃料带入炉内的热量、锅炉有效利用热量和各项热损失平衡关系也可用图 1-4 表示。图中热空气带入炉内的热量来自锅炉自身,是一股循环热量,故在热平衡中不予考虑。

二、锅炉的输入热量

每千克燃料输入的锅炉热量 Q_r 通常包括燃料的收到基低位发热量 $Q_{ar,net,p}$、燃料的物理显热 Q_{rx} 和雾化燃油用蒸汽带入的热量 Q_{wh},当用外来热源加热燃料或空气时,还应计入由此带入炉内的热量 Q_{wl},因而可得

$$Q_r = Q_{ar,net,p} + Q_{rx} + Q_{wh} + Q_{wl} \tag{1-56}$$

（一）燃料的物理显热 Q_{rx}

一般情况下,Q_{rx} 数值较小,在计算时可忽略不计。只有用外来热源加热燃料或固体燃料的水分 $M_{ar} \geq \dfrac{Q_{ar,net,p}}{628}$ 时,才计入该项,其计算式为

$$Q_{rx} = c_r(t_r - t_0) \tag{1-57}$$

式中 t_r——燃料的温度,℃;

t_0——基准温度,℃,取送风机入口空气温度或取 30℃;

c_r——燃料的收到基比热容,kJ/（kg·℃）。

固体燃料的收到基比热容用式（1-58）计算:

$$c_r = c_{d,r}\frac{100 - M_{ar}}{100} + 4.19\frac{M_{ar}}{100} \tag{1-58}$$

表 1-7   燃料干燥基比热容   kJ/（kg·℃）

燃料	温度（℃）				
	0	100	200	300	400
无烟煤和贫煤	0.92	0.96	1.05	1.13	1.17
烟煤	0.96	1.09	1.26	1.42	
褐煤	1.09	1.26	1.46		

式中,$c_{d,r}$ 燃料干燥基比热容（见表 1-7）,kJ/（kg·℃）。

燃料油的收到基比热容用式（1-59）计算:

$$c_{ar,r} = 1.738 + 0.003t_r \tag{1-59}$$

（二）雾化燃油用蒸汽带入的热量 Q_{wh}

$$Q_{wh} = G_{wh}[h_{wh} - (h_{bq})_0] \tag{1-60}$$

式中 G_{wh}——雾化 1kg 燃料油所用蒸汽量,kg/kg;

h_{wh}——雾化蒸汽在入口参数下的焓,kJ/kg;

$(h_{bq})_0$——基准温度下饱和汽的焓,一般取 2510kJ/kg。

（三）外来热源加热空气时带入的热量 Q_{wl}

$$Q_{wl} = \beta'(H_k^0 - H_{lk}^0) \tag{1-61}$$

式中 β'——空气预热器入口处的过量空气系数;

H_{lk}^0——基准温度下的理论空气的焓,kJ/kg,基准温度可取为冷空气温度 30℃;

H_k^0 ——按加热后空气温度计算的理论空气的焓，kJ/kg。

对于燃煤锅炉，如果煤和空气都没有利用外来热源进行预热，且燃煤水分 $M_{ar} < \dfrac{Q_{ar,net,p}}{628}$ %，这时锅炉输入的热量 Q_r 就等于煤的低位发热量 $Q_{ar,net,p}$，即 $Q_r = Q_{ar,net,p}$。

三、锅炉的各项热损失

（一）固体未完全燃烧热损失 Q_4

1. 固体未完全燃烧热损失的概念

固体未完全燃烧热损失 Q_4 是指灰中未燃烧或未燃烬的碳造成的热损失和使用中磨煤机时排出的石子煤的热损失，也称为机械未完全燃烧热损失。不同的燃烧方式，此项热损失包括的内容也不相同。对于大容量煤粉炉它包括：①炉渣中未燃烬的碳粒所造成的热损失 q_4^{lz}；②飞灰中未燃烬的碳粒所造成的热损失 q_4^{fh}；③沉降灰中未燃烬的碳粒所造成的热损失 q_4^{cjh}；④中速磨煤机排出石子煤的热损失 q_4^{sz}。

2. 固体未完全燃烧热损失的计算

对于运行中的煤粉炉，q_4 通常用式（1-62）进行计算：

$$q_4 = q_4^{lz} + q_4^{fh} + q_4^{cjh} + q_4^{sz} \tag{1-62}$$

$$q_4 = \frac{Q_4}{Q_r} \times 100 = \frac{337.27 A_{ar} \overline{C}}{Q_r} + q_4^{sz} \tag{1-63}$$

$$\overline{C} = \frac{\alpha_{lz} C_{lz}^c}{100 - C_{lz}^c} + \frac{\alpha_{fh} C_{fh}^c}{100 - C_{fh}^c} + \frac{\alpha_{cjh} C_{cjh}^c}{100 - C_{cjh}^c}$$

$$q_4^{sz} = \frac{B_{sz} Q_{ar,net}^{sz}}{B Q_r} \times 100$$

式中　　　$\overline{C}$ ——灰渣中平均碳量与燃煤中灰量之比，%；

α_{lz}、α_{fh}、α_{cjh} ——炉渣、飞灰、沉降灰中的灰占燃料总灰分的质量百分率，%，可根据表1-8选取；

C_{lz}^c、C_{fh}^c、C_{cjh}^c ——炉渣、飞灰、沉降灰中可燃碳含量的百分率，%，可通过取样分析测得；

$Q_{ar,net}^{sz}$ ——石子煤实测的低位发热量，kJ/kg；

B ——锅炉燃料消耗量，kg/h；

B_{sz} ——中速磨煤机排出的石子煤量，kg/h。

在进行锅炉设计时，由于无法得知所需的有关数据，所以不能直接计算 q_4，只能根据燃煤种类、燃烧方式、排渣方式等条件，按国家热力计算标

表1-8　锅炉的飞灰份额 α_{fh} 与炉渣份额 α_{lz} 的推荐值

锅炉型式	α_{fh}	α_{lz}
固态排渣煤粉炉	0.95	0.05
卧式旋风炉	0.10~0.15	0.85~0.90

准选取。一般情况下，无烟煤，q_4 为 4%~6%（挥发分极低时取大值）；贫煤，q_4 为 2%~3%；烟煤，q_4 为 1%~1.5%（高灰分烟煤取大值）；褐煤，q_4 为 0.5%~1%。对液态排渣煤粉炉，q_4 一般为 0.5%~4%。燃油炉可近似看成 $q_4 = 0$%。

3. 固体未完全燃烧热损失的分析

影响 q_4 大小的主要因素是灰渣量以及灰渣中可燃物的含量。其中炉灰量主要与燃料中的含灰量有关，而灰渣中可燃物的含量则与燃料性质、燃烧方式、过量空气系数、炉膛结构、锅

炉负荷及运行工况等因素有关。燃煤中灰分和水分越多，挥发分越少，煤粉越粗，由于着火困难，炉温相对较低，燃烬程度差，灰中可燃物较多，则 q_4 越大。在燃煤性质相同的情况下，炉膛结构合理（有适当的高度和空间），燃烧器的结构性能好，布置适当，气粉有较好的混合条件和较长的炉内停留燃烧时间，则 q_4 较小。炉内过量空气系数适当，炉膛温度较高时，q_4 较小。锅炉负荷过高将使煤粉来不及在炉内烧透，负荷过低则炉温下降，都会使 q_4 增大。固体未完全燃烧热损失 q_4 是煤粉锅炉的主要热损失之一，通常仅次于排烟热损失 q_2。

（二）可燃气体未完全燃烧热损失 Q_3

1. 可燃气体未完全燃烧热损失的概念

可燃气体未完全燃烧热损失 Q_3 是锅炉排烟中含有残余的可燃气体（CO、CH_4、H_2、C_mH_n 等）未能放出其燃烧热所造成的热量损失。对于煤粉锅炉，可燃气体未完全燃烧热损失 q_3 值很小，一般不超过 0.5%。

2. 气体未完全燃烧热损失的计算

$$q_3 = \frac{V_{gy}}{Q_r}(12640CO + 10798H_2 + 35818CH_4 + 59079C_mH_n)\left(1 - \frac{q_4}{100}\right) \quad (1-64)$$

对于现代电站的燃煤锅炉，烟气中 H_2、CH_4、C_mH_n 等可燃气体含量甚微，为简化计算，可忽略不计，一般认为燃烧产物烟气中的可燃气体只有 CO。因此 q_3 的计算式如下：

$$q_3 = \frac{12640COV_{gy}}{Q_r}\left(1 - \frac{q_4}{100}\right) \quad (1-65)$$

式中　　　　　　V_{gy}——每千克收到基燃料不完全燃烧时生成的干烟气体积，m^3/kg；

12640、10798、35818、59079——$1m^3$ 的一氧化碳、氢气、甲烷和重碳氢化合物的发热量，kJ/m^3；

CO、H_2、CH、C_mH_n——干烟气中一氧化碳、氢气、甲烷和重碳氢化合物的容积成分，%；

$1 - \frac{q_4}{100}$——由于 q_4 的存在，1kg 燃料中有一部分燃料并没有参与燃烧及生成烟气，故应对烟气中一氧化碳容积修正。

3. 可燃气体未完全燃烧热损失的分析

可燃气体未完全燃烧热损失是由于烟气中存在可燃气体造成的。很显然，烟气中的可燃气体含量越多，q_3 越大。影响烟气中可燃气体含量的主要因素有：燃煤挥发分含量、炉内过量空气系数大小、炉膛温度及炉内空气动力工况等。一般来说，燃煤挥发分含量较高，炉内可燃气体较多，会使 q_3 增加；过量空气系数过小，氧气供应不足，会造成 q_3 增大，过量空气系数过大，又会导致炉温降低，不利于燃烧反应的进行，使 q_3 增加，一氧化碳在低于 800~900℃的情况下很难燃烧。所以，锅炉负荷过低，炉温会下降，如其他条件都不变，也会使 q_3 增加。另外，炉膛结构及燃烧器布置不合理，炉膛有死角或烟气在炉内停留时间过短，使部分可燃气体未燃烬就离开炉膛，都会导致 q_3 增大。设计时可按燃料种类和燃烧方式选择，煤粉炉，$q_3=0$；燃油或燃气炉，$q_3=0.5\%$。

（三）排烟热损失 Q_2

1. 排烟热损失的概念

烟气在离开锅炉的最后受热面时，还具有相当高的温度，该温度称为排烟温度。锅炉排

烟热损失 Q_2 是指末级热交换器后排出烟气带走的物理显热所造成的热量损失。

2. 排烟热损失的计算

排烟热损失由式（1-66）计算：

$$q_2 = \frac{Q_2}{Q_r} \times 100 \tag{1-66}$$

$$Q_2 = \left(H_{py} - \alpha_{py} H_{lk}^0 \right) \left(1 - \frac{q_4}{100} \right) \tag{1-67}$$

式中　H_{py}——排烟焓值，其值可用式（1-52）求得，kJ/kg；

　　　H_{lk}^0——理论冷空气焓，其值可用式（1-49）求得（冷空气温度一般可取 30℃）kJ/kg；

　　　α_{py}——排烟处过量空气系数，可根据烟气分析求得。

3. 排烟热损失的分析

排烟热损失是锅炉各项热损失中最大的一项，对大、中型锅炉约为 $4\% \sim 8\%$。影响 q_2 的主要因素是排烟温度和排烟容积。显然，排烟温度越高、排烟容积越大，q_2 就越大。一般排烟温度每增加 $15 \sim 20℃$，会使 q_2 增加约 1%。降低排烟温度，可以减小排烟热损失，但是要降低排烟温度，就必须在设计时增加锅炉尾部受热面面积，因而增大了锅炉的金属消耗量和烟气流动阻力；另一方面，排烟温度太低会引起尾部受热面的酸性腐蚀，因而也不允许排烟温度降得过低。特别在燃用硫分较高的燃料时，排烟温度还应适当保持高一些，以减轻受热面的低温腐蚀。近代大型电厂锅炉的排烟温度约为 $120 \sim 160℃$。

影响锅炉排烟温度和排烟容积的因素有燃料性质，受热面的积灰、结渣或结垢，炉膛出口过量空气系数 α'' 以及烟道各处的漏风等。当煤中水分和硫分较高时，为了避免或减轻尾部受热面的低温腐蚀，必须采用较高的排烟温度。水分增大，使排烟容积增大。锅炉运行中，受热面积灰、结渣等会使传热减弱，促使排烟温度升高。因此，在锅炉运行中应注意及时地吹灰打渣，经常保持受热面的清洁。炉膛和烟道漏风，不仅会增大排烟容积，漏入烟道的冷空气使漏风点处的烟气温度降低，从而使漏风点以后各受热面的传热量都减小，所以漏风还可能导致排烟温度升高，漏风点越靠近炉膛，影响也就越大。因此，减小炉膛和烟道的漏风，也是降低排烟热损失的重要措施之一。

通过前面的分析可知，炉膛出口过量空气系数 α_1'' 对 q_2、q_3、q_4 有直接的影响。过量空气系数越小，则排烟容积越小。但是过量空气系数的减小，会引起 q_3、q_4 的增大，所以，最合理的过量空气系数（称为最佳过量空气系数 α_{zj}）应使 q_2、q_3、q_4 之和为最小。最佳过量空气系数 α_{zj} 的值可用图 1-5 所示的曲线来确定。

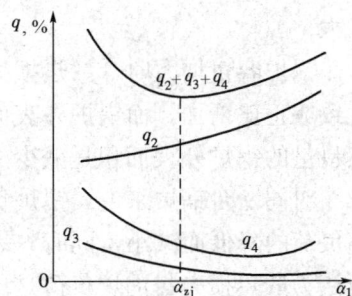

图 1-5　最佳过量空气系数的确定

（四）散热损失 Q_5

1. 散热损失的概念

锅炉散热损失 Q_5 是指锅炉运行时，锅炉炉墙、金属结构以及锅炉范围内的烟风道、汽水管道和联箱等向四周环境中散失的热量所造成的损失。

2. 散热损失的计算

锅炉散热损失的数值若采用测量及计算的方法较复杂，通常可按图 1-6 中的经验曲线查得。此曲线表示了锅炉额定蒸发量与散热损失的关系。额定蒸发量下的散热损失 q_5^e 可在曲线上直接查出。

当锅炉在非额定工况下运行时,散热损失 q_5 可按式(1-68)计算:

$$q_5 = q_5^e \frac{D_e}{D} \qquad\qquad (1-68)$$

式中 q_5^e ——锅炉额定蒸发量下的散热损失,%;

  D_e ——锅炉额定蒸发量,t/h;

  D ——锅炉运行中的实际蒸发量,t/h。

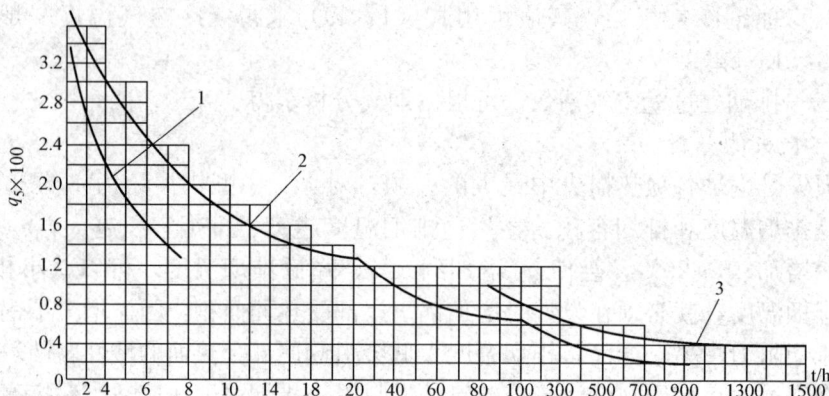

图 1-6 锅炉额定蒸发量 D_e 与散热损失 q_5^e 之间的关系

1—有尾部受热面的锅炉机组;2—无尾部受热面的锅炉机组;
3—我国电站锅炉性能验收规程中有尾部受热面的锅炉机组的散热曲线

在运行中为了精确计算散热损失,也可以将 q_5 作为锅炉热平衡的剩余项来计算,即

$$q_5 = 100 - (q_1 + q_2 + q_3 + q_4 + q_6) \qquad\qquad (1-69)$$

3. 散热损失的分析

影响散热损失的主要因素是锅炉容量、锅炉外表面积的大小、周围环境的温度、水冷壁及炉墙的结构、保温性能及锅炉负荷的变化等。

锅炉容量越大,其外表面积也越大,即散热面积越大,因而锅炉散热量的绝对值就大。

锅炉容量增大时,散热损失 q_5 是减小的,这是因为当锅炉容量增大时,其燃料消耗量大致成正比增加,而锅炉外表面积和炉膛温度并不随锅炉容量的增大成正比增加,这样单位燃料量的锅炉外表面积是减少的。所以,锅炉容量越大,散热损失就越小。

对同一台锅炉来说,锅炉负荷越低,相对的散热损失越大,这是因为锅炉外表面积并不随负荷的降低而减小,同时外表温度降低的幅度也赶不上负荷降低的幅度,所以,可以近似地认为散热损失与锅炉负荷是成反比的。

若锅炉的水冷壁和炉墙结构严密紧凑,保温良好,周围空气的温度高且流动缓慢,则散热损失减小。

(五)灰渣物理热损失 Q_6

1. 灰渣物理热损失的概念

锅炉燃用固体燃料时,从锅炉排出的飞灰和炉渣还具有相当高的温度,灰渣物理热损失

Q_6 是指炉渣、飞灰与沉降灰排出锅炉设备时所带走的显热造成的热量损失。

2. 灰渣物理热损失的计算

$$q_6 = \frac{A_{ar}}{Q_r}\left[\frac{\alpha_{lz}(t_{lz}-t_0)c_{lz}}{100-C_{lz}^c} + \frac{\alpha_{fh}(\vartheta_{py}-t_0)c_{fh}}{100-C_{fh}^c} + \frac{\alpha_{cjh}(t_{cjh}-t_0)c_{cjh}}{100-C_{cjh}^c}\right] \tag{1-70}$$

式中　　　t_{lz}——炉膛排渣温度，当它不能直接测量时，固态排渣煤粉炉取 800℃，液态排渣煤粉炉取 $t_{lz}=t_3+100$℃ （t_3 为灰液化温度,℃）;

　　　　　t_{cjh}——烟道排出的沉降灰温度，可取为沉降灰斗上部空间的烟气温度,℃;

　c_{cjh}、c_{lz}、c_{fh}——沉降灰、炉渣、飞灰的比热容，按表 1-9 查取，kJ/（kg·℃）。

3. 灰渣物理热损失的分析

影响灰渣物理热损失的主要因素：煤中的灰分 A_{ar} 含量，炉渣、飞灰、沉降灰中灰量占燃煤灰量的质量百分率及它们的温度等。当 A_{ar} 多、α_{lz} 大、t_{lz} 高时，则 q_6 较大。简言之，q_6 的大小主要取决于排渣量和排渣温度。煤粉锅炉的排渣量、排渣温度主要与燃烧方式有关，固态排渣的渣量较少，液态排渣的渣量较多。液态排渣炉的排渣温度要比固态排渣炉的排渣温度高得多。事实上，液态排渣的煤粉炉的 q_6 必须考虑。而对固态排渣的煤粉炉，只有当 $A_{zs}=\dfrac{4187A_{ar}}{Q_{ar,net,p}}>10\%$ 时才考虑 q_6，对燃油或燃气炉，$q_6=0$。

表 1-9 固体燃料灰分的比热容

t (℃)	c_h [kJ/（kg·℃）]	t (℃)	c_h [kJ/（kg·℃）]	t (℃)	c_h [kJ/kg·℃]	t (℃)	c_h [kJ/（kg·℃）]
100	0.808	600	0.934	1100	1.001	1600	1.183
200	0.846	700	0.946	1200	1.03	1700	1.204
300	0.879	800	0.959	1300	1.08	1800	1.223
400	0.90	900	0.971	1400	1.124	1900	1.239
500	0.917	1000	0.984	1500	1.158	2000	1.256

四、锅炉热效率及燃料消耗量

（一）锅炉有效利用热量

锅炉有效利用热量包括过热蒸汽的吸热、再热蒸汽的吸热、饱和蒸汽的吸热和排污水的吸热。当锅炉不对外供应饱和蒸汽时，则单位时间内锅炉的总有效利用热量 Q 可按式（1-71）计算：

$$Q = D_{gq}(h''_{gq}-h_{gs}) + D_{zq}(h''_{zq}-h'_{zq}) + D_{pw}(h_{pw}-h_{gs}) \tag{1-71}$$

式中　D_{gq}、D_{zq}、D_{pw}——过热蒸汽、再热蒸汽、排污水流量，kg/h;

　　　　h''_{gq}——过热蒸汽出口焓，kJ/kg;

　　　　h''_{zq}、h'_{zq}——再热蒸汽出口和入口焓，kJ/kg;

　　　　h_{pw}——排污水的焓，kJ/kg;

　　　　h_{gs}——锅炉给水的焓，kJ/kg。

而每千克煤（对气体燃料为每标准 m³）的有效利用热量 Q_1 可按式（1-72）计算：

$$Q_1 = \frac{Q}{B} = \frac{1}{B}\left[D_{gq}(h''_{gq}-h_{gs}) + D_{zq}(h''_{zq}-h'_{zq}) + D_{pw}(h_{pw}-h_{gs})\right] \tag{1-72}$$

B 为锅炉燃料消耗量，kg/h。采用化学除盐水的电站锅炉，当 $D_{pw}<0.02D_{gq}$ 时，排污水带走的热量可忽略不计。

（二）锅炉热效率 η

锅炉热效率就是锅炉有效利用热量占输入热量的百分数，即

$$\eta = \frac{Q_1}{Q_r} \times 100 = \frac{100}{BQ_r}[D_{gq}(h''_{gq}-h_{gs}) + D_{zq}(h''_{zq}-h'_{zq}) + D_{pw}(h''_{pw}-h_{gs})] \quad (1-73)$$

锅炉热效率可以通过两种测验方法得出。一种方法是通过热平衡试验测定输入热量 Q_r 和有效利用热 Q_1，按式（1-73）计算锅炉效率，称为正平衡求效率法和直接求效率法。另一种方法是测定出锅炉各项热损失计算锅炉效率，称为反平衡求效率法和间接求效率法。用反平衡法求锅炉效率可以根据式（1-55）按式（1-74）求得，即

$$\eta_1 = q_1 = 100 - (q_2+q_3+q_4+q_5+q_6), \% \quad (1-74)$$

目前，电厂锅炉常用反平衡法求效率，这一方面是因为大容量锅炉用正平衡法求效率时，燃料消耗量测量相当困难，以及有效利用热量的测定常会引入较大误差，因此不如用反平衡法求效率更为方便和准确；另一方面是因为用正平衡法只能求出锅炉效率，而不能求各项热损失，因而就不利于对各项热损失进行分析和寻求提高效率的途径。此外，正平衡法要求比较长时间地保持锅炉稳定工况，这是比较困难的。

目前我国研制的原煤计量设备和入炉煤的测量方法不断完善，大容量锅炉准确计量燃料消耗量已有可能，因此，用正平衡法计算热效率的准确度将会大大提高。

（三）锅炉净效率 η_j

锅炉的净效率是锅炉效率扣除锅炉机组自用汽、水热能和自用电能（折算成损失）之后的热效率值，即

$$\eta_j = \frac{\eta_1 Q_r}{Q_r + \sum Q_{ZY} + \frac{b_b}{B}29270\sum P} \times 100 \quad (1-75)$$

式中　b_b——电厂的标准煤耗率，kg/（kW·h）；

$\sum P$——锅炉机组各辅助设备耗电量之和，（kW·h）/h。

锅炉净效率是用来表明锅炉机组本身工作的经济性，若锅炉设备自身耗用能量较大，则必然是不经济的。

（四）锅炉燃料消耗量

1. 实际燃料消耗量

实际燃料消耗量是指单位时间内锅炉实际耗用的燃料量，一般简称为燃料消耗量，用符号 B 表示，并可根据式（1-72）和式（1-73）写成式（1-76）：

$$B = \frac{Q}{\eta_1 Q_r} \times 100 = \frac{100}{\eta_1 Q_r}[D_{gq}(h''_{gq}-h_{gs}) + D_{zq}(h''_{zq}-h'_{zq}) + D_{pw}(h_{pw}-h_{gs})] \quad (1-76)$$

2. 计算燃料消耗量

计算燃料消耗量是考虑到固体未完全燃烧热损失 q_4 的存在，在炉内实际参与燃烧反应的燃料消耗量，用符号 B_j 表示。实际上，1kg 入炉燃料只有 $(1-\frac{q_4}{100})$ kg 燃料参加燃烧反应，它与燃料消耗量 B 存在如下关系，即

$$B_j = B(1-\frac{q_4}{100}) \quad (1-77)$$

小 结

1. 煤的组成成分

(1) 煤的元素分析成分有：C、H、O、N、S 五种元素和 M、A。其中 C、H、S 是可燃的，S、M、A 是有害成分；煤的工业分析成分有 M、V、FC 和 A。由于煤中的 M、A 随外界条件的变化而变化，所以分析煤的成分时，还应指出煤所处的分析基准。

(2) 挥发分是煤在加热过程中析出的气体物质，其成分主要由 $\sum C_m H_n$、H_2、CO、H_2S 等可燃气体及少量 O_2、CO_2、N_2 等不可燃气体组成。挥发分反映了煤的着火特性，也是煤分类的主要依据。

2. 煤的主要特性包括发热量、灰的熔融性等。发热量有高位发热量和低位发热量之分，二者的差别和联系在于

$$Q_{ar,net,p} = Q_{ar,gr,p} - 汽化潜热 = Q_{ar,gr,p} - 25.1 \times (9H_{ar} + M_{ar})$$

在我国通常采用低位发热量，近似计算式为

$$Q_{ar,net,p} = 339C_{ar} + 1030H_{ar} + 109(S_{ar} - O_{ar}) - 25M_{ar}$$

标准煤：收到基低位发热量 $Q_{ar,net,p} = 29270kJ/kg$ 的煤，标准煤耗量 $B_b = \dfrac{BQ_{ar,net,p}}{29270}$ t/h；

折算成分：对应于煤的发热量为 4187kJ/kg 时燃煤带入锅炉的有害杂质的成分（水分、灰分、硫分）含量，折算成分准确反映杂质对锅炉工作的影响。

灰的性质——灰熔点：灰熔点用灰的三个特征温度来表示，即 DT、ST 和 FT。灰的熔融性用软化温度 ST 来代表。各种煤的 ST 一般在 1100~1600℃ 之间。通常把 ST<1200℃ 的煤灰称为易熔灰；ST>1400℃ 的煤灰称为难熔灰。为防止炉膛出口附近的受热面上结渣，应使炉膛出口烟气温度 ϑ''_l 比灰的软化温度 ST 低 50~100℃。

3. 动力煤以 V_{daf} 含量进行分类，大致分为无烟煤 $V_{daf} \leqslant 10\%$、贫煤 $10\% < V_{daf} \leqslant 20\%$、烟煤 $20\% < V_{daf} < 40\%$、褐煤 $V_{daf} \geqslant 40\%$（最高可达 60%）等几种。

4. 重油的主要特性指标：黏度、凝固点、闪点和燃点等。它们对重油的燃烧、运输及贮存都有不同程度的影响。其中闪点和燃点是燃料油防火和鉴别、控制着火燃烧的重要指标。闪点和燃点越高，贮存、运输时着火的危险性越小。

5. 燃料的燃烧反应即 C、H、S 与 O_2 的反应。1kg 燃料完全燃烧时所需理论空气量 V^0，燃烧产物组成（CO_2、SO_2、N_2、O_2、H_2O、CO）、烟气总容积 V_y 和烟气焓 H_y 的计算；燃料燃烧实际空气需要量 V_k、过量空气系数 α、漏风系数 $\Delta \alpha$ 的概念及计算；通过监视的氧量表，保持最佳的 O_2 值就能使锅炉在经济工况下运行。

6. 锅炉热平衡是指在稳定热力工况下，输入锅炉的热量等于锅炉支出的热量之间的平衡。热平衡方程为

$$Q_r = Q_1 + Q_2 + Q_3 + Q_4 + Q_5 + Q_6$$

对于燃煤锅炉，一般取 $Q_r = Q_{ar,net,p}$，锅炉支出的热量包括有效利用热量和各项热损失。通过对锅炉热损失的分析，提出了降低这些损失的措施，提高锅炉效率的途径。

7. 锅炉热效率就是锅炉有效利用热量占输入热量的百分数，即 $\eta = \dfrac{Q_1}{Q_r} \times 100\%$。现代

大、中型锅炉多采用反平衡法求锅炉效率，即 $\eta_l = 100 - (q_2 + q_3 + q_4 + q_5 + q_6)$，％。

8. 锅炉的实际燃料消耗量 B，即 $B = \dfrac{Q}{\eta_l Q_r} \times 100$，kg/h。参加燃烧反应的燃料量为计算燃料消耗量 B_j，即 $B_j = B(1 - \dfrac{q_4}{100})$。

复 习 思 考 题

1-1　煤的组成成分有哪些？各成分对煤的特性有何影响？

1-2　煤中的固定碳、焦炭和煤中的含碳量是否相同？为什么？

1-3　煤的元素分析成分有哪些？哪些是可燃元素？其中可燃硫会给锅炉运行带来什么危害？

1-4　什么是挥发分？煤中的挥发分含量对锅炉工作有何影响？

1-5　什么是灰的熔融性？灰的熔融性有何实用意义？

1-6　什么是煤的发热量？高、低位发热量有何不同？

1-7　动力煤分为哪几类？分类的依据是什么？各类煤有哪些特性？

1-8　煤中的灰分含量对锅炉工作有何影响？

1-9　分析煤的成分时为什么要有不同的基准？有哪几种分析基准？

1-10　折算灰分、水分和硫分有何实用意义？

1-11　实际煤耗量、标准煤耗量、计算煤耗量有何关系？各在什么情况下使用？

1-12　什么是理论空气量、实际空气量、过量空气系数？它们的数值是怎么确定的？

1-13　烟气成分分析原理是什么？测出的数值有何实际意义？

1-14　什么是实际烟气量？什么是干烟气量？它们之间关系是怎么样的？

1-15　烟气的焓是怎样计算的？它的单位 kJ/kg 是什么意思？

1-16　为什么锅炉运行时要按实际空气量供应空气？

1-17　锅炉的热平衡的意义是什么？电站锅炉有哪些输入热量？有哪些输出热量？

1-18　分析影响排烟热损失的主要因素。降低排烟热损失的措施有哪些？

1-19　分析影响 q_4 的主要因素。降低 q_4 损失的措施有哪些？

1-20　绘曲线确定最佳过量空气系数。

1-21　什么是锅炉的热效率？什么是正平衡、反平衡效率？什么是净热效率？现代电站锅炉常用什么方法求效率？为什么？

煤 粉 制 备

内容提要

煤粉主要性质及指标，磨煤机、制粉系统及制粉系统主要辅助设备。

课题一　煤粉的性质及品质

了解煤粉的特性及其对锅炉工作的影响。

一、煤粉的性质及品质

（一）煤粉的物理性质

煤粉是经磨制得到的粉状煤炭，由各种尺寸和形状不规则的颗粒所组成。通常所说的煤粉尺寸是用它的直径来表示，以 $20\sim60\mu m$ 的颗粒居多。

煤粉是在伴随干燥过程中磨制而成的，新磨制出的煤粉是疏松的，堆积密度约为 $0.45\sim0.5t/m^3$，随着存放时间的延长，易压紧成块，堆积密度可增加到 $0.7\sim0.9t/m^3$。干煤粉能吸附空气，煤粉颗粒之间被空气隔开，使它具有良好的流动性，易于同气体混合成气粉混合物用管道输送。但也容易引起制粉系统漏粉和煤粉自流，影响锅炉的安全运行及环境卫生，因此要求制粉系统具有足够的严密性。

（二）煤粉的自燃与爆炸

气粉混合物在制粉管道中流动时，煤粉可能因某些原因从气流中分离出来，并沉积在死角处，由于缓慢氧化产生热量，煤粉温度逐渐升高，而温度升高又会加剧煤粉的进一步氧化，最后达到煤的燃点时，则会引起煤粉的自燃。另外，当煤粉和空气混合物在一定条件与明火接触时，还会发生爆炸。制粉系统内煤粉起火爆炸的多数原因是由于系统内沉积煤粉自燃所引起的。

影响煤粉爆炸的主要因素有：煤粉的挥发分、水分和灰分含量，煤粉细度，气粉混合物温度、含粉浓度以及输送煤粉气流中的含氧量等。

挥发分含量愈高，产生爆炸的可能性愈大，在一般磨煤条件下，$V_{daf}<10\%$ 的煤粉无爆炸危险。在其他条件相同时，灰分愈多或提高煤粉的水分，可降低爆炸性。煤的干燥无灰基挥发分与煤的爆炸等级的关系如表 2-1 所示。

表 2-1　煤的挥发分与煤的爆炸性

干燥无灰基挥发分 V_{daf}，%	爆炸性
<6.5	极难爆炸
>6.5~10	难爆炸
>10~25	中等爆炸
>25~30	易爆炸
>35	极易爆炸

煤粉愈细，自燃爆炸的可能性愈大。因此，挥发分含量高的煤种不宜磨得过细。粗粉则不易爆炸，如粒度大于 0.1mm 的烟煤煤粉，几乎不会爆炸。所以，制粉系统运行中，应根据不同煤种及时调节细度。

气粉混合物为 1.2~2.0kg（煤粉）/m³（空气）时，爆炸的危险性最大。大于或小于该浓度时，爆炸的可能性减小。但在制粉系统中很难避免出现危险浓度范围，所以制粉系统必须加装防爆装置。

输送煤粉气体中氧的含量愈大，愈容易爆炸。所以，对于挥发分含量高的煤粉，可以采用在输送介质中掺入惰性气体（一般是烟气）的方法来降低含氧量，以防爆炸的发生。

气粉混合物温度愈高，挥发分愈易析出，气粉混合物愈易爆炸。因此，防爆的首要措施是限制磨煤机的出口气粉混合物的温度，如表 2-2 所示。

表 2-2 　　　　　　　　　　　　磨煤机出口气粉混合物温度限值

测点位置	用空气干燥		用空气和烟气混合干燥	
球磨机中间储仓式制粉系统：磨煤机后	贫　煤	130℃	烟　煤	120℃
	烟煤和褐煤	70℃	褐　煤	90℃
直吹式制粉系统：分离器后	贫　煤	150℃		
	烟　煤	130℃	烟　煤	170℃
	褐煤和页岩	100℃	褐煤和页岩	140℃

为防止制粉系统爆炸，应设法避免或消除煤粉的沉积，限定或控制煤粉气流的温度和含氧浓度。加强原煤管理，防止易燃易爆物混入煤中。制粉系统在运行时，严禁在煤粉管道上进行焊接等。

（三）煤粉细度与均匀性

1. 煤粉细度

煤粉细度是指煤粉颗粒的粗细程度，是衡量煤粉品质的主要指标。煤粉细度一般用具有标准筛孔尺寸的筛子来测定。煤粉经过筛分后，剩余在筛子上的煤粉量占筛分前煤粉总质量的百分数，叫煤粉细度，用 R_x 表示：

$$R_x = \frac{a}{a+b} \times 100\% \qquad\qquad (2-1)$$

式中　a——筛子上剩余的煤粉质量；

　　　b——通过筛子的煤粉质量；

　　　x——筛子的编号或筛孔尺寸，μm。

在筛子上面剩余的煤粉越多，其 R_x 值越大，则煤粉就越粗。煤粉的全面筛分要用 4~5 种规格筛子。常用筛子规格和煤粉细度见表 2-3。在电厂的实际应用中，对烟煤和无烟煤，煤粉细度只用 R_{90} 和 R_{200} 表示，燃用褐煤时，则用 R_{200} 和 R_{500} 表示。如果只有一个数值来表示煤粉的细度，则常用 R_{90}。

表 2-3 　　　　　　　　　　　　常用筛子规格及煤粉细度表示

筛号（每 cm 长的孔数）	6	8	12	30	40	60	70	80
孔径（筛孔的内边长 μm）	1000	750	500	200	150	100	90	75

续表

筛号（每 cm 长的孔数）	6	8	12	30	40	60	70	80
煤粉细度表示	R_1	R_{750}	R_{500}	R_{200}	R_{150}	R_{100}	R_{90}	R_{75}

2. 煤粉均匀性

煤粉的均匀性是衡量煤粉品质的另一个重要指标，因为煤粉的颗粒性质只用煤粉细度是不完整的，应还要看煤粉的均匀性。例如：有甲、乙两种煤粉，它们的细度都为 R_{90}，但是甲种煤留在筛子上的煤粉中较粗的颗粒比乙种煤粉多，而通过筛子的煤粉中较细的颗粒也比乙种的多，则乙种煤粉较甲种煤粉均匀。粗颗粒多不完全燃烧损失大；细颗粒多，制粉系统的磨煤电耗和金属的消耗量就大，因此燃用甲种煤粉的经济性较差。

煤粉的均匀性可用煤粉颗粒的均匀性指数 n 来表示，n 值主要与磨煤机及配用的煤粉分离器的形式有关。$n>1$ 时，则过粗或过细的煤粉都比较少，中间尺寸的颗粒较多，煤粉的颗粒分布就比较均匀。反之，$n<1$ 时过粗和过细的煤粉颗粒都比较多，中间尺寸的少，煤粉的均匀性就差。所以一般要求 $n\approx1$。不同制粉设备所磨制煤粉的均匀性指数见表 2-4。

表 2-4 各种制粉设备的煤粉均匀性指数 n 值

磨煤机型式	粗粉分离器型式	n 值	磨煤机型式	粗粉分离器型式	n 值
钢球磨煤机	离心式	0.80~1.20	风扇磨煤机	惯性式	0.7~0.8
	回转式	0.95~1.10		离心式	0.80~1.30
中速磨煤机	离心式	0.86		回转式	0.80~1.0
	回转式	1.20~1.40			

3. 煤粉的经济细度

煤粉细度关系到锅炉机组运行的经济性。煤粉越细，越容易着火并达到完全燃烧，即固体可燃物不完全燃烧热损失 q_4 就越小；但这将导致制粉设备的电耗（q_P）和金属磨损消耗（q_M）增加。显然，比较合理的煤粉细度应根据锅炉燃烧技术对煤粉细度的要求与制粉设备的电耗（q_P）和金属磨损消耗（q_M）等方面进行技术经济比较来确定。通常把 q_4、q_P、q_M 之和（$q_4+q_P+q_M$）为最小值时所对应的煤粉细度称为经济细度，如图 2-1 所示。

煤粉的经济细度主要与燃煤的干燥无灰基挥发分 V_{daf}、磨煤机和粗粉分离器型式等因素有关。V_{daf} 较高

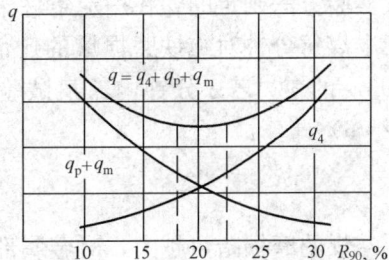

图 2-1 煤粉经济细度的确定

的燃煤，易于着火和燃烧，允许煤粉磨得粗一些，即 R_{90} 可大一些，否则 R_{90} 应小一些。n 值较大时，煤粉粗细比较均匀，即使煤粉粗一些，也能燃烧得比较完全，因而 R_{90} 可大一些；反之，R_{90} 应小一些。综合考虑 V_{daf} 和 n 值的影响，煤粉的经济细度可按下面经验公式

计算：

$$R_{90}^{ij} = 4 + 0.8nV_{daf} \tag{2-2}$$

另外，燃烧设备的型式及锅炉运行工况对煤粉经济细度也有较大的影响，因此，在锅炉实际运行中，应通过燃烧调整试验来确定煤粉的经济细度。

二、煤的可磨性与磨损性

(一) 煤的可磨性

原煤在机械力的作用下可以被粉碎，常用的磨煤机通过撞击、挤压、研磨和劈碎等方法将煤磨碎。由于煤的机械强度和脆性的不同，有的煤较难破碎，有的却容易破碎，因此所消耗的能量也不同，煤被磨成一定细度煤粉的难易程度称为煤的可磨性，并用可磨性指数 K_{km} 表示。某种煤的可磨性系数是在风干状态下，将单位重量标准煤和试验煤由相同的粒度磨碎到相同的细度时，所消耗能量之比，即

$$K_{km} = \frac{E_b}{E_s} \tag{2-3}$$

式中　　E_b——磨制标准煤（一种难磨的无烟煤）的电耗；

　　　　E_s——磨制待测煤的电耗。

我国常用前苏联热工研究所法（简称 BTИ）和欧美的哈得罗夫法（简称哈氏法 HGI）测定可磨系数（K_{km} 和 HGI）。

$$HGI = 13 + 6.93m \tag{2-4}$$

式中　　m——所测 50g 煤粉中通过孔径为 $74\mu m$ 的筛子的煤粉质量，g。

哈氏法与 BTИ 法类似，其数值可用式（2-5）换算：

$$K_{BTИ} = 0.0034(HGI)^{1.25} + 0.61 \tag{2-5}$$

我国动力煤可磨系数 K_{km} 值在 $0.8 \sim 2.0$ 之间。一般认为 $K_{km} < 1.2$（即 HGI < 64）为难磨煤，$K_{km} > 1.5$（HGI > 86）为易磨煤。煤的可磨系数是选择磨煤机型式、计算磨煤机出力与电耗的重要依据之一。

(二) 煤的磨损性

煤在磨制过程中，煤对研磨设备金属磨损的强弱程度，可用煤的磨损性指数 K_e 来表示。它关系到磨煤机型式的选择。K_e 值愈大，煤对金属的磨损愈强烈。煤的磨损指数是通过实验方法确定的：在一定条件下，将试验煤每分钟对纯铁磨损的毫克数 x 与相同条件下标准煤每分钟对纯铁磨损量的比值称为该煤的磨损指数。标准煤是指每分钟能使纯铁磨损 10mg 的煤。若 τ 分钟内，某试验煤对纯铁磨损量为 m（mg），则该煤的磨损指数可由式（2-6）计算：

$$K_e = \frac{x}{10} = \frac{m}{10\tau} \tag{2-6}$$

煤的磨损指数越大，对金属部件的磨损就越强烈。煤的磨损性能分类如表 2-5。

表 2-5　　煤的磨损性能分类

磨损指数 K_e	<2	2~3.5	3.5~5	>5
煤的磨损性	不强	较强	很强	极强

煤的磨损性与可磨性是两个不同的概念，两者之间无直接的因果关系。也就是说，容易磨制成粉的煤，不一定具有弱磨损性；反之亦然。

课题二 磨 煤 机

教学目的

掌握磨煤机结构型式、工作原理及特性。

教学内容

磨煤机是制粉系统的主要设备。常用的磨煤机通过撞击、挤压、研磨和劈碎等作用原理，将煤块磨制成煤粉。各种磨煤机以一种作用力为主，同时兼有其他作用力。按磨煤部件的工作转速不同，电厂用磨煤机分为以下三种：

（1）低速磨煤机——转速为 15～25r/min，常用的是筒型钢球磨煤机，简称球磨机。

（2）中速磨煤机——转速为 50～300r/min，中速平盘磨煤机（LM 型）、碗式磨煤机（RP 型或 HP 型）、球环式磨煤机（ZQM 型或 E 型）、轮式磨煤机（ZGM 型或 MPS 型）等。

（3）高速磨煤机——转速为 600～1500r/min，常用的是风扇式磨煤机。

我国燃煤电厂目前应用最广的是筒型钢球磨煤机，其次是中速磨煤机和高速磨煤机。

一、筒型钢球磨煤机

筒型钢球磨煤机简称球磨机，如图 2-2。筒体直径为 2～4m，筒长为 3～10m，内壁衬有波浪形锰钢护甲，护甲与筒体之间有一层绝热石棉垫，筒体外包有一层隔音毛毡，毛毡外用铁皮包裹。筒内装有大量直径为 25～60mm 的钢球，筒体的两端是两个锥形端盖封头，封头上装有空心轴颈，轴颈放在轴承上。空心轴颈的端部各连接着一个倾斜 45°的短管，其中一个是热风与原煤的进口管，另一个是气粉混合物的出口。

筒体由电动机通过减速机拖动旋转，在离心力和摩擦力作用下，护甲将钢球及煤提升到一定高度，借重力自由落下，将煤击碎。所以说球磨机主要靠撞击作用磨制煤粉的，同时煤还受到钢球之间、钢球与护甲之间的挤压、研磨作用。原煤与热空气从一端进入磨煤机，磨好的煤粉被气流从另一端带出。热空气不仅是输送煤粉的介质，同时还起干燥原煤的作用。因此，进入磨煤机的热空气称为干燥剂。运行中球磨机的出力大小一般不随锅炉负荷变动，调整给煤机的给煤量和干燥剂量可以调整磨煤出力 B_m。

磨煤机的磨煤出力 B_m 是指单位时间内，在保证一定煤粉细度的条件下，磨煤机所能磨制的原煤量，单位为 t/h。

（一）影响球磨机工作的主要因素

球磨机是锅炉耗能较大的设备，制粉系统的经济性主要决定于磨煤机的工作情况。

1. 临界转速 n_{lj} 与工作转速 n

球磨机的转速对煤粉磨制过程影响很大。不同转速时，筒内钢球和煤的运动状况，如图 2-3 所示。

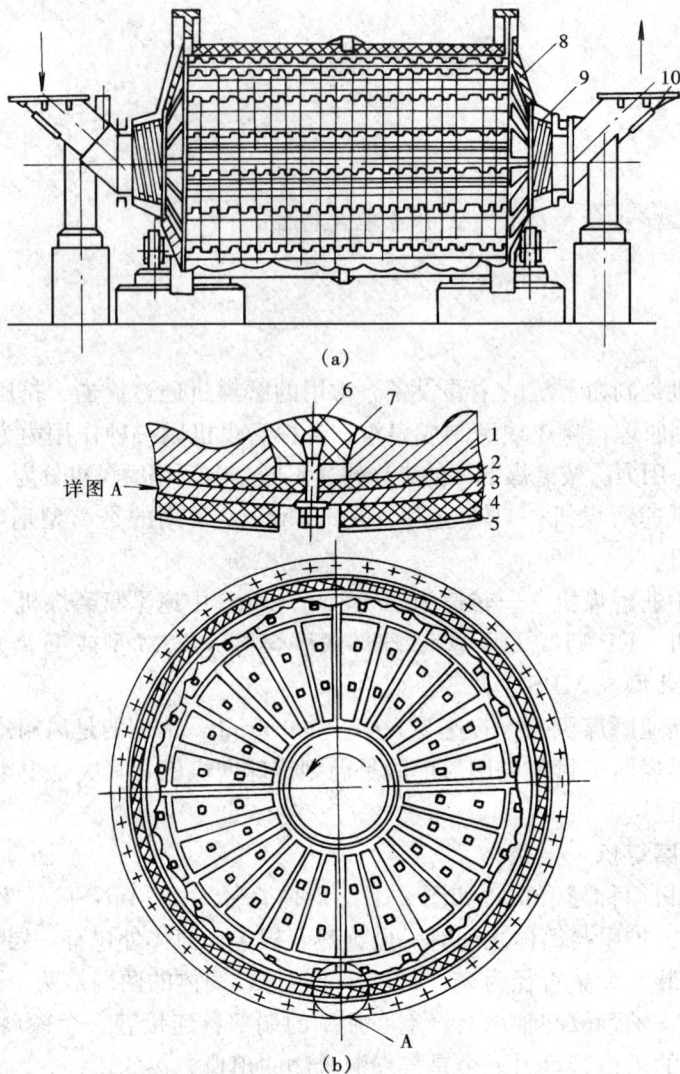

图 2-2 筒型钢球磨煤机剖面图

1—波浪形护甲；2—绝热石棉垫层；3—筒身；4—隔音毛毡层；5—钢板外壳；
6—压紧用的楔形块；7—螺栓；8—封头；9—空心轴径；10—短管

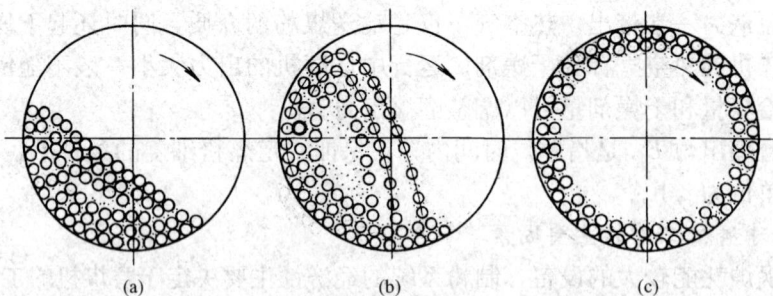

图 2-3 筒体转速对钢球和煤运动状况的影响

(a) $n \ll n_{lj}$；(b) $n < n_{lj}$；(c) $n \geqslant n_{lj}$

转速过低，钢球提升不高就滑落下来，撞击作用较小，同时煤粉压在钢球下面，不易被气流带走，降低了磨煤出力。转速过高，在离心力作用下，钢球贴在筒壁随圆筒一起旋转，撞击作用完全丧失，发生这种情况的最低转速称临界转速 n_{lj}，根据临界状态下钢球所受离心力与重力相等，可求得临界转速 n_{lj} 为

$$n_{lj} = \frac{42.3}{\sqrt{D}} \qquad (2-7)$$

式中　D——圆筒直径，m。

显然，球磨机达到临界转速是不能磨制煤粉的，它的工作转速一定要小于临界转速。当筒体转速适当时，钢球被带到一定的高度后落下，产生强烈的撞击力，此时磨煤作用最大，如图 2-3 (b)。球磨机在磨煤作用最大时的转速称为最佳工作转速 n_{zj}。国产球磨机的工作转速 n 接近最佳转速 n_{zj}，根据经验，工作转速 $n = (0.74 \sim 0.80) \, n_{lj}$。

2. 钢球充满系数 ψ 与钢球直径 D

钢球充满系数 ψ 是指钢球容积占筒体容积的份额：

$$\psi = \frac{m_q}{\rho_{gq} V_t} \qquad (2-8)$$

式中　m_q——钢球装载量，t；

ρ_{gq}——钢球的堆积密度，取为 $\rho_{gq} = 4.9$ t/m³；

V_t——球磨机筒体容积，m³。

在一定范围内，随着筒体内钢球装载量 m_q 的增多，钢球充满系数 ψ 的增大，磨煤出力 B_m 增加，磨煤单位电耗 E_m 也稍有增加。同时，由于钢球装载量增加，就必须加强通风来带走磨制成的煤粉，但通风单位电耗 E_{tf}（每磨 1t 煤通风所消耗的电能）是下降的。综合起来，制粉单位电耗有所下降。但当钢球装载量增加到一定程度后，由于充球容积的增大，钢球落下的有效高度减小，撞击作用减弱，磨煤出力的增加程度减缓，甚至下降。而磨煤单位电耗将有显著的增加。通常把制粉单位电耗最小值所对应的钢球装载量称为最佳钢球装载量，相应的充球系数称为最佳充球系数 ψ_{zj}。它可通过制粉系统运行试验确定。

钢球直径应根据磨煤电耗和金属损耗的总费用为最小的原则来选择。当载球量一定时，球径越小，撞击次数增多，磨煤出力较高，但球的磨损加剧。随着球径减小，撞击力减弱，不宜磨制硬煤和大块煤。因此，一般采用直径为 30~40mm 的不同钢球，对质硬粒度大的煤宜选用直径为 50~60mm 的钢球。另外，球磨机运行中，由于磨损，钢球直径变小，为维持一定载球量和磨煤出力，应定期补加钢球，球径磨损到 20mm 以下，应过筛更换。

3. 通风量

磨煤机内磨好的煤粉需要一定通风量将其带出。由于煤沿筒体长度分布不均，通风量过小，筒体通风速度较低，仅能带出少量细粉，部分合格煤粉仍留在筒内反复磨制，致使磨煤出力降低。适当增大通风量可改善煤沿筒体长度的分布情况，提高磨煤出力。当通风量过大时，部分不合格的煤粉也被带出，经粗粉分离器分离后，又返回磨煤机重磨，造成无益循环，以致通风电耗及制粉单位电耗增大。当载球量不变，磨煤通风量与单位电耗的关系如图 2-4，图中制粉单位电耗最小值所对应的通

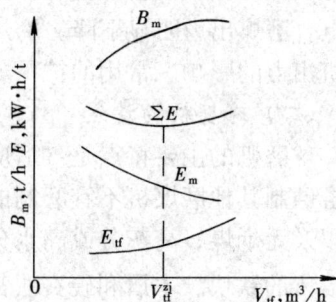

图 2-4　通风量 V_{tf} 与单位电耗 E 及磨煤出力的关系 B_m

风量称最佳磨煤通风量 V_{tf}^{zj}。不同煤种、不同型号的磨煤机及运行工况，可通过试验确定 V_{tf}^{zj} 数值。对单进单出的球磨机，V_{tf}^{zj} 可按下列经验公式计算，即

$$V_{tf} = \frac{38V}{n\sqrt{D}}(1000\sqrt[3]{K_{km}} + 36R_{90}''\sqrt{K_{km}}\sqrt[3]{\psi}),\ m^3/h \qquad (2-9)$$

式中　n——球磨机的工作转速，r/min；

　　　R_{90}''——粗粉分离器后的煤粉细度。

4. 载煤量

磨煤机筒体内的载煤量直接影响磨煤出力，当载煤量较小时，钢球下落的动能只有一部分用于磨煤，另一部分能量消耗在钢球的空撞磨损。随着载煤量的增加，球磨机能量增大，磨煤出力提高。但载煤量过大，钢球落下高度减小，也由于球间煤层加厚，部分能量消耗于煤层变形，钢球能量不能得到充分利用，磨煤出力反而减小，严重时将造成滚筒入口堵塞，磨煤机无法工作。因此，每台磨煤机在钢球装载量一定时，有一个磨煤出力达最大值所对应的载煤量，即最佳载煤量 G_{zm}^{zj}，其数值可通过试验确定，如图 2-5 所示。运行中的载煤量可通过磨煤机进、出口压差和磨煤机电流来控制。

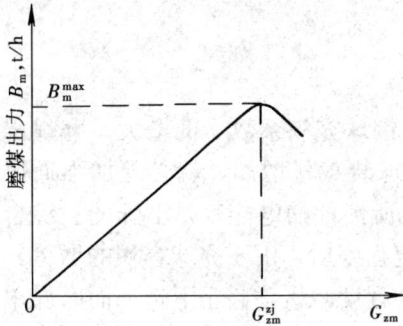

图 2-5　最佳载煤量的确定

5. 煤的性质

煤的性质对磨煤出力影响较大。①煤的挥发分含量不同，对煤粉细度要求不同。低挥发分煤要求煤粉磨得细一些，则消耗的能量增多，磨煤出力因而减小。②煤的可磨性指数 K_{km} 愈大，从相同粒度磨制成相同细度的煤粉所消耗的能量愈小，磨煤出力就愈高，即磨煤出力与 K_{km} 成正比。③原煤水分含量增大，磨粉过程由脆性变形过渡到塑性变形，改变了煤的可磨性，额外增加了磨煤能量消耗，磨煤出力因而降低。④进入磨煤机的原煤粒度愈大，磨制成相同细度的煤粉所消耗的能量也愈多，磨煤出力则愈低。

6. 护甲完善程度

形状完善的护甲，可增大钢球与护甲的摩擦系数，有利于提升钢球和煤，提高磨煤出力。磨损严重的护甲，钢球与护甲间有较大的相对滑动，将有较多的能量消耗在钢球与护甲的摩擦上，磨煤出力明显下降。磨煤机选型时应考虑护甲形状对磨煤机出力的影响。常用的护甲如图 2-6 所示。

（二）球磨机的特点

球磨机的主要特点是：适应煤种广，能磨制任何煤，尤其适合磨制其他磨煤机不宜磨制的煤种，如硬度大、磨损性强的煤以及无烟煤、高灰分或高水分的劣质煤等。而且球磨机对煤

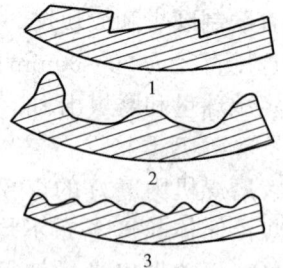

图 2-6　钢球磨煤机的护甲形状
1—阶梯式；2—波浪式；3—齿式

中混入的铁块、木屑和硬石块都不敏感；又能在运行中补充钢球，延长了检修周期。因此，球磨机能长期维持一定出力和煤粉细度而可靠地工作。其主要缺点是：设备庞大笨重，金属消耗量大，初投资及运行电耗、金属磨耗都较高，运行噪声大，磨制的煤粉不够均匀，特别不适宜调节，低负荷运行不经济。球磨机的型号是用筒体直径和长度来表示的。国产磨煤机

的型号及规范见表2-6。

表 2-6　　　　　　　　　　　　　　国产球磨机规格

| 型号 | 出力 (t/h) | 筒身尺寸 | | | 最大装球率（%） | 最大装球量（t） | 筒体转速（r/min） | 临界转比（n/n_{lj}） | 电机功率（kW） |
		D (m)	L (m)	V (m)					
250/320	8	2.5	3.2	15.71	23.0	18	20.77	0.774	280
250/390	10	2.5	3.9	19.14	23.4	22	20.77	0.774	320
290/350	12	2.9	3.5	23.12	23.0	26	19.34	0.778	380
290/470	16	2.9	4.7	31.04	23.0	35	19.34	0.778	570
320/470	20	3.2	4.7	37.80	23.8	44	18.42	0.777	650
320/580	25	3.2	5.8	46.65	24.0	55	18.51	0.781	780
350/600	30	3.5	6.0	57.73	22.6	64	17.69	0.781	2×550
350/700	35	3.5	7.0	67.35	22.7	75	17.69	0.781	2×650

（三）双进双出球磨机

近几年来我国引进了双进双出球磨机，其结构如图2-7所示。它包括两个对称的研磨回路。与普通球磨机不同的是滚筒两端的中轴内有一空心圆管，圆管外绕有弹性固定的螺旋输送装置，它连同空心管随筒体一起转动。

原煤通过给煤机经混料箱落入空心轴底部，再经螺旋输送装置将煤从两端空心轴外端送入滚筒内。依靠旋转筒体把钢球带到一定高度落下，将煤击碎。温度较高的干燥剂从设在空心轴两端的热风箱通过空心圆管进入滚筒，对煤进行干燥。两股方向相对的干燥剂在球磨机筒体中部对冲反向，并携带煤粉从中心管与空心轴颈之间的环形通道把煤粉从筒体带出，进入磨煤机上部的分离器内。粗颗粒的煤粉被分离出来直接落到磨煤机端部的螺旋输

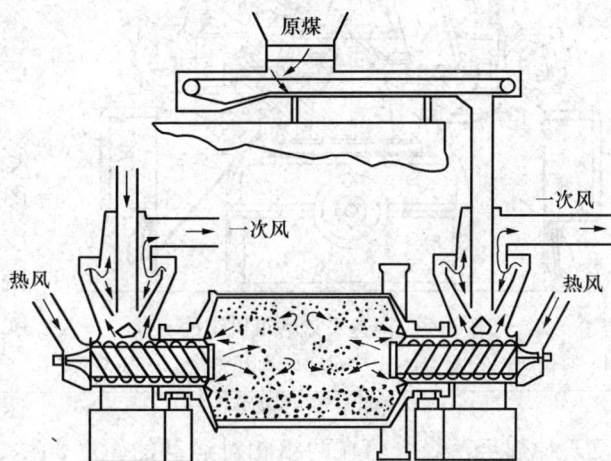

图 2-7　双进双出钢球滚筒磨煤机

送器下部间隙被刮入磨煤机内，合格的煤粉由分离器出口直接送至燃烧器。

双进双出球磨机的研磨部件主要是钢球，它也装有钢球添加装置，不需停机就可添加钢球。磨煤机为正压运行，用密封风机向中空轴的固定件和旋转件之间输送高压空气，防止煤粉向外泄漏。

双进双出球磨机设有微动装置，可使磨煤机在停机或维修操作时以额定转速的1/100转速旋转。则在短时间停机时不必将筒内的剩煤排空。这是因为缓慢旋转可使筒内存煤及时散热，可防止因局部高温引起煤粉自燃。

双进双出球磨机相当于把两个平行的球磨机制粉系统组合在一起的高效率制粉设备。两个磨煤回路可以同时使用，也可以单独使用一个，扩大了磨煤机的负荷调节范围。另外，当一侧的给煤机因故停运时，则停止该侧的给煤机运行，即变成单进煤双出粉，仍可维持该台

磨煤机满负荷运行。

综上所述，双进双出球磨机保持了普通球磨机适应煤种广等所有优点，同时与单进单出球磨机相比，又大大缩小了磨煤机体积，降低了磨煤机的功率消耗；煤粉细度稳定，适应锅炉负荷变化能力强，当负荷变化率超过每分钟 20% 时，自然滞留时间仅为 10s 左右。另外，双进双出磨煤机进口的螺旋输送装置可避免由于原煤水分过高而引起进口堵煤，增加了运行可靠性。根据不同的型号，磨煤机内能储煤 5～10t 不等，当磨煤机两端给煤机停止供煤后，能继续保持 10min 连续向锅炉送粉。双进双出球磨机应用了检测制粉噪声或进、出口差压的方法来控制筒内的存煤量。

二、中速磨煤机

中速磨煤机是以碾磨和挤压作用将煤磨制成煤粉的。我国目前制造的中速磨煤机主要有：中速平盘磨煤机（LM 型）、碗式磨煤机（RP 型或 HP 型）、球环式磨煤机（ZQM 型或 E 型）、轮式磨煤机（ZGM 型或 MPS 型）等。

中速磨煤机的研磨部件各不相同，但它们具有相同的工作原理和基本结构，如图 2-8～图 2-11 所示。中速磨煤机沿高度方向自上而下分为四部分：驱动装置、研磨部件、干燥分离空间及煤粉分离和分配装置。

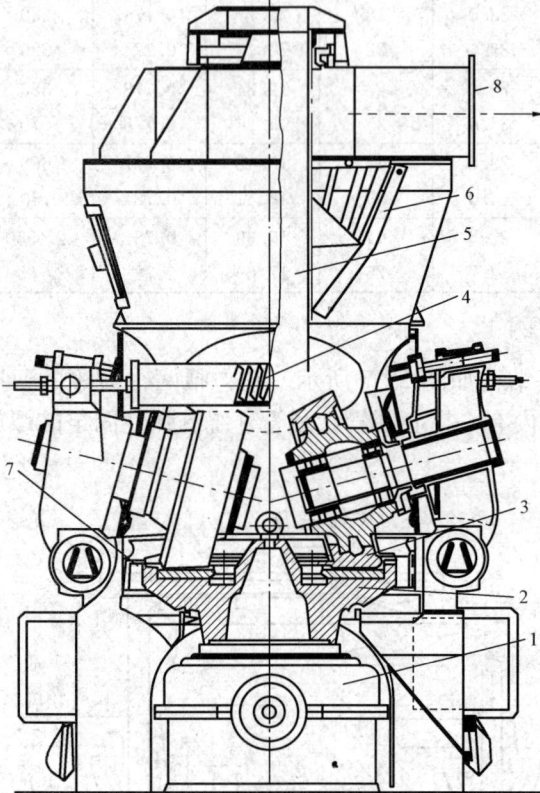

图 2-8 中速平盘磨煤机结构

1—减速器；2—磨盘；3—磨辊；4—加压弹簧；5—下煤管；
6—分离器；7—风环；8—气粉混合物出口管

工作过程是：由电动机驱动，通过减速装置和垂直布置的主轴带动磨盘或磨环转动。原煤经落煤管落在两组相对运动的碾磨部件表面间，在压紧力作用下受到挤压和碾磨，被破碎成煤粉。磨成的煤粉随碾磨部件一起旋转，在离心力和不断被碾磨的煤和煤粉的推挤作用下甩至四周风环上方。作为干燥剂的热风经装有均流导向叶片的风环整流后以一定的风速进入磨煤机环形干燥空间，对煤粉进行干燥并将其带入碾磨区上部的分离器中，不合格的粗粉在分离器中被分离下来，经分离器底部后返回碾磨盘（环）重磨，合格的煤粉经分离器由干燥剂带出磨外，进入一次风管，直接通过燃烧器进入炉膛，参加燃烧。煤中夹带的难以磨碎的煤矸石、石块等在磨煤过程中也被甩至风环上方，因风速不足以将它们带出而下落，通过风环落至杂物箱。

平盘磨、碗式磨的碾磨件均为磨盘和磨辊，它们都以磨盘的形状命名。磨盘被电动机带动做水平旋转，2～3 个圆锥形磨辊被压紧在磨盘上，绕自己的固定轴在盘上滚动。中速球磨机的碾磨件像一个大型止推轴承，下磨环做水平旋转，上磨环压紧在钢球上，多个大钢球被夹持在上下磨环间，钢球在下磨环带动下沿环形滚道回转，不断改变自身的旋转轴线，因此磨损均

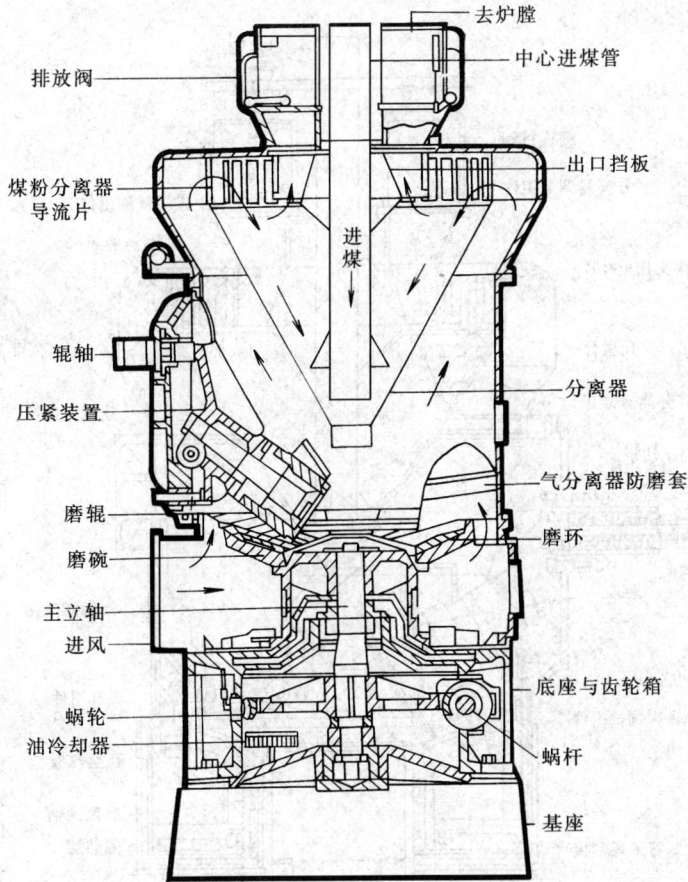

图 2-9 RP型中速磨煤机

匀,金属利用率高,使用寿命延长。同时球在机壳内不需要润滑,密封可靠性提高。

MPS磨是一种新型外加压力的中速磨煤机。三个磨辊形如钟摆一样相对固定在相距120°的位置上,磨盘为具有凹槽滚道的碗式结构。MPS磨碗(磨环)通过齿轮减速机由电动机驱动,磨辊在压环的作用下向煤、磨环施加压力,由压力产生的摩擦力使磨辊绕心轴旋转(自转),心轴固定在支架上,而支架安装在压环上,可在机体上下浮动。磨辊除转动外,还能相对磨煤机中心作12°～15°的摆动。碾磨所需要的压紧力由液压装置在三个位置通过弹簧施加于压环上,并通过拉紧元件受力直接传到基础上。由于磨煤机机体不受力,所以有可能把磨辊的压紧力调整得很高,而不影响机体连接处的密封性。采用三个位置固定的磨辊,形成三点受力状态,从而使转动部件受到均匀载荷,改善了它们的工作条件。

磨辊的辊套采用对称结构,当一侧磨损到一定程度后,可拆下翻身后继续使用,提高了磨辊的利用率。与磨盘尺寸相仿的其他中速磨煤机相比,MPS磨的磨辊尺寸大,且其边缘近于球状。具有磨煤出力高,运行可靠,维修方便,单位电耗低,适应煤种广等优点。

各种型式中速磨煤机碾磨件的压紧力,靠弹簧或液压气动装置实现。

(一)影响中速磨煤机工作的主要因素

1. 转速

中速磨转速要在保证尽可能小的能量消耗得到最佳磨煤效果及碾磨件合理的使用寿命。

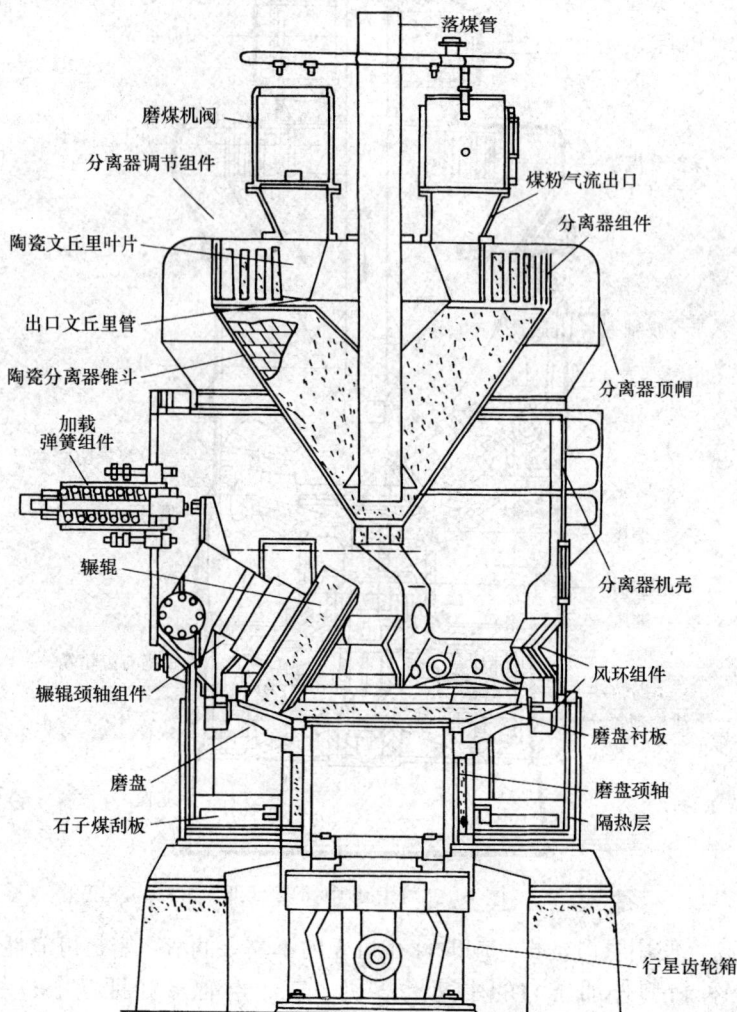

图 2 - 10 HP 型中速球式磨煤机

转速太高，离心力过大，煤来不及磨碎就通过碾磨部件，大量回粉使气力输送的电耗增加；而转速太低，煤磨得过细，又将使磨煤电耗和金属磨耗增加。对大容量磨煤机，为了减轻碾磨件的磨损，降低磨煤电耗，转速趋向降低。推荐采用的部分中速磨的最佳转速 n_{zj} 为

平盘磨煤机 $$n_{zj} = \frac{60}{\sqrt{D}}$$ (2 - 10)

碗式磨煤机 $$n_{zj} = \frac{110}{\sqrt{D}}$$ (2 - 11)

E 型磨煤机 $$n_{zj} = \frac{115}{\sqrt{D}}$$ (2 - 12)

式中 D——磨盘或磨环直径，m。

2. 通风量

中速磨煤机通风量的大小将直接影响煤粉细度、磨煤出力和石子煤的排放量。通风量大，虽可提高磨煤出力，但煤粉变粗；反之亦然。中速磨煤机在运行中允许通风量从最低的

不发生煤粉沉积的通风量至最大通风量之间随磨煤机的出力改变，并始终维持风煤比不变。

3. 风环气流速度

合理的风环气流速度应能保证在一定煤粉细度下的磨煤出力，减少随难以磨碎的杂物一同排出的石子煤（还未磨碎的小煤块）的数量。通风量确定后，风环气流速度是通过调整风环间隙控制在一定范围内，如 E 型磨的风环气流速度一般为 70～90m/s，RP 磨的风环气流速度一般为 40～45m/s。

4. 碾磨压力

碾磨件上的平均载荷称为碾磨压力，它主要来自弹簧、液压缸或其他压紧装置的压紧力，其次是磨辊或钢球及上磨环的自重力，前者是可调节的。碾磨压力过大，将使碾磨件的磨损加剧，过小会导致磨煤出力降低，煤粉变粗。因此，运行中要求碾磨压力保持一定。随着碾磨件磨损，碾磨压力相应减小，运行中需随时调整。

5. 煤的性质

中速磨煤机主要靠碾压方式磨煤，碾磨件对硬煤和磨损性强的煤较敏感；煤在磨煤机内扰动不大，干燥过程不太强烈，煤的水分较大时则容易压成煤饼，造成磨煤机出力降低。而煤的水分

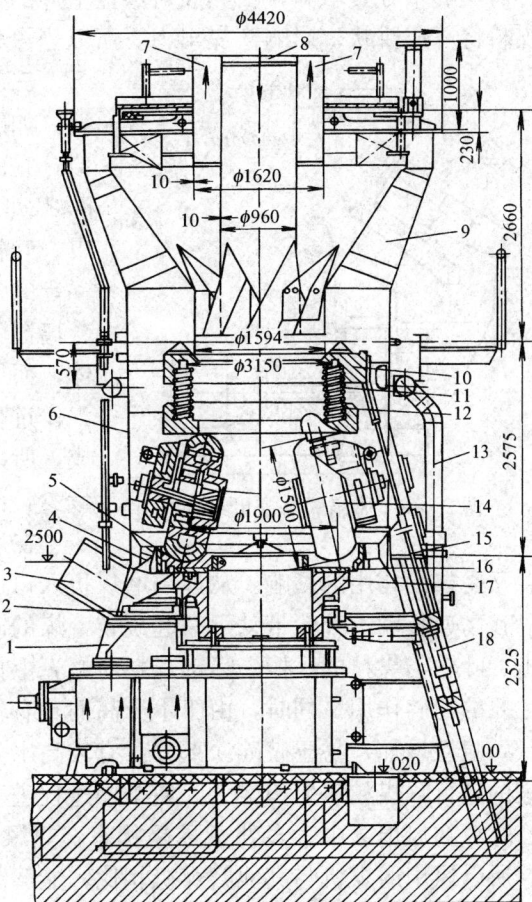

图 2-11　MPS 型中速磨煤机

1—支座；2—刮板；3—进风口；4—风环；
5—磨盘护瓦；6—外壳；7—气粉混合物出口；8—落煤管；
9—分离器；10—压盖；11—弹簧；12—托架；13—密封风风管；
14—磨辊；15—拉绳；16—磨盘；17—磨盘支座；18—液压缸

较低时则发生滑动，也会造成磨煤出力下降。因此，为了保证中速磨煤机连续安全稳定运行，对燃煤的性质提出了一定要求。即①干燥无灰基挥发分为 $V_{daf}=27\%\sim40\%$，外在水分 $M_f\leqslant15\%$，磨损指数 $K_e<3.5$ 的烟煤，应优先选用。②磨损指数 $K_e<3.5$，且燃烧性能较好的劣质烟煤和贫煤，可以选用；磨损指数 $K_e<3.5$，且外在水分 $M_f\leqslant15\%$ 的褐煤，经技术经济比较，可以考虑采用。

（二）中速磨煤机的特点

中速磨煤机的共同优点是：结构紧凑，体积小，重量轻，占地少，金属消耗量小，投资低；启动迅速，调节灵活；磨煤电耗低，约为 6～9kW·h/t，比钢球磨煤机小 4 倍；金属磨损量小，磨制每吨煤粉的磨损量约为 4～20g/t，而钢球磨煤机为 400～500g/t。中速磨煤机目前存在的主要问题是：对原煤带入的三块（石块、木块和铁块）敏感，易引起振动和部件损坏；磨煤机结构较复杂，运行和检修的技术水平要求高；不能磨制磨损指数 K_e 高的煤

种；对煤的水分要求高，因热风对磨盘上煤的干燥作用小，当原煤水分过高时，磨盘上的煤和煤粉将压成饼状，影响磨煤出力。所以当煤种适宜时，优先采用中速磨煤机是合理的。

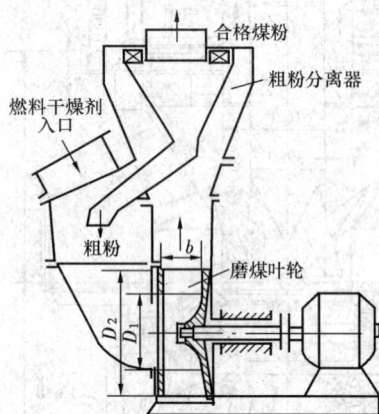

图 2-12 风扇式磨煤机结构

三、风扇磨煤机

如图 2-12 所示，风扇式磨煤机的结构与风机类似，它由一个工作叶轮和蜗壳等组成，叶轮上装有 8～12 块由锰钢制成的冲击板，蜗壳内壁衬有耐磨护甲。叶轮、叶片和护甲是主要的磨煤部件，需要保证一定的强度并具有一定的耐磨性。风扇磨煤机的煤粉分离器就安装在叶轮的上方，与外壳连接成一个整体，而风扇磨煤机本身也是排粉机，结构非常紧凑。工作过程中磨煤、干燥、粗粉分离和煤粉输送一次完成，所以风扇磨具有结构简单，设备尺寸小，金属耗量少，占地面积小等优点。

在风扇磨煤机中，煤的粉碎过程既受机械力的作用，又受热力作用的影响。从风扇磨煤机入口进入的原煤与被风扇磨吸入的高温干燥介质混合，在高速转动的叶轮带动下一起旋转，煤的破碎过程和干燥过程同时进行。叶片对煤粒的撞击、叶轮与煤粒的摩擦、运动煤粒对蜗壳上护甲的撞击和煤粒互相之间的撞击等机械作用起主要的粉碎作用。同时，由于水分高而具有较强塑性的褐煤在被高温干燥剂加热后，塑性降低，脆性增加，易于破碎。部分含有较高水分的煤粒在干燥过程中会自动碎裂。随着破碎过程的进行，煤粒表面积增大，使干燥过程进一步深化，更有利于煤粒的破碎。

煤粒在风扇磨中大多处于悬浮状态，热风与煤粒混合十分强烈，对煤粉的干燥能力很强，所以风扇磨煤机与其他磨煤机相比，能磨制更高水分，$K_e < 3.5$，$K_{km} > 1.3$ 的褐煤和烟煤。若配合以高温炉烟作干燥剂，则可磨制水分大于 35% 的软褐煤和木质褐煤。

风扇磨煤机的主要缺点是：叶轮、叶片和护甲磨损严重，检修工作量大，磨制的煤粉也较粗，煤粉的细度、均匀性不能保证。所以风扇磨不适宜磨制硬煤、强磨损性煤及低挥发分的煤。

目前，燃用褐煤的锅炉都采用了具有不同结构形式的风扇磨制粉设备。一般转速在 400r/min 以上，属高速磨煤机。

课题三　制粉系统及主要辅助设备

教学目的

了解不同类型制粉系统的组成、工作过程及特点，了解主要辅助设备结构、工作原理。

教学内容

一、制粉系统

制粉系统是指将原煤磨制成粉，然后送入锅炉炉膛进行悬浮燃烧所需的设备和连接管道的组合。为适应不同煤种、不同类型磨煤机、不同负荷特性的锅炉，制粉系统的繁简程度和连接方式不同。常用的制粉系统有直吹式和中间储仓式两大类。在直吹式系统中，磨煤机磨制的煤粉被直接吹入炉膛；储仓式系统中磨好的煤粉先储存在煤粉仓中，再根据锅炉负荷的需要，从煤粉仓经给粉机送入炉内燃烧。制粉系统的主要任务是煤粉的磨制、干燥与输送。对储仓式系统来说，还有煤粉的储存与调剂任务。在制粉系统中，把输送煤粉经燃烧器进入炉膛并满足挥发分燃烧需要的空气，称为一次风；把从热风道直接引来经燃烧器二次风口进入炉膛起助燃和扰动作用的空气，称为二次风。

（一）直吹式制粉系统

直吹式制粉系统中，磨煤机磨制的煤粉全部送入炉膛燃烧。因此，每台锅炉所有运行磨煤机制粉量的总和，在任何时候均等于锅炉燃料消耗量，即制粉量随锅炉负荷变化而变化。磨煤机干燥剂（磨煤通风量）既是输送介质，又是进入炉膛的一次风，直吹式制粉系统一般配用中速或高速磨煤机。由于单进单出球磨机在低负荷或变负荷时不经济，因此不适用直吹式系统。

1. 中速磨直吹式系统

中速磨直吹式系统，根据排粉机安装的位置不同，可分为正压和负压两种连接方式。而正压系统又分为冷一次风机系统和热一次风机系统。

（1）负压直吹式系统。图 2 - 13（a）所示为负压系统。该系统中热空气作干燥剂与原煤一起进入磨煤机，在磨煤机内完成干燥和磨制过程后，随气流进入粗粉分离器，合格煤粉由干燥剂携带送入炉膛燃烧，不合格的煤粉返回磨煤机重新磨制。中速磨下部局部有正压，为此引入一股压力冷风起密封作用。

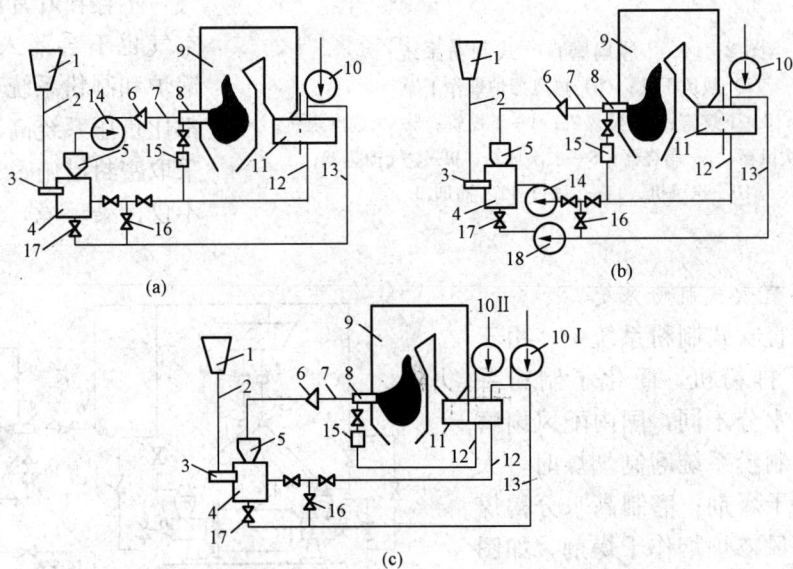

图 2 - 13　中速磨直吹式制粉系统

（a）负压系统；（b）正压热风机系统；（c）正压冷风机系统

1—原煤仓；2—下煤管；3—给煤机；4—中速磨煤机；5—粗粉分离器；6——次风箱；7—一次风管；8—燃烧器；
9—锅炉；10—送风机；10Ⅰ——次风机；10Ⅱ—二次风机；11—空气预热器；12—热风道；13—冷风道；
14—排粉机；15—二次风箱；16—调温冷风门；17—密封冷风门；18—密封风机

负压系统中排粉机布置在磨煤机和煤粉分离器之后，故整个系统处于负压下运行，煤粉不会向外喷冒，工作环境比较干净。但是，由于燃烧所需的全部煤粉都通过排粉机，使风机叶片磨损严重，这不仅降低风机效率，增加运行电耗，同时经常更换叶片使运行费用增加，系统的可靠性降低。此外，负压系统漏风量较大，为了维持一定的炉膛过量空气系数，势必减少流经空气预热器的空气量，结果使排烟损失增加，锅炉效率降低。故该系统目前已很少采用。

（2）正压直吹式制粉系统。一次风机布置在磨煤机之前，整个系统处于正压下工作，称为正压直吹式制粉系统，如图 2-13（b）、（c）所示。

图 2-13（b）所示为正压热一次风机系统。该系统中，热一次风机装在空气预热器和磨煤机之间，一次风机输送的是高温热风。由于空气温度高、比容大，因此风机轴承易损坏，运行的可靠性差，风机效率也会因此而下降。

图 2-13（c）所示为正压冷一次风机系统，是目前我国大机组普遍采用的制粉系统。该系统中，一次风机布置在空气预热器之前，通过风机的介质为冷空气，使风机的工作条件大为改善，且因冷空气比容小，通风电耗也降低，但由于冷一次风机的风压比二次风机的风压高得多，故要求采用三分仓空气预热器（回转式），将一、二次风流通、加热区域分开，这又将导致空气预热器结构复杂化和造价提高。

正压直吹式制粉系统中，一次风机输送的是洁净的空气，不存在叶片磨损问题，冷空气也不会漏入系统，因此，锅炉和制粉系统运行的经济性都比负压系统高。但磨煤机应采取密封措施，否则向外冒粉不仅污染环境，还可能引起煤

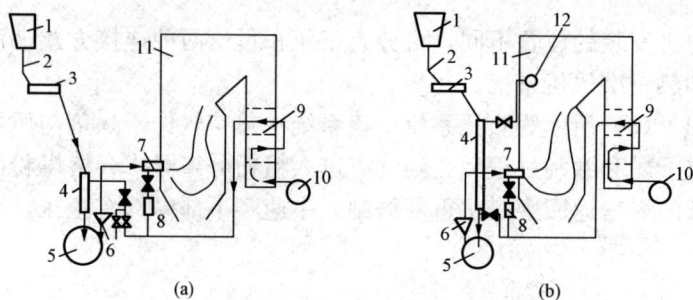

图 2-14　风扇磨直吹式制粉系统
(a) 热风干燥；(b) 热风掺炉烟作干燥
1—原煤仓；2—下煤管；3—给煤机；4—干燥管；5—风扇磨煤机；
6—一次风箱；7—燃烧器；8—二次风箱；9—空气预热器；
10—送风机；11—锅炉；12—抽烟口

粉自燃和爆炸。

2. 风扇磨直吹式制粉系统

在风扇磨直吹式制粉系统中，由于风扇磨代替了排粉机，简化了制粉系统。根据原煤水分不同，国内配风扇磨煤机的直吹式制粉系统磨制烟煤时，大多采用热风作干燥剂；磨制高水分褐煤时，则采用热风掺炉烟作干燥剂，如图 2-14（a）、（b）。采用热风掺炉烟作干燥剂不仅增强制粉系统的干燥能力，而且由于烟气中惰性气体的混入，降低了干燥剂的氧浓度，大大减少制粉系统自燃爆炸及燃烧器喷嘴被烧坏的危险性，减少 NO_x 的生成。另外，在燃用灰熔

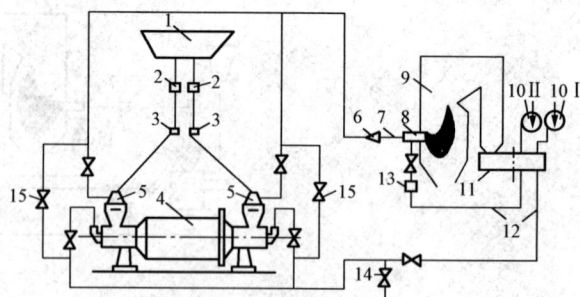

图 2-15　配双进双出球磨机直吹式制粉系统
1—原煤仓；2—自动磅秤；3—给煤机；4—磨煤机；5—粗粉分离器；
6—煤粉分配器；7—一次风管；8—燃烧器；9—锅炉；
10Ⅰ—一次风机；10Ⅱ—二次风机；11—空气预热器；
12—热风道；13—二次风箱；14—调温冷风门；
15—旁路调节风门

点较低的褐煤时，还可防止炉内结渣。

除上述系统外，随着双进双出球磨机的引进，近几年国内有燃煤电厂采用配双进双出球磨机的正压直吹式制粉系统，如图 2-15 所示。这种系统除具有对煤种适应性强的特点之外，其他与配中速磨的正压直吹式冷一次风机制粉系统相似，在此不予赘述。

（二）中间储仓式制粉系统

中间储仓式制粉系统是将磨制好的煤粉先储存在煤粉仓中，再根据锅炉燃烧的需要通过给粉机将煤粉送入炉腔燃烧。由于气粉分离与煤粉的储存、转运和调节的需要，因此，系统中增加了煤粉仓、细粉分离器、给粉机、排粉机和螺旋输粉机等设备。由于球磨机轴径密封性较差，不宜正压运行。所以，配球磨机的中间储仓式制粉系统均为负压系统，并要求球磨机进口维持 200Pa 的负压，其系统如图 2-16 所示。

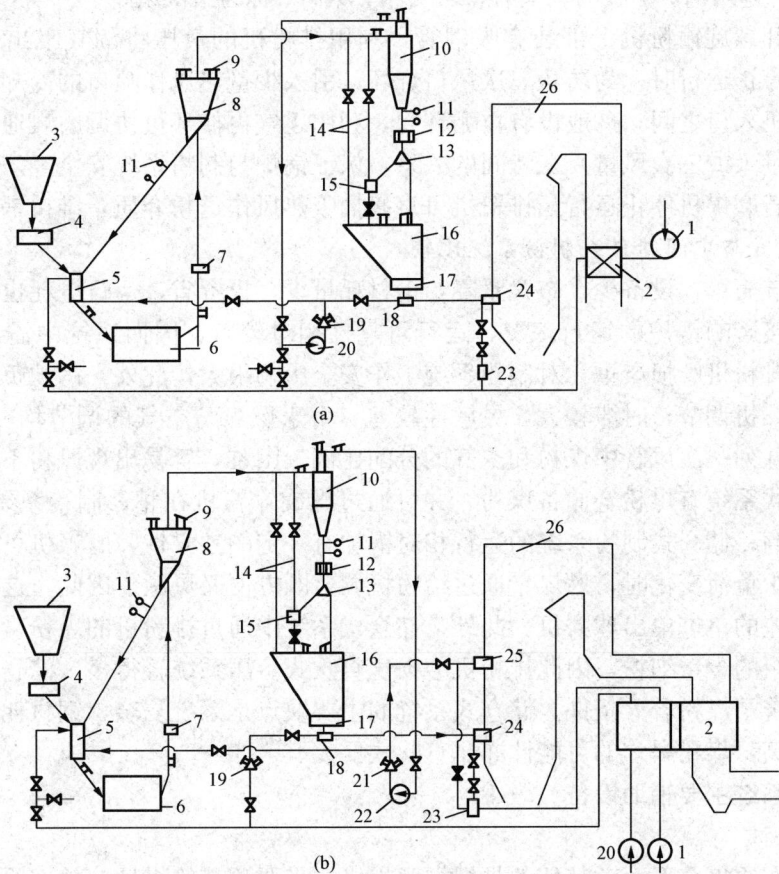

图 2-16 中间储仓式制粉系统

（a）干燥剂送粉系统；（b）热风送粉系统

1—送风机；2—空气预热器；3—原煤仓；4—给煤机；5—干燥下粉管；6—球磨机；7—木块分离器；
8—粗粉分离器；9—防爆门；10—旋风分离器；11—锁气器；12—木屑分离器；13—换向器；
14—吸潮管；15—螺旋输粉机；16—煤粉仓；17—给粉机；18—风粉混合器；19—一次风箱；
20—一次风机；21—三次风箱；22—排粉机；23—二次风箱；24—燃烧器；25—三次风喷口；26—锅炉

中间储仓式制粉系统的工作过程为：给煤机将原煤送入磨煤机，热空气和原煤一同进入磨煤机，热空气一边干燥一边将煤粉带出磨煤机进入粗粉分离器，分离器将不合格的粗粉分离出来送回磨煤机重磨，合格煤粉被干燥剂带入细粉分离器进行气粉分离，其中90%左右的煤粉被分离下来，落入煤粉仓或经螺旋输粉机转送往其他锅炉的煤粉仓中。根据锅炉负荷需要，给粉机将煤粉仓中的煤粉输入一次风管，再送往炉内燃烧。

从细粉分离器上部引出的磨煤乏气中，还有约10%的细煤粉，为了利用这部分煤粉，一般经排粉机升压后，送入炉内燃烧，以节省燃料并避免其污染环境。乏气送入炉内的方式有两种：一种是乏气作为一次风输送煤粉进入炉膛，这种系统称为乏气送粉或干燥剂送粉系统，如图2-16（a）所示，它适用于原煤水分 M_{ar} 较低、挥发分 V_{daf} 较高、易于着火燃烧的烟煤。另一种是乏气不作为一次风，而是由排粉机直接打入燃烧器的三次风喷口进入炉内燃烧，此时用热空气作为一次风把煤粉送入炉内燃烧，这种系统称为热风送粉系统，如图2-16（b）。这对于燃用难着火的无烟煤、贫煤及劣质煤时稳定着火和燃烧具有现实意义。在中间储仓式热风送粉的制粉系统中，排入锅炉炉膛的剩余磨煤乏气（干燥剂）称为三次风。

在煤粉仓和螺旋输粉机上部装有吸潮管，利用排粉机的负压将潮气吸出，以免煤粉结块。当磨煤机停止运行时，为防止三次风口烧坏，引入少量热风作喷口的冷却介质。在排粉机出口和磨煤机入口之间，一般设有再循环管，利用乏气再循环可协调磨煤通风量、干燥通风量与一次风量（或三次风量）三者间的关系，保证锅炉与制粉系统安全经济运行。在乏气送粉系统中，若磨煤机停止运行，排粉机可直接抽吸热风作送粉介质，维持锅炉正常运行。

（三）直吹式与中间储仓式制粉系统比较

直吹式系统简单，设备少，布置紧凑，钢材耗量少，投资省，运行电耗也较低。但制粉设备的工作直接影响锅炉的运行工况，运行可靠性相对较差，因而系统中需设置备用磨煤机。负压系统排粉机磨损严重，对制粉系统工作安全影响很大，此外，锅炉负荷变化时，燃煤量是通过给煤机调节，时滞较大，灵敏性较差。由于燃煤与空气的调节均在磨煤机之前，运行中调节各并列一次风管中煤粉和空气的分配比例较困难，容易出现风粉不均现象。

中间储仓式系统有煤粉仓储备煤粉，并可通过螺旋输粉机在相邻制粉系统间调剂煤粉，供粉可靠性较高；储仓式制粉系统的运行相对锅炉有一定的独立性，磨煤机可经常在经济负荷下运行；锅炉负荷变化时，燃煤量通过给粉机调节既方便又灵敏，因此，这种系统最适合配调节性能较差的单进单出球磨机。此外，储仓式系统中通过排粉机的煤粉量是经过细粉分离器分离后剩余的少量细粉，因此排粉机磨损比直吹式负压系统轻得多。储仓式可采用热风送粉，大大改善了煤粉着火条件。储仓式系统的主要缺点是系统复杂，钢材耗量多，初投资大，运行费用高，煤粉爆炸的可能性亦比直吹式要大。

二、制粉系统主要辅助设备

（一）给煤机

给煤机装在原煤仓下面，其任务是根据磨煤机的需要调节给煤量，并把原煤仓中的原煤均匀地送入磨煤机。电厂常用给煤机有皮带式、刮板式、振动式、电子重力式等。

1. 刮板式给煤机

刮板式给煤机的结构如图2-17所示。它主要由链轮、链条、刮板、上下台板、导向板、煤层厚度调节板及转动装置等组成。煤由进煤管落到上台板上，利用装在链条上的刮板移动，将煤带到左边，经落煤通道落到下台板上；在下台板上，刮板又将煤带到右边，经出煤管送往磨煤机。刮板式给煤机可以用煤层厚度调节板来调节给煤量，调节板越高，煤层越厚，给煤量越大；调节板越低，给煤量越小。另外，也可用改变链轮转速来调节给煤量。

刮板式给煤机的优点是不易堵塞，较严密，漏风小，系统布置灵活。但当煤块过大或煤中有杂物时易卡住。此外，刮板式给煤机占地面积也较大。

2.MG埋刮板给煤机

目前，国内大型机组上常使用MG埋刮板给煤机，如图2-18所示。MG埋刮板给煤机的本体由头部箱体、进煤口箱体、中间箱体和出煤口箱体等组合件构成，并装有刮板链条、断煤断链报警器、煤层调节器、圆孔门和煤闸门等。它的工作原理是煤在自身的内摩擦力和刮板链条拖动力的作用下，在箱体内沿着刮板链条的运动方向运动，形成从进煤口流向出煤的煤流层，从而实现连续、均匀、定量的输煤任务。通过煤层调节器调节煤层的

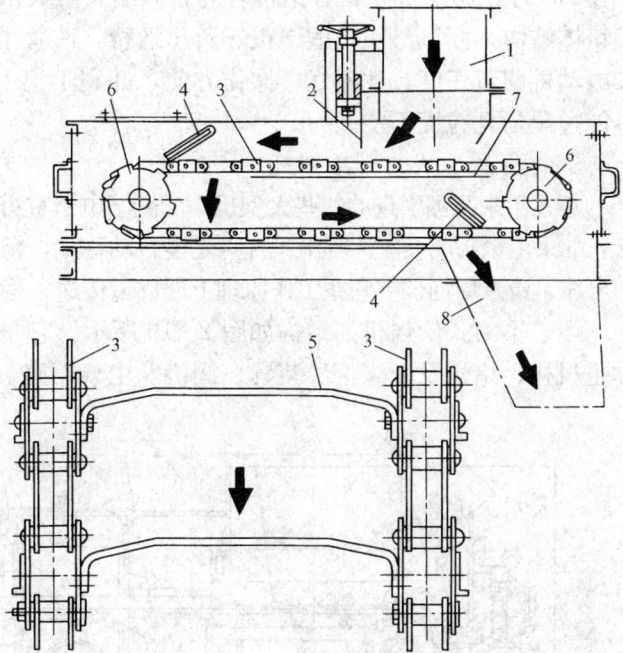

图2-17 刮板式给煤机结构
1—进煤管；2—煤层厚度调节板；3—链条；4—导向板；
5—刮板；6—链轮；7—上台板；8—出煤管

厚度和改变来电磁调速异步电动机的转速调节给煤量，以满足对给煤量的不同要求。

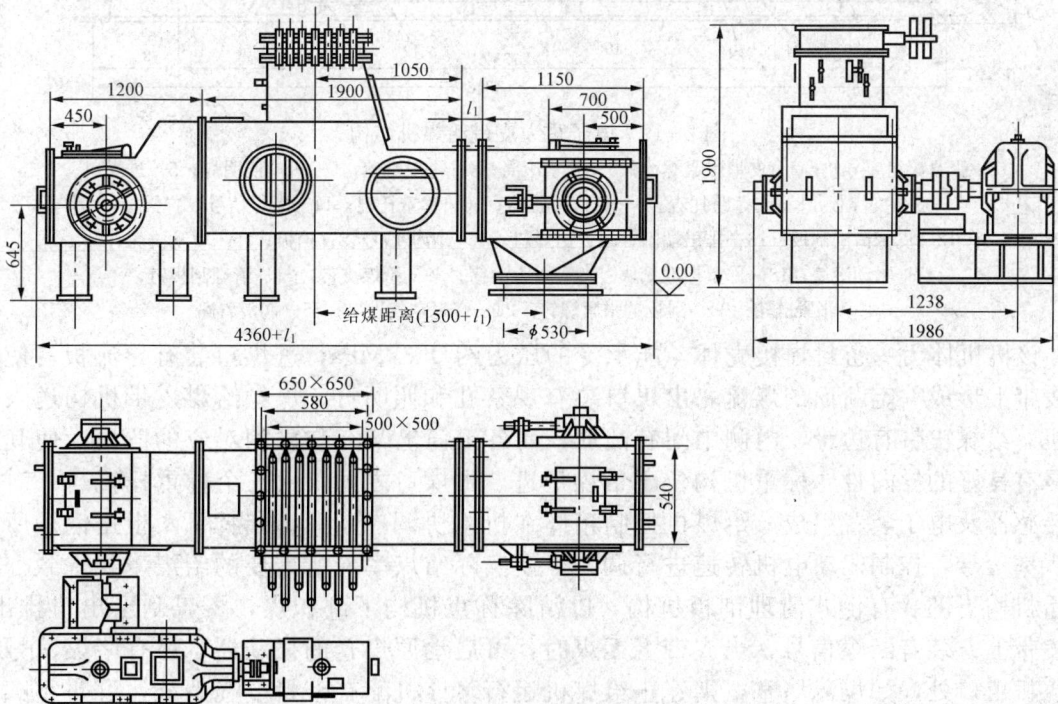

图2-18 MG埋刮板给煤机结构

MG 埋刮板给煤机具有结构合理,系统布置灵活,能满足长距离的给煤需要;采用密封式箱体结构,漏风量小,适于正、负压运行,改善了工作条件;安装维修方便,电磁调速异步电动机调节速度,性能好,操作方便,并利于集中控制和远控等特点。但该给煤机要求煤不能过湿,且粒度不能太大。

3. 电子重力式皮带给煤机

近几年来我国引进的一些大型机组配置了电子重力式给煤机。这种给煤机一般处于正压下运行,故采用全封闭装置。其最大优点是能自动称重,精确地控制给煤量,堵煤断煤自动报警,工作可靠,检修周期长。它在工作原理上属皮带传送、重力计量式,计量精度在±0.5%以内。

电子重力式给煤机的结构如图 2 - 19 所示。它是由机座、给煤皮带机构、链式清理刮板称重机构、堵煤及断煤信号装置、润滑及电气管路、电子控制柜和电源动力柜等组成。

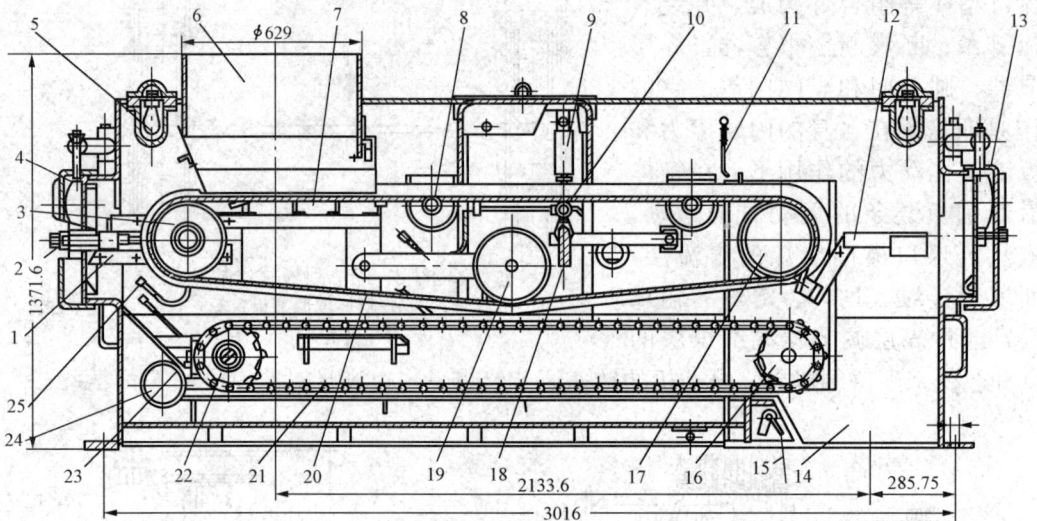

图 2 - 19 电子重力皮带给煤机结构

1—张紧滚筒座导轨;2—皮带张紧螺栓;3—张紧滚筒;4—进煤端盖;5—机内照明灯;6—进煤口;
7—皮带支撑板;8—支撑跨托辊;9—负荷传感器;10—称重托辊;11—断煤信号装置挡板;
12—皮带清洗刮板;13—排出端门;14—出煤口;15—堵煤信号装置挡板;16—驱动链轮;
17—驱动滚筒;18—称重标准量块;19—张力滚筒;20—给煤皮带;21—清理刮板链;
22—张紧链轮;23—刮板链张紧螺钉;24—密封空气进口;25—润滑管路

该机机体为一密封焊接壳体,能承受的压力约 0.35MPa,进煤口装有导流板,使煤在皮带上形成一定断面的煤流,出煤口装有观察孔和照明灯,煤经给煤皮带机构送入磨煤机。给煤皮带有边缘,内侧中间有凸筋,而各滚筒上又有与之相对应的凹槽,使其运动具有良好的导向性。称重机构位于给煤机进、出煤口之间,由三个称重托辊与一对负荷传感器及电子装置组成。给煤机控制箱体在机组协调控制系统指挥下,根据锅炉所需给煤率信号,控制驱动电机转速进行调节,使实际给煤率与所需要的给煤率相一致。在称重机构下部装有链式清理刮板机构,以清除称重机构下部积煤,将煤刮至出口排出。在皮带上方装有断煤信号,当皮带上无煤时,可启动原煤仓的振动器,另有堵煤信号在给煤机出口处,如煤流堵塞,则停止给煤机运行。该机配有密封空气系统,可防止磨煤机前的热风从出煤口进入给煤机。

原煤在给煤机内的流程如下：

煤仓中原煤——→煤流检测器——→煤斗闸门——→落煤管——→给煤机进口——→给煤机输送皮带——→称重传感组件——→断煤信号——→给煤机出口——→磨煤机。

（二）粗粉分离器

粗粉分离器的作用是调节煤粉细度，并将不合格的粗粉分离出来，送回磨煤机重新磨制。粗粉分离器有重力式、惯性式、离心式和回转式四种。以离心式使用最为广泛，它具有出粉细而均匀，调节幅度大，适用煤种广等优点，但结构较复杂。

1. 离心式粗粉分离器

如图 2-20 所示是国内大型机组上普遍使用的一种较先进轴向型粗粉分离器。它由内外锥体、调节锥帽、导向板、可调折向门和回粉管等组成。其工作原理是利用重力分离、惯性力分离和离心力分离。

由磨煤机出来的气粉混合物以 18~20m/s 的速度自下而上进入分离器圆锥体，在内外锥体之间的环形空间内，由于流通截面扩大，其速度逐渐降至 4~6m/s，最粗的煤粉在重力作用下首先从气流中分离出来，经外锥回粉管返回磨煤机重新磨制。煤粉气流则继续向上运动，经安装在内外圆柱壳体间环形通道内的折向挡板的导流作用在分离器上部形成明显的倒漏斗状旋转气流，借助惯性力和离心力使粗粉进一步分离出来；分离下来的粗粉经内锥体底部的锁气器由回粉管返回磨煤机，粗粉在下落时与上升的气粉混合物相遇将其中少量合格煤粉带走，分离器中心的细粉，由于上圆锥帽的阻流作用，旋转气流中心向下的抽吸作用被减弱，因此不易分离下来。

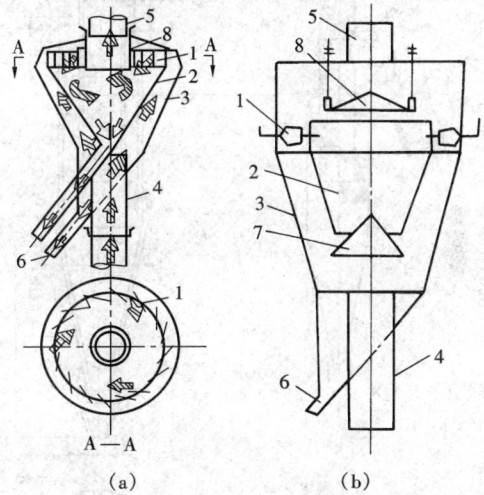

图 2-20 轴向型粗粉分离器示意图
1—折向挡板；2—内圆锥体；3—外圆锥体；4—进口管；
5—出口管；6—回粉管；7—锁气器；8—圆锥帽

在内锥体上的圆锥形调节帽，可以粗调煤粉细度。筒内的回粉锁气器，一方面增加入口气流的撞击分离；另一方面可防止内锥回粉中的合格细粉被入口气流带走，从而使回粉中夹带的细粉量减少。离心式粗粉分离器的结构比较复杂，阻力较大。

2. 回转式粗粉分离器

如图 2-21 是回转式细粉分离器的结构图。分离器上部有一个用角钢或扁钢做叶片的转子，并由电动机驱动作旋转运动。当煤粉气流自下而上进入分离器，因流通截面扩大，气流速度降低，部分粗粉在重力作用下首先分离出来；进入分离器转子区的煤粉气流随转子一起旋转，粗粉受较大离心力的作用被抛到圆锥筒的内壁上，并沿筒壁下落，再次被分离出来；当气流沿叶片间隙穿过转子时，由于叶片的撞击又有部分粗粉被

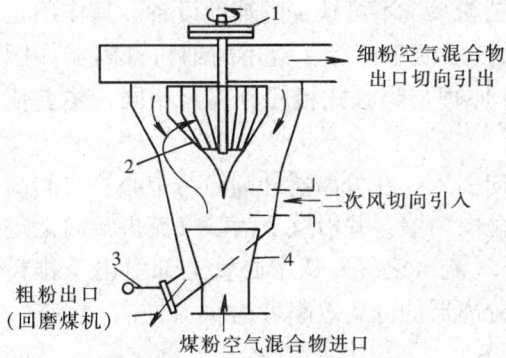

图 2-21 回转式粗粉分离器
1—减速皮带轮；2—转子；3—锁气器；4—进口管

分离出来。转速越高，分离作用越强，气流带出的煤粉就越细。改变转子的转速即可调节煤粉细度。

为了减少回粉中的细粉量，在分离器下部还装有切向引入的二次风，将下落的回粉吹起，促使回粉再次分离，并将合格的细粉带走，减少回粉中夹带的细粉量，以提高制粉系统出力并降低磨煤电耗。

与离心式相比，回转式粗粉分离器具有结构紧凑，阻力较小，分离效率高，煤粉细度均匀，调节幅度大，调节方便等优点。其缺点是结构复杂，工作部件易磨损，检修工作量较大。

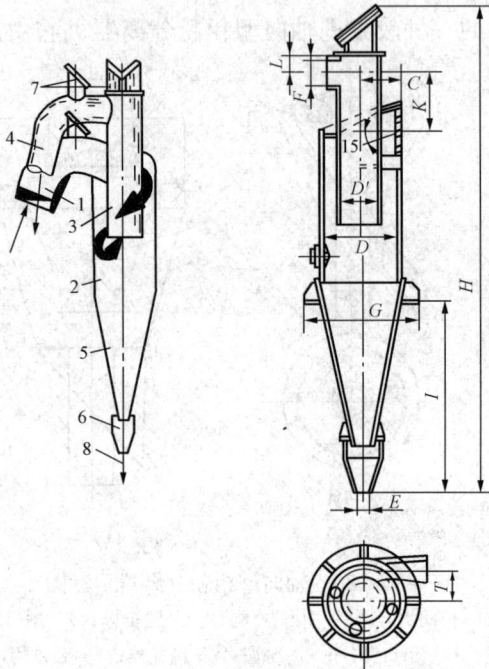

图 2-22 旋风分离器

1—气粉混合物入口管；2—分离器筒体；3—内套筒；
4—干燥剂出口管；5—分离器筒体圆锥部分；
6—煤粉小斗；7—防爆门；8—煤粉出口

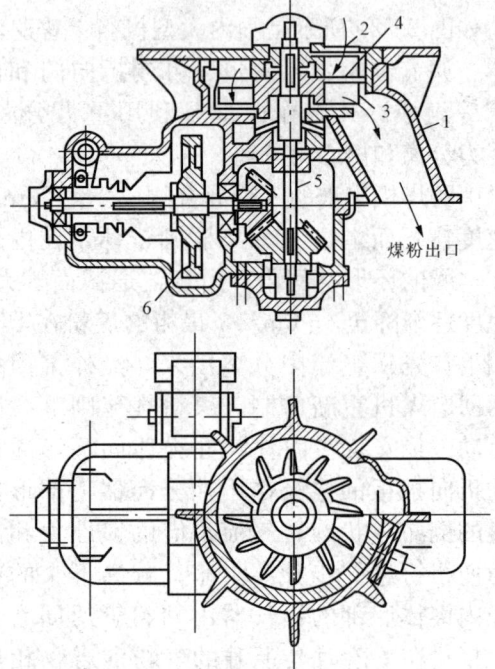

图 2-23 叶轮式给粉机

1—外壳；2—上叶轮；3—下叶轮；4—固定盘；
5—轴；6—减速器

（三）细粉分离器

细粉分离器也称旋风分离器，它是中间储仓式制粉系统不可缺少的辅助设备。其作用是将煤粉从粗粉分离器送来的气粉混合物中分离出来，以便于储存。常用的细粉分离器如图2-22所示，它是一种小管径的细粉分离器，其工作原理与离心式粗粉分离器相同，主要依靠煤粉气流旋转运动产生惯性离心力进行分离。

气粉混合物以16～22m/s的速度经舌形导板切向引入，在分离器外圆筒与中心管之间高速旋转的同时向下流动，煤粉在离心力的作用下被抛向筒壁，并沿壁下落。气流折转向上进入中心管时，借惯性力作用再次将煤粉分离出来。气流（乏气）从中心管上部引出至排粉机。煤粉则从筒底落入煤粉仓或螺旋输粉机。这种分离器的分离效率可达90%左右。

（四）给粉机

给粉机的作用是根据锅炉负荷需要的煤粉量，把煤粉仓中的煤粉均匀地送入一次风管中。常用的给粉机是叶轮式，其结构如图 2-23 所示。当电动机经减速器带动给粉机主轴转动时，固定在轴上的上、下叶轮也同时转动，煤粉仓下落的煤粉首先送到上叶轮右侧，转动的上叶轮将煤粉拨送到叶轮左侧，通过固定盘上的落粉孔落入下叶轮，然后转动的下叶轮将煤粉拨送到下叶轮右侧的出口，落入一次风管中。改变电动机转速可调节给粉量的大小，故叶轮式给粉机常用直流电动机拖动。

叶轮式给粉机供粉较均匀，调节方便，不易发生煤粉自流。又可以防止一次风冲入煤粉仓，故应用较广泛。其缺点是结构较为复杂，电耗较大，而且易被煤粉中的木屑等杂物堵塞，从而影响系统运行。

（五）螺旋输粉机

螺旋输粉机又称绞龙，其作用是将细粉分离器落下来的煤粉，送往邻炉的煤粉仓。图 2-24 表示装在两台锅炉之间的螺旋输粉机。

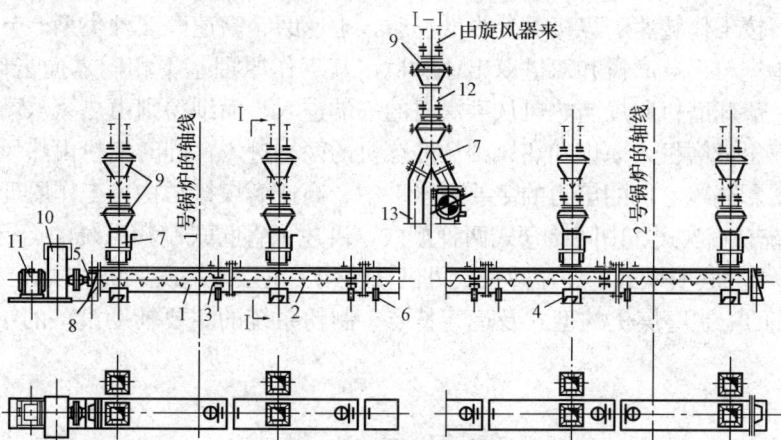

图 2-24　螺旋输粉机

1—外壳；2—螺旋杆；3—轴承；4—带挡板的煤粉落出管；5—推力轴承；6—支架；7—煤粉落入管；
8—端头支座；9—锁气器；10—减速箱；11—电动机；12—转换通路挡板；13—煤粉落入粉仓管路

电动机经减速器带动螺旋杆转动，螺旋杆上装有螺旋形叶片，统称螺旋体。旋转的螺旋体将煤粉由入口端推向出口端，并由出口落入邻炉的煤粉仓。当螺旋体倒转时，输送煤粉的方向则相反，可将邻炉的煤粉送入本炉的煤粉仓，故又称它为逆绞龙。螺旋输粉机的螺旋直径一般为 300～500mm，长度可在 30～50m。

螺旋输粉机机构简单，操作方便，横截面尺寸小，机体密封好，工作安全可靠，因此在储仓式制粉系统中得到广泛应用。

（六）锁气器

在粗粉分离器回粉管和细粉分离器的落粉管上均装有锁气器，其作用是只允许煤粉沿管道下落，而不允许气体流过，以保证分离器的正常工作。锁气器有翻板式和草帽式两种。

如图 2-25 所示，它们都是利用杠杆原

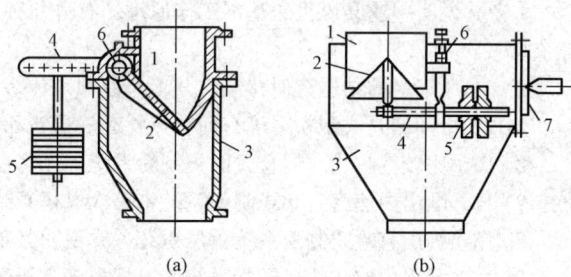

图 2-25　锁气器

1—煤粉管；2—翻板或活门；3—外壳；4—杠杆；
5—平衡重锤；6—支点；7—手孔

理进行工作的。当翻板或活门上的煤粉超过一定数量时，翻板或活门自动打开，煤粉落下；当煤粉减少到一定程度时，翻板或活门又因平衡重锤的作用而关闭。翻板式锁气器可以装在垂直或倾斜的管段上，草帽式锁气器只能装在垂直管段上，翻板式锁气器不易卡住，工作可靠。草帽式锁气器动作灵活，煤粉下落均匀，而且严密性好。

小　　结

1. 煤粉的主要特性，煤粉颗粒小、易流动；煤粉长期堆积易引起自燃、爆炸；分析了影响煤粉的自燃与爆炸的主要因素；煤粉细度、煤粉经济细度以及煤粉的均匀性的概念；煤的可磨性和磨损性概念。

2. 磨煤机是制粉系统中最主要的煤粉制备设备，它的作用就是靠撞击、挤压和碾磨把原煤磨制成煤粉。按工作转速磨煤机可分为低速磨、中速磨、高速磨三种类型。分析了低速磨的两种型式，即单进单出球磨机和双进双出球磨机，其工作原理基本相同靠撞击作用磨制煤粉。二者区别是，一般球磨机原煤与热风从磨煤机的一端进入，而细粉则由热风从磨煤机的另一端带出，对双进双出球磨机，原煤和热风则从磨煤机的两端进入，同时细粉由热风从磨煤机的两端带出。分析了影响球磨机的出力的主要因素。中、高速磨煤机结构、工作原理与特点。

3. 制粉系统有直吹式、中间储仓式两种型式。讲述了直吹式制粉系统的运行特点，配制的磨煤机型式。分析负压直吹式、正压热一次风机直吹式、正压冷一次风机直吹式三种型式。中间储仓式制粉系统的配制磨煤机的型式及运行特点。制粉系统的主要辅助设备的结构原理、运行特点。

复 习 思 考 题

2-1　制粉系统运行时，可能引起煤粉爆炸的因素有哪些？如何防止？

2-2　什么是煤粉细度？如何确定煤粉的经济细度？

2-3　如何理解煤粉的均匀性？为什么锅炉在运行时要求煤粉具有一定的均匀性？

2-4　什么是煤的可磨性指数与磨损指数？

2-5　说明低速球磨机的结构和工作原理。

2-6　影响球磨机的出力因素有哪些？双进双出球磨机有哪些特点？

2-7　说明中速磨煤机的基本工作原理。有哪几种型式的中速磨煤机？影响中速磨煤机出力的主要因素有哪些？

2-8　风扇磨的结构有何特点？其工作原理是什么？

2-9　中间储仓式制粉系统有何特点？乏气送粉和热风送粉制粉系统有何区别？

2-10　比较直吹式与储仓式两类制粉系统工作特点、结构特点和运行特点。

2-11　画出中速磨直吹式制粉系统带一次风机系统，并说明其工作流程。

2-12　画出直吹式制粉系统负压系统，并说明其工作流程。

2-13　画出中储式热风送粉系统图。标出各主要部件的名称，用箭头标出其工作过程。

2-14　简述粗粉分离器的工作原理。当风速和风量发生变化时对各种型式的分离器的工作效果有何影响？

2-15　制粉系统中安装的防爆门有何作用？其安装在什么位置？

2-16　制粉系统有哪些主要的辅助设备？并说明各设备的作用和工作原理。

燃烧基本原理及燃烧设备

内容提要

煤粉气流燃烧的基本原理，燃烧器的型式、布置及炉内空气动力特性，煤粉燃烧器和燃烧方式的新技术，点火装置，固态排渣煤粉炉的炉膛结构和结渣问题，循环流化床锅炉的结构和特点。

课题一　燃料燃烧的基本原理

教学目的

掌握煤粉气流的燃烧过程，影响煤粉气流着火和燃烧的因素及强化措施。

教学内容

燃料的燃烧一般是指燃料中的可燃物质与空气中的氧化剂之间进行的发热与发光的高速化学反应，反应所生成的物质称为燃烧产物。燃料与氧化剂若是同一物态，如气体燃料在空气中的燃烧称为均相燃烧；若不是同一物态，如固体燃料在空气中的燃烧，则称为多相燃烧。

燃烧过程是一个复杂的物理、化学的综合过程，它包括燃料和空气的混合、扩散过程，预热、着火过程以及燃烧、燃烬过程。燃烧过程的快慢，既受到温度、压力、浓度等因素的影响，又受到工质流动、热量传递、动量和能量交换等流体动力因素的影响。特别是固体燃料的燃烧属于多相燃烧，更增加了过程的复杂性。电厂锅炉的主要燃料是煤，并以空气作燃料的氧化剂，因此，本章着重介绍一些固体燃料燃烧的基础知识及燃烧设备的结构、原理及工作，了解实现迅速完全燃烧的方向和途径，为适应燃料和运行工况的变化，合理组织燃烧，改进燃烧设备奠定必要的理论基础。

一、燃烧速度

（一）化学反应速度及其影响因素

锅炉内的燃烧化学反应可用以下化学反应方程式表示：

$$\underset{\text{燃料}}{a\text{A}} + \underset{\text{氧化剂}}{b\text{B}} \rightleftharpoons \underset{\text{燃烧产物}}{g\text{G} + h\text{H}}$$

(3 - 1)

式中　a、b——化学反应式中，反应物 A、B 的反应系数；

　　　g、h——化学反应式中，生成物 G、H 的反应系数。

化学反应过程的快慢用化学反应速度 w_h 来表示。通常它是指单位时间内反应物浓度的减少或生成浓度的增加，其常用的单位是 $\text{mol}/(\text{m}^3 \cdot \text{s})$。按不同反应物或生成物计算在时间 t 的瞬时反应速度为

$$w_h^A = -\frac{dc_A}{dt}; \qquad w_h^B = -\frac{dc_B}{dt}; \qquad w_h^G = \frac{dc_G}{dt}; \qquad w_h^H = \frac{dc_H}{dt}$$

式中 c_A、c_B、c_G、c_H ——反应物 A、B 和生成物 G、H 的浓度。

因为燃烧过程中反应物 A、B 的浓度是随时间而减少的，所以式中要加一个负号。

化学反应速度不仅取决于参加反应的原始反应物的性质，而且与反应系统所处的条件有关。其中主要的条件是：①反应物的浓度；②压力；③温度；④是否有催化反应或连锁反应。

1. 浓度对化学反应速度的影响

化学反应是在一定条件下，不同反应物的分子彼此碰撞而产生的，单位时间内碰撞次数愈多，化学反应速度愈快。分子碰撞次数决定于单位容积中反应物质的分子数，即物质浓度。化学反应速度与浓度的定量关系可用质量作用定律来说明。

所谓质量作用定律是指：对于均相燃烧，在一定温度下，化学反应速度与参加反应的各反应物的浓度乘积成正比，而各反应物浓度的方次等于化学反应式中相应的反应系数。如式（3-1）表示的化学反应，其反应速度可表示为

$$w_h^A = -\frac{dc_A}{dt} = k_A c_A^a c_B^b \tag{3-2}$$

式中 k_A ——反应物 A 的化学反应速度常数，对于一定的化学反应，它与反应物或生成物的浓度无关，而只取决于温度。

对于炭粒的多相燃烧，化学反应是在炭粒表面进行的，可以认为炭粒的浓度 c_A 不变。因此，化学反应速度是指单位时间内炭粒单位表面上氧浓度的变化，即炭粒单位表面上的耗氧速度 w_h，其关系式如下：

$$w_h = -\frac{dc_B}{dt} = -\frac{dc_{O_2}}{dt} = kc_B^b \tag{3-3}$$

式中 k ——炭粒燃烧的化学反应速度常数；

c_B^b ——炭粒单位表面的氧浓度。

质量作用定律说明，在一定温度下而反应容积不变时，增加反应物的浓度即增加反应物分子数，分子间碰撞的机会增多，所以反应速度加快。

2. 压力对化学反应速度的影响

分子运动论认为，气体压力是气体分子碰撞容器壁面的结果。压力愈高，单位容积内分子数愈多。

根据气体状态方程

$$pV = MRT$$

$$p = \frac{M}{V}RT = cRT \tag{3-4}$$

式中 R ——通用气体常数；

T ——绝对温度；

V ——容积；

M ——反应物的摩尔数；

c ——反应物的浓度；

p ——压力。

式（3-4）说明，在温度和容积不变的条件下，反应物压力愈高，则反应物浓度愈大，因此化学反应速度愈快。目前正在研究正压燃烧技术，就是通过提高炉膛压力来强化燃烧。

3. 温度对化学反应速度的影响

在实际燃烧设备中，燃烧过程是在燃料和空气按一定比例连续供应的情况下进行，因此可以认为反应物质的浓度不变。当反应物的浓度不随时间变化时，化学反应速度就可用反应速度常数 k 来表示。而 k 主要决定于反应温度和参加反应燃料的性质，它们之间的定量关系可用阿累尼乌斯定律表示：

$$k = k_0 e^{\frac{E}{RT}} \tag{3-5}$$

式中　k_0——与分子碰撞数有关的常数；

　　　E——反应的活化能。

这样，化学反应速度式（3-3）可写成

$$w_h = -\frac{dc_B}{dt} = kc_B^b = k_0 c_B^b e^{\frac{E}{RT}} \tag{3-6}$$

式（3-6）说明，当反应物浓度不变时，化学反应速度与温度成指数关系，随着温度升高化学反应速度迅速加快。这种现象可解释为：燃烧化学反应是通过反应物分子间的碰撞而进行的，但是并不是所有碰撞的分子都能引起化学反应，只有其中具有较高能量的活化分子的碰撞才能发生反应。为使化学反应得以进行，分子活化所需的最低能量称为活化能，以 E 表示。能量达到或超过活化能 E 的分子称为活化分子。活化分子的碰撞才是发生化学反应的有效碰撞。当温度升高时，分子从外界吸收了能量，活化分子急剧增多，化学反应速度因此加快。

在一定温度下，活化能愈大，则活化分子数愈少，化学反应速度愈慢；反之，若活化能愈小，化学反应速度就愈快。在相同条件下，不同燃料的焦炭的燃烧反应，其活化能是不同的，高挥发分煤的活化能较小，低挥发分无烟煤的活化能较大。如几种不同燃料的焦炭的 $C+O_2=CO_2$ 反应，其活化能的数值（MJ/kmol）分别为

褐煤　　　　　　　　　　92～105

烟煤　　　　　　　　　　117～134

贫煤、无烟煤　　　　　　140～147

可见无烟煤焦炭的燃烧反应速度比其他煤的小。

实际上在炉内燃烧过程中，反应物的浓度、炉膛压力可认为基本不变，因此化学反应速度主要与温度有关。温度对化学反应速度影响相当显著，锅炉运行中，提高炉膛温度是加速燃烧反应、缩短燃烧时间的重要方法。

（二）氧的扩散速度及其影响因素

氧扩散过程的快慢用氧的扩散速度 w_{ks} 来反映。扩散速度 w_{ks} 表示单位时间向炭粒单位表面输送的氧量，即炭粒单位表面上的供氧速度。由于化学反应消耗氧，炭粒反应表面氧浓度 c_B^b 小于周围介质中的氧浓度 c_O^0，周围环境中的氧不断向炭粒表面扩散。扩散速度由下式确定：

$$w_{ks} = \alpha_{ks}(c_O^0 - c_B^b) \tag{3-7}$$

式中　α_{ks}——扩散速度常数。

根据传质理论可知，当气流冲刷直径为 d 的炭粒、两者的相对速度为 ω 时，扩散速度系

数 α_{ks} 与 d、ω 有如下关系：

$$\alpha_{ks} \propto \frac{\omega^{2/3}}{d^{1/2}} \tag{3-8}$$

由式（3-7）、式（3-8）可知氧的扩散速度不仅与氧浓度有关，还与炭粒直径及气流与炭粒的相对运动速度有关。

炭粒燃烧过程中，气流与炭粒的相对速度愈大，扰动愈强烈，不仅氧向炭粒表面的供应速度增大，同时燃烧产物离开炭粒表面扩散出去的速度也增大，使氧的扩散速度加快。由于碳的燃烧是在炭粒表面进行的，炭粒直径愈小，单位质量炭粒的表面积愈大，与氧的反应面积也愈大，化学反应消耗的氧愈多，炭粒表面的氧浓度就会降低。炭粒表面与周围环境的氧浓度差愈大时氧的扩散速度愈大。因此，供应燃烧足够的空气量、增大炭粒与气流的相对速度和减小炭粒直径都会加强炭粒燃烧的扩散速度。

（三）燃烧速度与燃烧区域

燃烧速度 w_r 是指单位时间内烧掉的燃料量。煤粉的燃烧速度关键是炭粒的燃烧速度。它取决于两方面因素：一是炭和氧的化学反应速度 $w_h = kc_B^b$；二是氧的扩散速度 $w_{ks} = \alpha_{ks}(c_O^0 - c_B^0)$。最终的燃烧速度决定于两个速度中较慢者。当燃烧过程稳定时氧的扩散速度与化学反应速度应该相等，并都等于燃烧速度 w_r。即

$$w_h = w_{ks} = w_r$$

这时，氧的供应与消耗达到动态平衡，炭粒表面的氧浓度 c_B 稳定不变。因此用 w_r 取代 w_h 和 w_{ks}，并消去两式中的 c_B，炭粒燃烧速度 w_r 的表达式如下：

$$w_r = \frac{1}{\frac{1}{k} + \frac{1}{\alpha_{ks}}} c_O^0 = k_z c_O^0 \tag{3-9}$$

式中　k_z——折算速度系数，即

$$k_z = \frac{1}{\frac{1}{k} + \frac{1}{\alpha_{ks}}} \tag{3-10}$$

实际上，在炉内燃烧过程中，反应物的浓度、炉膛压力变化较小，可不考虑，因此煤粉的燃烧速度主要与温度和氧的扩散速度有关。在不同的温度下，由于化学反应条件与气体扩散条件的影响是不同的，燃烧过程可能处于以下三个不同的区域（如图 3-1 所示）。

1. 动力燃烧区

当温度较低时（<1000℃），炭粒表面的化学反应速度较慢，供应到炭粒表面的氧量远远大于化学反应所需的耗氧量，这时 $\alpha_{ks} \gg k$，由式（3-10）可知 $k_z \approx k, w_r \approx kc_O$。这意味着燃烧速度主要决定于化学反应动力因素（温度和燃料反应特性）而与氧的扩散速度关系不大，这种燃烧工况称为处于动力燃烧区。在该区域内，温度对燃烧速度起着决定性的作用。因此，提高温度是强化动力燃烧工况的有效措施。

2. 扩散燃烧区

当温度很高时（>1400℃），炭粒表面化学反应速度常数 k 随温度的升高急剧增大，炭粒表面化学反应速度很

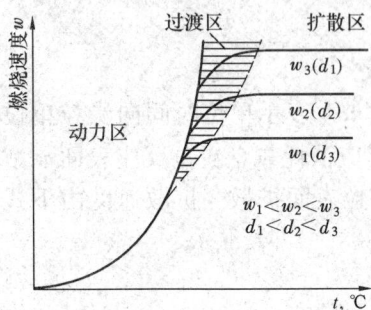

图 3-1　多相燃烧速度 w_r 的变化

快，以致耗氧速度远远超过氧的供应速度，炭粒表面的氧浓度实际为零。这时 $k \gg \alpha_{ks}$，则 $k_z \approx \alpha_{ks}$，$w_r \approx \alpha_{ks} c_0 \approx w_{ks}$。由于扩散到炭粒表面的氧远不能满足化学反应的需要，氧的扩散速度已成为制约燃烧速度的主要因素，而与温度关系不大，这种燃烧工况称为处于扩散燃烧区。在该区域内，改善扩散混合条件，加大气流与炭粒的相对速度，或减小炭粒直径都可提高燃烧速度。

3. 过渡燃烧区

介于上述两种燃烧工况的中间温度区，氧的扩散速度系数 α_{ks} 与化学反应速度常数 k 处于同一数量级，因而氧的扩散速度与炭粒表面的化学反应速度较为接近，这时化学反应速度和氧的扩散速度都对燃烧速度有影响，这种燃烧工况称为处于过渡燃烧区。在该区域内，要强化燃烧，既要改善化学反应条件，提高反应系统温度；又要改善炭粒与氧的扩散混合条件。

随着燃烧炭粒直径的减小，或气流与粒子的相对速度增大，氧向炭粒表面的扩散过程加强，燃烧过程的动力区可以扩展到更高的温度范围，也就是说从动力燃烧区过渡到扩散燃烧区的温度将相应提高，如图 3-1 所示。在扩散混合条件不变的情况下，降低反应温度，可以将燃烧过程由扩散燃烧区移向过渡燃烧区甚至动力燃烧区。在煤粉锅炉中，只有那些粗煤粉在炉膛的高温区才有可能接近扩散燃烧。在炉膛燃烧中心以外，大部分煤粉是处于过渡区甚至动力区的。因此，提高炉膛温度和氧的扩散速度都可以强化煤粉的燃烧过程。

二、煤粉完全迅速燃烧的条件

（一）燃烧程度

燃烧程度即煤粉燃烧完全的程度。燃料中的可燃成分在燃烧后全部生成不能再进行氧化的燃烧产物，如 CO_2、SO_2、H_2O 等，这叫完全燃烧。燃料中的可燃成分在燃烧过程中，有一部分没有参与燃烧，或虽已进行燃烧但生成的燃烧产物（烟气、灰渣）中，还存在可燃气体，如 CO、H_2、CH_4 或炭粒等，这种情况叫不完全燃烧。

燃烧的完全程度可用燃烧效率来表示，燃烧效率是指输入锅炉的热量扣除固体可燃物不完全燃烧热损失和气体可燃物不完全燃烧热损失的热量后占输入热量的百分比，用符号 η_r 表示，并可用式（3-11）计算：

$$\eta_r = \frac{Q_r - Q_3 - Q_4}{Q_r} \times 100 = 100 - (q_3 + q_4) \qquad (3-11)$$

燃烧效率越高，则燃烧产物（烟气和灰渣）中的可燃质越少，即燃烧损失（$q_3 + q_4$）越小，说明煤粉燃烧完全程度越高。

（二）迅速完全燃烧的条件

1. 相当高的炉内温度

燃烧的快慢和完全程度均与温度有关。炉温过低会使燃烧化学反应速度降低，不利于燃烧反应的进行，燃烧不完全，所以应维持相当高的炉温。相当高的炉温不仅可以促使煤粉很快着火，迅速燃烧，而且可以保证煤粉充分燃烧。但对固态排渣煤粉炉而言，炉温也不宜太高，过高的炉温不仅会引起炉膛结渣，也会引起膜态沸腾，同时，炉温过高可能会导致较多燃烧产物又还原成为燃烧反应物，这同样等于燃烧不完全。通过试验证明，锅炉的炉温在中温区域（1000~2000℃）内比较适宜。一般锅炉内的燃烧是在 0.101MPa 压力下进行，最高温度为 1500～1600℃，可以认为炉温越高越好。

2. 供应充足而又合适的空气量

要达到完全燃烧就必须送入炉内适量的空气，即保持适当的过量空气系数。如果空气供应不足，即过量空气系数过小时，空气中氧不能及时补充到煤粉表面，燃烧速度就会降低，将造成不完全燃烧热损失。但空气供应过多，会使炉温降低，燃烧速度也会降低，不完全燃烧热损失也相应增加。同时，也会引起排烟量增大，排烟热损失增加。因此，合适的空气量是根据炉膛出口最佳过量空气系数来确定的。

3. 燃料与空气的良好扰动和混合

燃料和空气混合是否良好，对能否达到迅速完全燃烧起着很大作用。煤粉锅炉一般都采用一、二次风组织燃烧。煤粉由一次风携带进入炉膛，煤粉着火后，一次风很快被消耗。二次风应以较高的速度喷入炉内与煤粉混合，补充燃烧所需的空气，同时形成强烈的扰动，冲破或减少碳表面的烟气层和灰壳，以强行扩散代替自然扩散，从而提高扩散混合速度，使燃烧速度加快并完全燃烧。

除此之外，还应该在炉膛形状、燃烧器的结构和布置等方面采用相应措施，以促使气流与煤粉充分混合。

4. 足够的炉内停留时间

煤粉由着火到全部燃烬需要一定的时间。煤粉从喷燃器出口到炉膛出口一般需 2～3s。在这段时间内煤粉必须完全烧掉，否则到了炉膛出口处，因受热面多，烟气温度很快下降，燃烧就会停止，从而造成不完全燃烧热损失。煤粉在炉内的停留时间主要取决于炉膛容积、炉膛高度及烟气在炉内的流动速度，这都与炉膛容积热负荷和炉膛截面热负荷有关，即要在锅炉设计中选择合适的数据，而在锅炉运行时切不可超负荷运行。

为了保证煤粉燃烬，除了保持炉内火焰充满程度和使炉膛有足够的空间和高度外，还应设法缩短着火与燃烧阶段所需要的时间。

总之，要保证燃料的良好燃烧，就必须满足以上四个条件，为此就要求燃烧设备具有合理的结构和布置，以及在运行中科学地组织整个燃烧过程。

三、煤粉气流的燃烧过程

煤粉随同空气以射流的形式经燃烧器喷入炉膛，在悬浮状态下燃烧形成煤粉火炬，从燃烧器出口至炉膛出口，煤粉的燃烧过程大致分为三个阶段。

1. 着火前的准备阶段

煤粉气流喷入炉内至着火这一阶段为着火前准备阶段。着火前的准备阶段是吸热阶段。在此阶段内，煤粉气流被炉膛中的烟气不断加热，温度逐渐升高。煤粒受热后，首先水分蒸发，接着干燥的煤粉进行热分解析出挥发分。挥发分析出的数量和成分决定于煤的特性、加热温度与速度。着火后的煤粉只发生缓慢氧化，氧浓度 O_2 和飞灰含碳量 C_{fh} 的变化不大。一般认为，从煤粉中析出的挥发分先着火燃烧。挥发分燃烧放出的热量又加热炭粒，炭粒温度迅速升高，当炭粒加热至一定温度并有氧补充到炭粒表面时，炭粒着火燃烧。

2. 燃烧阶段

煤粉气流着火以后进入燃烧阶段。包括挥发分和焦碳的燃烧。燃烧阶段是一个强烈的放热阶段。当温度升高到一定值时，煤粒表面的挥发分首先着火燃烧。燃烧放热对煤粒直接加热。煤粒被加热到一定温度并有氧补充到其表面时，煤粒首先局部着火，然后扩展到整个表面。煤粉气流一旦着火燃烧，可燃质与氧发生高速的化学反应，放出大量的热量，放热量大于水冷壁的吸热量，烟气温度升高达到最大值，氧浓度 O_2 及飞灰含碳量 C_{fh} 则急剧下降。

3. 燃烬阶段

燃烬阶段是燃烧阶段的继续。煤粉经过燃烧后，炭粒变小，表面形成灰壳，大部分可燃质已燃烬，只剩少量残余炭粒的继续燃烧，成为灰渣。由于残余炭粒常被灰分和烟气所包围，空气很难与之接触，另一方面在燃烬阶段中，氧浓度 O_2 相应减少，气流的扰动减弱，燃烧速度明显下降，燃烧放热量小于水冷壁的吸热量，烟温逐渐降低，故燃烬阶段的燃烧反应进行得十分缓慢，容易造成不完全燃烧损失。

对应于煤粉燃烧的三个阶段，可以在炉膛中划分出三个区，即着火区、燃烧区与燃烬区。由于燃烧的三个阶段不是截然分开的，因而，对应的三个区也没有明确的分界线。但是大致可以认为：燃烧器出口附近是着火区；炉膛中部及喷燃器同一水平的区域以及稍高的区域是燃烧区；高于燃烧区直至炉膛出口的区域都是燃烬区。其中着火区很短，燃烧区也不长，而燃烬区却较长。根据对 $R_{90}=5\%$ 的煤粉试验，其中 97% 的可燃质是在 25% 的时间内燃烬的，而其余 3% 的可燃质都要在 75% 的时间内燃烬。

图 3-2 表示煤粉火炬的工况曲线。图中曲线表明，随着煤粉燃烧过程的进行，沿着煤粉火炬行程，烟气中飞灰含碳量 C_{fh} 逐渐减少，氧浓度 O_2 逐渐下降，而燃烧产物 RO_2 气体的浓度却逐渐上升。这些参数在燃烧最剧烈的燃烧区变化最快，在着火区和燃烬区变化较缓慢。烟气温度 θ 的变化是在着火区和燃烧区上升，在燃烬区中下降。

四、煤粉气流燃烧及强化

（一）煤粉气流的着火与强化

煤粉气流经燃烧器以射流方式喷入炉内，通过紊流扩散和回流，卷吸高温烟气进行对流换热以获得热量，同时又受到炉膛四壁及高温火焰的辐射热，使煤粉气流被迅速加热，当加热到一定温度时，煤粉气流开始着火，此温度称为着火温度。煤粉气流从初始温度加热至着火温度的过程称为着火过程，该过程中吸收的热量称为着火热。它包括加热煤粉和一次风所需热量，以及煤粉中水分蒸发和过热所需热量。

试验发现，煤粉气流的着火温度要比煤的着火温度高一些。表 3-1 和表 3-2 是在一定测试条件下分别得出的煤的着火温度和煤粉气流中煤粉颗粒的着火温度。

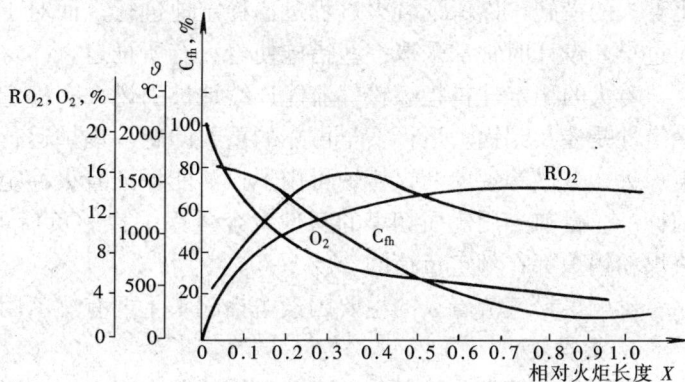

图 3-2　煤粉火炬的工况曲线

ϑ—烟气温度；C_{fh}—飞灰含碳量；
RO_2—烟气中 RO_2 气体的浓度；O_2—烟气中 O_2 气体的浓度

表 3 - 1   **煤的着火温度**   ℃

煤 种	泥煤	褐煤	烟煤	无烟煤
着火温度	225	250~450	400~500	700~800

表 3 - 2   **煤粉气流中煤粉颗粒的着火温度**   ℃

煤 种	褐煤 $V_{daf}=50\%$	烟煤 $V_{daf}=40\%$	烟煤 $V_{daf}=30\%$	烟煤 $V_{daf}=20\%$	贫煤 $V_{daf}=14\%$	无烟煤 $V_{daf}=4\%$
着火温度	550	650	750	840	900	1000

由表 3 - 1 和表 3 - 2 可知，在相同的测试条件下，不同的燃料，着火温度是不同的；而对同一种燃料而言，不同的测试条件下也会得出不同的着火温度。但仅就煤而言，挥发分越高的煤，着火温度越低；在一定范围内，着火温度随气粉混合物中煤粉浓度的增加而降低。除此以外，煤粉细度、煤粉的加热速度、周围介质的扩散条件等都会影响着火温度的高低。因此，煤粉空气混合物较难着火，这是煤粉燃烧的特点之一。

煤粉气流的着火温度 t_{zh}、一次风煤粉混合物的初温 t_1、一次风量 V_1、原煤水分 M_{ar} 和挥发分 V_{daf} 等都是影响煤粉气流着火的一些因素。

煤粉气流着火热的热源有两个方面，一方面是煤粉气流卷吸高温烟气进行对流换热，另一方面是炉内高温火焰的辐射热。两者之中对流热是主要的。通过两种换热使进入炉膛的煤粉气流的温度迅速提高，达到着火温度并着火燃烧。

着火是良好燃烧的前提。在煤粉炉中，希望着火过程及时而又稳定。

着火及时对于不同煤种有着不同的要求，煤粉气流最好离燃烧器喷口不远处就能迅速稳定地着火。着火太迟，会使火焰中心上移，不仅会增大燃烧损失，而且还可能造成炉膛上部结渣和过热汽温偏高，严重时还会发生炉膛灭火；若着火太早，将会造成燃烧器周围结渣或烧坏燃烧器。对于无烟煤、贫煤和劣质烟煤等难以着火燃烧的煤，设计时常常要采取一些强化着火的措施，以保证着火过程迅速稳定地进行。而对于优质的烟煤、褐煤，则应避免其着火过早，设计时常常采取一些措施使着火有所推迟。

着火的稳定性是指煤粉气流能连续地被引燃，有稳定的着火面而不会发生熄火。着火的稳定性是涉及到锅炉运行安全可靠的重要问题。锅炉运行时应保证燃烧稳定性，炉膛不应发生熄火、爆燃等现象。煤粉炉可用不投油能保证着火稳定的低负荷极限作为判断燃烧稳定性的标准。目前燃用优质烟煤的新型大容量锅炉稳燃负荷可达额定负荷的 30%，一般固态排渣煤粉锅炉都在额定负荷的 30%~70%。

影响煤粉气流着火的主要因素概括起来主要有燃料因素、设备结构因素、运行因素。

1. 燃煤性质

燃煤中的挥发分、灰分、水分对煤粉着火均有一定影响。

挥发分是判别煤粉着火特性的主要指标。挥发分高的煤，着火温度低，所需着火热少，着火容易。而且挥发分高的煤，其火焰传播速度快，燃烧速度也较快。

原煤灰分在燃烧过程中不但不能放热，而且还要吸热。特别是当燃用高灰分的劣质煤时，由于燃料本身发热量低，燃料的消耗量增大，大量灰分在着火和燃烧过程中要吸收更多热量，因而使得炉内烟气温度降低，同样使煤粉气流的着火推迟，也影响了着火的稳定性，而且灰壳对焦炭核的燃烬起阻碍作用，所以煤粉不易烧透。

水分多的煤，着火需要的热量就多。同时由于一部分燃烧热消耗在加热水分并使其蒸发、气化和过热上，导致炉内烟温水平降低，从而使煤粉气流卷吸的烟气温度以及火焰对煤粉气流的辐射热都降低，这对着火显然是不利的。

2. 煤粉细度

煤粉越细，进行燃烧反应的表面积越大，加热升温快，单位时间内煤粉吸热量越多，着火越快。由此可见，对于难着火的低挥发分煤，将煤粉磨得更加细一些，无疑会加速它的着火过程。煤粉越细，燃烧越完全。

3. 一次风温

提高一次风温可以减少着火热，从而加快着火。为此，对难着火的无烟煤、劣质煤或某些贫煤，应适当提高空气预热器出口的热风温度，并采用热风送粉制粉系统。

4. 一次风量和风速

一次风量愈大，着火所需热量愈多，使着火推迟，并影响煤粉完全燃烧。但一次风量太小，煤粉着火燃烧初期得不到足够的氧气将限制燃烧的发展。一次风量以能满足挥发分的燃烧为原则。因此，挥发分高的煤，一次风量应大些；挥发分低的煤，一次风量应适当限制。通常一次风量大小是用一次风率 r_1 来表示的，它是指一次风量占总风量的百分比。一次风率 r_1 主要决定于燃煤种类和制粉系统型式，其推荐值见表 3-3。

表 3-3　　　　　　　　　　　　一次风率 r_1 的推荐范围（％）

制粉系统　＼　煤种	无烟煤	贫煤	烟　煤		褐煤
			$V_{daf} \leqslant 30\%$	$V_{daf} > 30\%$	
乏气送粉		20~25	25~30	25~35	20~45
热风送粉	20~25	20~25	25~40		

气粉混合物通过燃烧器一次风喷口截面的速度称为一次风速。一次风速过高，气粉混合物流经着火区的容积流量大，需要的着火热多，使着火推迟，着火也不稳定；但一次风速过低时，着火点离喷口太近，可能烧坏燃烧器或引起燃烧器附近结渣、煤粉管道堵塞等故障。挥发分高的煤易着火，一次风速应适当高一些，以免烧坏燃烧器；难着火的无烟煤、劣质煤等，一次风速应适当低一些，使煤粉气流在着火区得到充分加热。一次风速的推荐范围见表 3-4。

5. 着火区的炉温

煤粉气流在着火阶段温度较低，燃烧处于动力燃烧区，迅速提高着火区的炉温可加速着火。

影响着火区炉温的因素较多，如炉膛热负荷、炉内散热条件、锅炉运行负荷等。设计中炉膛断面热负荷和燃烧器区域壁面热负荷选得较大时，则燃烧器区域的炉温较高。运行时锅炉负荷降低，炉温降低，着火区温度也降低，低到一定程度时，就将危及着火稳定性，甚至造成灭火。对于固态排渣煤粉炉，在没有采取稳燃措施的条件下，其最低运行负荷一般高于70％额定负荷。在燃用低挥发分煤时，除采用热风送粉外，还常将燃烧器区域的水冷壁用铬矿砂等耐火材料覆盖，构成卫燃带，其目的是减少这部分水冷壁的吸热，提高着火区温度，改善煤粉气流的着火条件。

6. 高温烟气与煤粉的对流换热

前面分析过,煤粉气流着火热的主要来源是高温烟气与煤粉气流之间的对流换热。因此,应该通过燃烧器的结构设计以及燃烧器在炉膛中的合理布置,来组织好炉内高温烟气的合理流动,使更多的烟气回流到煤粉气流的着火区,增大煤粉气流与高温烟气的接触周界,以增强煤粉气流与高温烟气之间的对流换热,这是改善着火性能的重要措施。

总之,着火过程的快速稳定对整个燃烧过程是相当重要的。要使燃烧迅速完全,必须强化着火过程,使煤粉气流着火过程及时稳定地进行。由上述分析可知,组织强烈的煤粉与高温烟气的混合,以保证供给足够的着火热是稳定着火过程的首要条件;提高一次风温、采用合适的一次风量和风速是减少着火热的有效措施;采用较细较均匀的煤粉和敷设卫燃带是难燃煤稳定着火的常用方法。

(二) 煤粉气流的燃烧与强化

煤粉气流一旦着火就进入燃烧中心区。在这里,除少量粗煤粉接近扩散燃烧工况外,大部分煤粉处于过渡燃烧工况。因此,强化燃烧过程既要加强氧的扩散混合,又不得降低炉温,具体措施如下。

(1) 合理送入二次风。煤粉气流着火后放出大量的热,炉温迅速升高,火焰中心温度可达 1500~1600℃,燃烧速度很快。一次风中的氧很快耗尽,煤粒表面缺氧限制了燃烧过程的发展。因此,及时供应二次风并加强一、二次风的混合是强化燃烧的基本途径。若二次风混入过迟,氧量供应不足,燃烧速度减慢,可燃气体未完全燃烧热损失增加;二次风混入过早,相当于增加了一次风量,使着火热增加,着火推迟。二次风混入的时间与煤种和燃烧器型式有关。由于二次风温比炉温低得多,为了不降低燃烧中心区的温度,在燃用低挥发分煤时,二次风应该在煤粉气流着火后,随燃烧过程的发展分期分批送入。

(2) 较高的二次风温和风速。二次风除了适量供应之外,二次风还应具有较高的温度,以免炉温降低影响燃烧,同时还应具有较高的风速,以加强氧的扩散和一、二次风的混合和扰动。因此,二次风速一般均高于一次风速。较高的二次风速,可提高煤粉与空气的相对速度,增强混合,强化燃烧。但是二次风速不能比一次风速大得过多,否则会迅速吸引一次风,使二次风与煤粉混合提前,影响煤粉气流的着火。二次风速应与一次风速保持一定的速度比,其最佳值取决于煤种和燃烧器型式,其推荐值列于表 3-4 中。

表 3-4　　　　　　　　　　　一、二、三次风速的推荐值范围　　　　　　　　　　　m/s

燃烧器型式 \ 煤种		无烟煤	贫煤	烟煤	褐煤
旋流燃烧器	一次风	12~16	16~20	20~25	20~26
	二次风	15~22	20~25	30~40	25~35
直流燃烧器	一次风	20~25	20~25	25~35	18~30
	二次风	45~55	45~55	40~55	40~60
三 次 风		50~60	50~60		

（3）合理组织炉内空气动力工况。炉膛中煤粉是在悬浮状态下燃烧的，空气与煤粉的相对速度很小，混合条件不理想，为了能使煤粉与补充的二次风良好混合，除了二次风应具有较高的速度外，还应合理组织炉内空气动力工况，促进煤粉和空气混合，才能有效提高燃烧速度。炉内空气动力工况与炉膛、燃烧器的结构型式以及燃烧器在炉膛中的布置等问题有关。

（4）保持较高的炉温。保持较高的炉温不仅是强化着火的措施，而且是强化煤粉燃烧和燃烬的有效措施。炉膛温度高，有利于对煤粉的加热，着火时间可提前，炉膛温度高，燃烧迅速，也容易达到燃烧完全。当然，炉膛温度也不能太高，要注意防止炉膛结渣和过多的 NO_x 形成等问题。

大部分煤粉都在燃烧区燃烬，只剩少量粗炭粒在燃烬区继续燃烧。从图 3-2 煤粉火炬的工况曲线可知，燃烬区的燃烧条件，不论是可燃质浓度、氧浓度、温度水平，还是气流扰动都处于最不利情况。因此，燃烧速度相当缓慢，燃烬过程延续很长，占据了炉膛空间很大部分。为了提高燃烧过程的完全程度，减少 q_4，强化燃烬过程是非常重要的。燃烬区的强化主要靠延长煤粉气流在炉内的停留时间来保证。具体措施如下：

（1）选择适当的炉膛容积和高度，保证煤粉在炉内停留时间。

（2）强化着火与燃烧区的燃烧，使着火与燃烧区火炬行程缩短，在一定炉膛容积内等于增加了燃烬区的行程，延长了煤粉在炉内的燃烧时间。

（3）改善火焰在炉内的充满程度。火焰所占容积与炉膛的几何容积之比称为火焰充满程度。充满程度愈高，炉膛有效容积愈大，可燃物在炉内的实际停留时间愈长。

（4）保证煤粉细度，提高煤粉均匀度。煤粉越细，燃烧速度越快，煤粉完全燃烧所需的时间就越短。因此，对于细而均匀的煤粉，q_4 较小。在燃用低挥发分煤时，应将煤磨得细些。

（5）选择合适的炉膛出口过量空气系数 α_1''。α_1'' 过小会造成燃烬困难，应根据不同的燃料和燃烧设备型式选择最佳的 α_1''。

在煤粉气流燃烧过程中，着火是良好燃烧的前提，燃烧是整个燃烧过程的主体，燃烬是完全燃烧的关键。燃烧过程的强化，很大程度上依靠燃烧设备的合理结构和布置来实现。

课题二　燃　烧　设　备

教学目的

掌握燃烧器结构、射流特性、配风方式、布置及炉内空气动力工况，燃烧器和燃烧方式的新技术，点火装置，固态排渣煤粉炉的炉膛结构和结渣问题。

教学内容

煤粉炉的燃烧设备包括燃烧器、点火装置和炉膛。

一、煤粉燃烧器

燃烧器是火电厂锅炉的主要组成部分，是使燃料正常着火和燃烧，并按规定比例、速度和混合方式将燃料和燃烧所需空气量送入炉膛的装置。其作用有：将燃料和燃烧所需空气送入炉膛并组织一定的气流结构，使燃料能迅速稳定地着火；及时供应空气，使燃料与空气充分混合在炉内达到完全燃烧。此外，要求燃烧器具有良好的调节性能，以适应煤种和锅炉负荷变化，并且流动阻力较小，运行可靠。

燃烧器按其出口气流特征可分为直流燃烧器和旋流燃烧器两大类。出口气流为直流射流或直流射流组的燃烧器，称为直流燃烧器；出口气流包含有旋转射流的燃烧器，称为旋流燃烧器。

（一）直流燃烧器

直流燃烧器的出口是由一组圆形、矩形或多边形喷口组成。一次风煤粉气流、燃烧所需的二次风，以及中间储仓式热风送粉制粉系统的乏气三次风分别由不同喷口以直流射流形式喷进炉膛。

1. 直流射流的特性

煤粉气流以一定速度从直流燃烧器喷口射入充满炽热烟气的炉膛，由于炉膛空间较大，所射出的气流属自由直流射流。当喷射速度很大，达到紊流状态时，则为直流紊流射流。如图 3-3 所示。

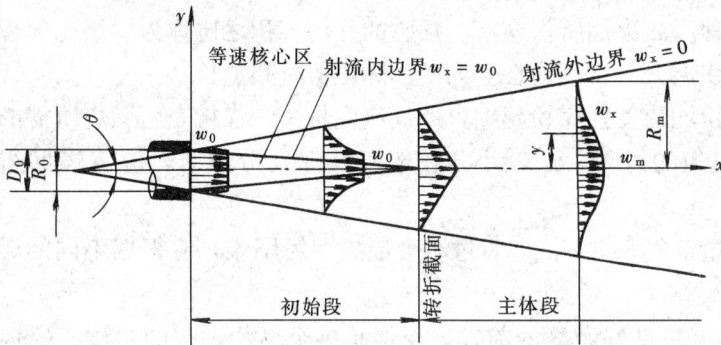

图 3-3 直流紊流自由射流示意图

射流喷入炉膛后，由于分子微团紊流脉动与周围烟气不断碰撞，进行物质交换、动量交换、热量交换，射流带动周围烟气随射流一起流动，从而射流质量逐渐增加，这个过程叫卷吸。卷吸的结果是高温烟气被卷入射流，射流横截面逐渐增加，速度降低。混合物中煤粉浓度逐渐减少，而温度逐渐升高。

在喷口出口截面上，射流各点流速基本相同为 w_0，但离开喷口后，烟气被卷入气流中，射流流量增加，轴向速度降低，射流速度的降低称为衰减。射流轴向速度衰减至某一很小数值时所在截面与喷口间的距离称为射程。喷口截面越大，初速 w_0 越高，射程越长。射程长表示射流衰减慢，在烟气中贯穿能力强，对后期混合有利。显然，集中大喷口比多个分散小喷口射流的射程长。

炉膛并非无限大的空间，在炉内微小的扰动，会导致射流偏离原有轴线方向。射流抗偏斜的能力称为射流刚性。射流初速越大，刚性越强，越不易偏斜。对矩形截面喷口，喷口高宽比越小，刚性越好。在炉内几股射流平行或交叉时，一般是刚性大的射流吸引刚性小的射流，并使其偏斜。

2. 直流燃烧器布置及炉内燃烧工况

直流燃烧器一般四角布置，四个角上的燃烧器的几何轴线与炉膛中央的一个假想圆相切，形成切圆燃烧方式。切圆燃烧是指燃烧器中燃料和空气按假想切圆的切线方向喷入炉膛后产生旋转上升气流进行燃烧的方式。直流燃烧器切圆燃烧方式有多种布置形式，如图 3-4 所示。每一种布置方式的出发点都是为了获得良好的炉内空气动力特性，都是从改善煤粉气流的着火燃烧和防止火焰偏斜的角度考虑的。

四角布置的直流燃烧器射出的四股气流在炉膛中心形成一个稳定的强烈旋转火炬，在离心力的作用下，气流向四周扩散，炉膛中心形成真空，即无风区。无风区的外面是气流强烈旋转的强风区，最外围是弱风区。另一方面由于引风机的抽力，迫使气流上升，结果在炉膛中形成一个螺旋上升气流，如图 3-5 所示。

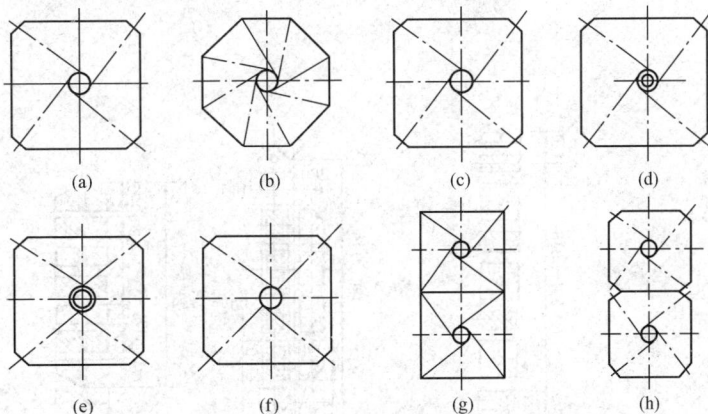

图 3-4　直流煤粉燃烧器布置方式

(a) 正四角布置；(b) 正八角布置；(c) 大切角正四角切圆；(d) 同向大小双切圆方式；(e) 正反双切圆方式；(f) 两角对冲，两角相切方式；(g) 双室炉膛切圆方式；(h) 大切角双室炉膛方式

切圆燃烧的炉内空气动力工况对煤粉的燃烧有很大影响。从着火角度来看，喷进炉内的每股气流都受到上游邻角正在剧烈燃烧的高温火焰的冲击和加热，使之很快着火燃烧，并以此再去点燃下游邻角的新鲜煤粉气流，形成相邻煤粉气流互相引燃。旋转气流使炉膛中心的无风区形成负压，这样部分高温烟气回流到火焰根部。再加之每股气流卷吸部分高温烟气和接受炉膛辐射热，因此直流燃烧器四角布置切圆燃烧的着火条件是十分理想的。从燃烧角度来看，直流燃烧器射出的四股气流绕着假想切圆旋转，形成一个高温旋转火球，炉膛中心温度很高，强烈的旋转使炉内温度、氧浓度、可燃物浓度更趋均匀，另外，直流射流射程长，在炉膛烟气中贯穿能力强，从而加强了煤粉气流、空气、高温烟气三者混合，加速了煤粉气流的燃烧。从燃烬角度来看，由于气流旋转扩散螺旋形上升，改善了火焰在炉内的充满程度，延长了可燃物在炉内停留时间，这对煤粉的燃烬也是有利的。由于切圆燃烧创造了良好的着火、燃烧、燃烬条件，因而对煤种有广泛的适应性，尤其能适应低挥发分煤种的燃烧。

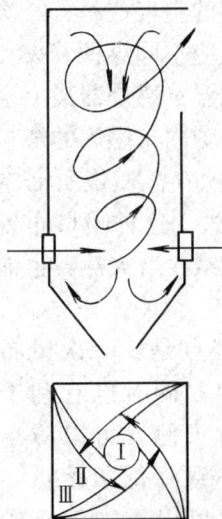

图 3-5　切圆燃烧的直流燃烧器空气动力特性

Ⅰ—无风区；Ⅱ—强风区；Ⅲ—弱风区

3. 直流燃烧器的配风方式

根据煤种不同，直流燃烧器的一、二次风口有不同的排列方式，大致可分为两种，即均等配风直流燃烧器和分级配风直流燃烧器。

(1) 均等配风的直流燃烧器。均等配风方式是指一、二次风喷口上下相间布置或左右布置,一、二次风喷口间距较近,沿高度或左右间隔排列,各二次风喷口的风量分配接近均匀。一般适用于烟煤和褐煤。典型的均等配风的直流燃烧器喷口布置方式如图3-6所示。

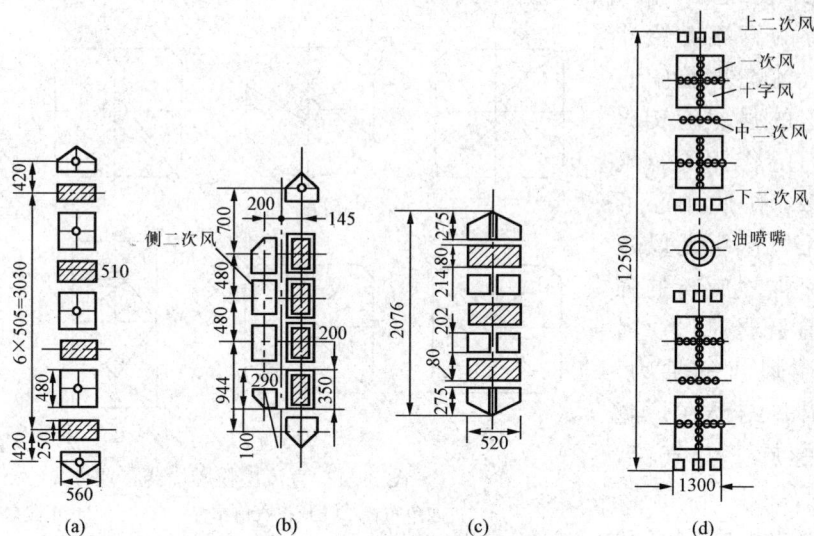

图3-6 均等配风的直流燃烧器喷口布置
(a) 适用烟煤;(b) 适用贫煤和烟煤;(c) 适用褐煤;(d) 适用褐煤

图3-6 (a)、(c) 所示为均等配风直流燃烧器,其一、二次风喷口相间排列,间距较小。特点是:一、二次风混合较早,使煤粉气流在着火时就能获得足够的空气;一、二次风喷口一般可上下摆动,改变倾角可改变的一、二次风的混合时机,以适应不同煤种着火和燃烧的需要,还可用来调整炉膛火焰中心位置,以调节和控制炉膛出口烟温;燃烧器最上层是二次风喷口,其作用是除供应上排煤粉气流燃烧所需空气外,还可提供炉内未燃烬的煤粉继续燃烧所需空气。燃烧器最下层二次风喷口,其作用是除供应下排煤粉气流燃烧所需空气外,还能把煤粉气流中离析的粗粉托住,以减少固体未完全燃烧热损失。这种喷口布置方式,适用于挥发分高易着火的烟煤和褐煤。若采用热风送粉时,能大大减少着火热,也能适用于贫煤。

图3-6 (b) 所示为侧二次风均等配风直流燃烧器。该燃烧器特点是:一次风布置在向火侧,有利于煤粉气流卷吸高温烟气和接受炉膛空间的辐射热,同时也有利于接受邻角燃烧器火炬的加热,从而改善了煤粉着火;二次风布置在背火侧,可以防止煤粉火炬贴墙和粗粉离析,并可在水冷壁附近区域保持氧化气氛,不致降低灰熔点,避免水冷壁结渣;此外,这种并排布置减小了整组燃烧器的高宽比,可以增加气流的穿透能力,有利于燃烧的稳定和完全。这种燃烧器适用于既难着火又易结渣的贫煤和劣质烟煤。

图3-6 (d) 所示为燃烧褐煤的直流燃烧器。为了使煤粉着火后能与二次风迅速混合,常在一次风喷口内安装十字形风管,称十字风。其作用是:冷却一次风喷口,以免受热变形或烧损;将一个喷口分割成四个小喷口,可减小风粉速度和浓度的不均。

(2) 分级配风的直流燃烧器。分级配风方式是指把燃烧所需的二次风分级分阶段地送入燃烧的煤粉气流中，即将一次风口较集中地布置在一起，二次风口分层布置，且一、二次风口保持较大距离，以便控制一、二次风混合时间，故此种燃烧器适用于无烟煤、贫煤和劣质烟煤。典型的分级配风的直流燃烧器喷口布置方式如图 3-7 所示。

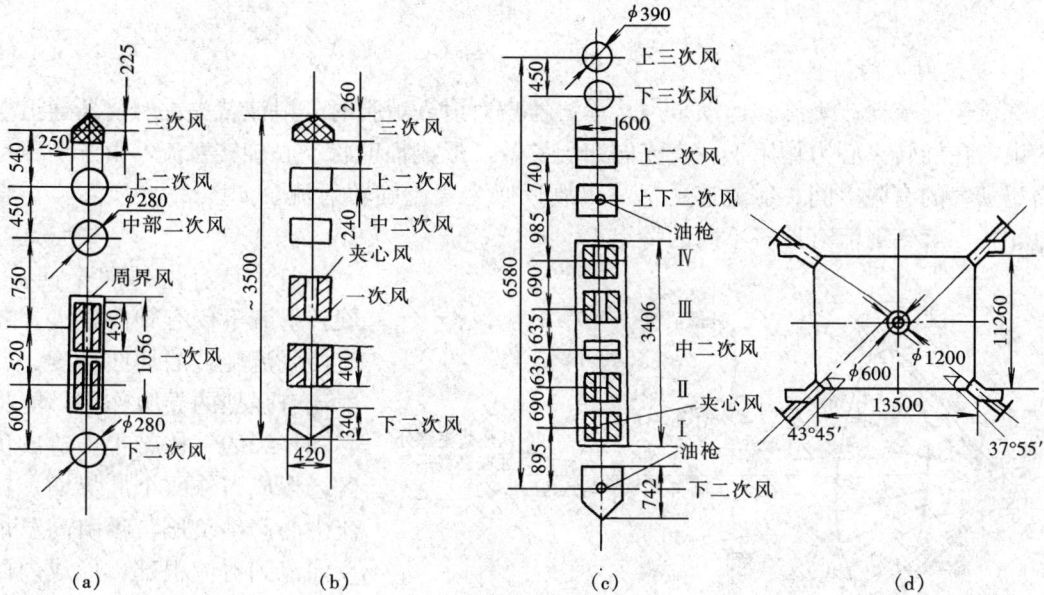

图 3-7　分级配风的直流燃烧器喷口布置

(a) 适用无烟煤（采用周界风）；(b)、(c) 适用无烟煤（采用夹心风）；(d) 燃烧器四角布置

为了解决低挥发分煤种着火难的问题，在直流燃烧器的设计和布置上具有如下特点：①一次风口呈狭长形，风口高宽比较大，可以增大煤粉气流的着火周界，从而增强对高温烟气的卷吸能力，有利于煤粉气流的着火。②一次风口集中布置，提高着火区的煤粉浓度，同时煤粉燃烧放热较集中，火焰中心温度提高，有利于煤粉迅速稳定的着火。一次风口集中布置，可增强气流的刚性和贯穿能力，减轻火焰偏斜，并加强煤粉气流的后期扰动。③一、二次风口间距较大，这样一、二次风混合较迟，对无烟煤和劣质烟煤的着火有利。④二次风分层布置，即按着火和燃烧需要，分级分阶段地将二次风送入燃烧的煤粉气流中，这既有利于煤粉气流的前期着火，又有利于煤粉气流的后期燃烧。⑤一次风口的周围或中间还布置有一股二次风，分别称为周界风和夹心风，如图 3-7 所示。周界风和夹心风的风速高，可以增强气流刚性防止气流偏斜，也能防止燃烧器烧坏。但周界风和夹心风量过大，会影响着火稳定。⑥该型燃烧器燃用无烟煤、贫煤、劣质烟煤时，为了稳定着火都采用热风送粉，而含有少量细粉的制粉乏气作为三次风送入炉膛，以提高经济性和避免环境污染。由于乏气温度低、水分高、煤粉浓度小，若三次风口布置不当，将会影响主煤粉气流的着火燃烧。因此，一般将三次风口布置在燃烧器上方。三次风口应有一定下倾角（7°~15°），以增加三次风在炉内停留时间，有利于其中少量的煤粉燃烬。此外，三次风宜采用较高的风速（表 3-4），使其能穿透高温烟气进入炉膛中心，加强炉内气流的扰动和混合，加速煤粉的燃烬。

直流燃烧器切圆燃烧方式，由于着火条件较好，后期混合强烈，还能根据不同煤种的燃烧要求，控制一、二次风混合时间，改善混合与燃烬程度，对煤种适应性较广。因此，在我国大型煤粉锅炉中，得到普遍应用。

（二）旋流燃烧器

旋流燃烧器是利用旋流器使气流产生旋转运动的，其喷口截面均为圆形，故又称圆形燃烧器。

1. 旋流射流的特性

气流经旋流器产生旋转运动，当从燃烧器喷口射入炉膛时，射流就失去燃烧器通道壁面的约束，在旋转离心力作用下，气流向四周扩散，形成辐射状空心旋转射流，由于炉膛是充满高温烟气的有限空间，射流速度又高，故近似为紊流旋转射流。如图 3-8 所示。与直流射流相比，旋转射流有许多不同的特点。

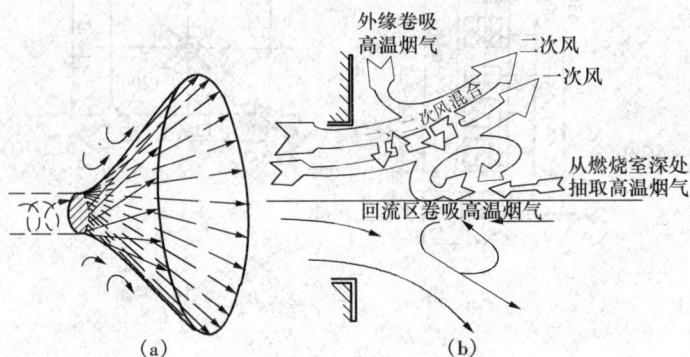

图 3-8 旋流射流

(a) 旋流射流示意图；(b) 射流卷吸和混合示意图

（1）具有内外两个回流区。旋转射流不仅有轴向速度，还具有使气流旋转的切向速度。旋转射流有强烈的卷吸作用，能将中心和外缘的气体带走，造成负压区，形成内外两个周界面，在射流中心产生负压，吸引高温烟气反向流到射流根部，形成内回流区；射流外边界靠紊流扩散卷吸烟气，形成外回流区。旋转射流从内外两个回流区卷吸高温烟气，这对煤粉的着火十分有利，

特别是内回流区是煤粉气流着火的主要热源。

（2）射流衰减快。旋转射流从内外两侧卷吸烟气，使射流的流量很快增加，扩展角也比直流射流大，故射流轴向速度衰减比直流射流快，特别是切向速度的衰减比轴向速度更快。这样，在相同的初始动量下，旋转射流的射程远比直流射程短。

（3）旋转强度。射流的流动工况与其旋转强度有关，随着旋转强度的变化，射流的回流区、扩散角和射程也相应变化。随着旋转强度的增加，扩展角增大，回流区和回流量也随之增大，而射流衰减却越快，射程也越短。初期混合强烈，后期混合弱。

旋转强度的选择主要依据燃煤特性，同时考虑炉膛形状、尺寸和燃烧器布置方式等。对容易着火的煤，不需要过多的烟气来加热煤粉气流，故旋转强度可选得小些。对难着火的煤则旋转强度应选得大些。当然，旋转强度也不宜过大。当旋转强度增加到一定程度时，射流会突然贴墙，即扩展角 $\theta=180°$，这种现象称为气流飞边。飞边会造成喷口和水冷壁结渣，甚至烧坏燃烧器。

2. 旋流燃烧器布置及炉内工况

旋流燃烧器常采用前墙和两面墙的布置方式。前墙布置时，燃烧器沿炉膛高度方向布置成一排或几排，火焰呈 L 形，如图 3-9 (a) 和图 3-10 (a)、(b)、(d) 所示。

前墙布置的燃烧器可以得到较长的火炬，煤粉管道较短且长度大体一致，各燃烧器煤粉均匀。但炉内气流扰动不强烈，燃烧后期混合较差，炉内火焰充满程度不佳，若调节不当，

火焰喷射到后墙易结渣。

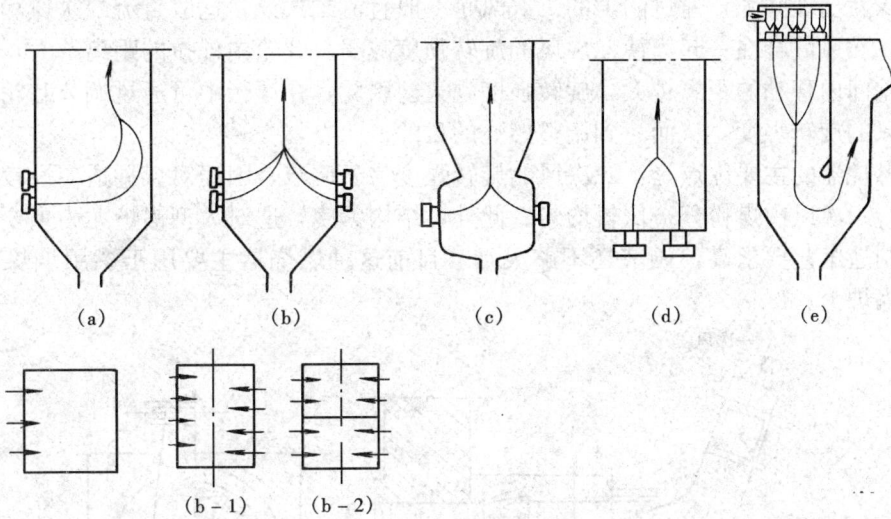

图 3-9 旋流燃烧器布置

(a) 前墙布置；(b) 两面墙交错或对冲布置；(b-1) 两面墙交错布置；
(b-2) 两面墙对冲布置；(c) 半开式炉膛对冲布置；(d) 炉底布置；(e) 炉顶布置

两面墙布置时，燃烧器可采用前后墙和两侧墙对冲或交叉布置，火焰呈双 L 形，如图 3-9 (b-1)，(b-2) 及图 3-10 (c) 所示。

两面墙对冲布置时，两方火炬在炉室中央对撞，可加强煤粉和高温烟气的混合；两面墙交叉布置时，两方炽热火炬互相穿插，改善了炉内火焰充

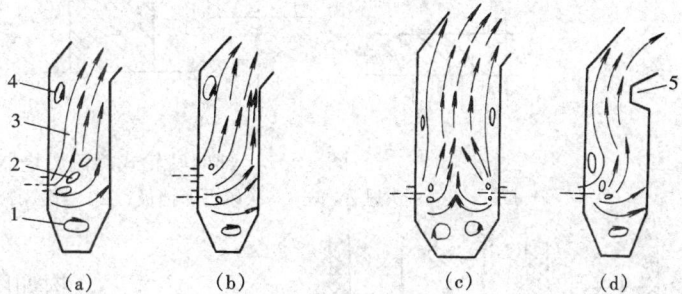

图 3-10 旋流燃烧器炉内空气动力工况

(a) 单排前墙布置；(b) 双排前墙布置；(c) 单排前后墙布置；(d) 有折焰角
1、4—停滞涡流区；2—回流区；3—火炬；5—折焰角

满程度。这种布置的缺点是：锅炉低负荷运行、燃烧器切换时，炉宽和炉深方向的烟温偏差会增大，影响炉膛出口受热面的工作状况。

3. 旋流燃烧器型式

旋流燃烧器是利用旋流器使气流产生旋转运动的，常用的旋流器有蜗壳、切向叶片及轴向叶片三种型式，如图 3-11 所示。

(1) 轴向叶轮式旋流燃烧器。其结构如图 3-12 所示。该燃烧器一次风气流为直流或靠舌形挡板产生弱旋射流。二次风气流则通过叶片旋流器产生旋转。叶轮可在轴向移动，二次风通道是一环锥形套筒，内装一环形可动叶轮。叶轮上

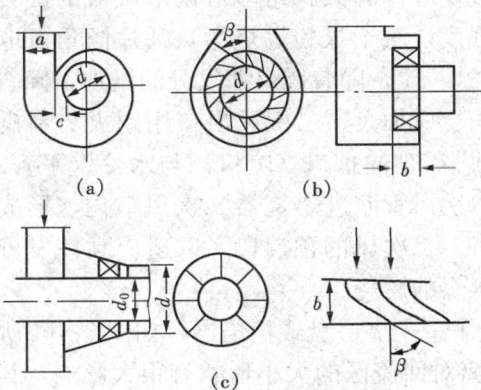

图 3-11 旋流器

(a) 蜗壳旋流器；(b) 切向叶片旋流器；
(c) 轴向叶轮旋流器

装有拉杆，移动拉杆可调节叶轮在二次风道的位置。当拉杆向外拉时，叶轮向外移动，这时叶轮的外缘就出现间隙，通过间隙的二次风是一股直流二次风，这股直流二次风和从叶轮流出的旋转二次风混合在一起，使二次风的旋转强度减弱。叶轮向外拉的距离越大，旋转强度越小；叶轮向内移动的距离越大，旋转强度越大。因此，在运行中可通过调节叶轮的位置来改变二次风的旋转强度，从而达到调整燃烧的目的。

这种燃烧器的主要优点是：二次风的旋转强度易于调节，因而对煤种适应性较好；一次风阻力小；一次风中煤粉分布比较均匀。此外，结构紧凑，这对大型锅炉尤为重要。其主要缺点是：制造工艺要求高，调节还不够灵活。目前这种燃烧器主要用于燃用烟煤和褐煤的大、中型锅炉上。

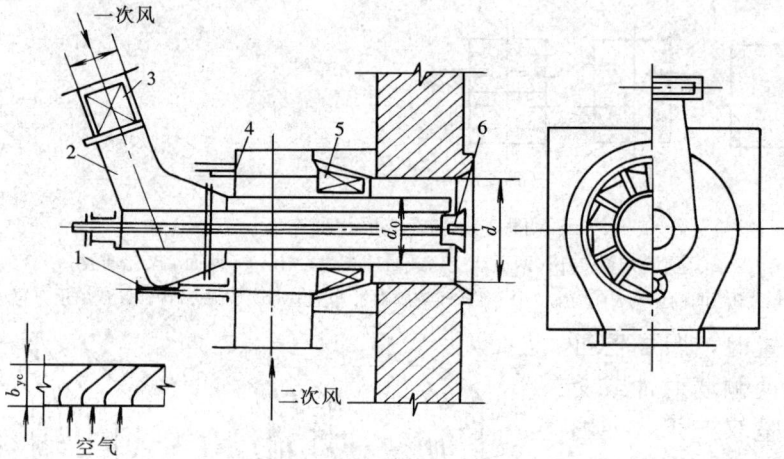

图 3-12　轴向叶轮式旋流燃烧器的结构
1—拉杆；2—一次风管；3——次风舌形挡板；4—二次风管；5——二次风叶轮；6—油喷嘴

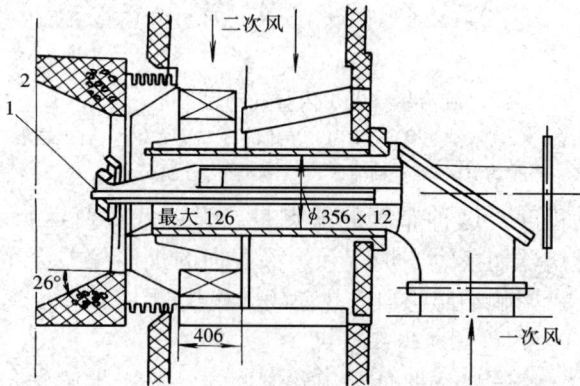

图 3-13　切向叶片型旋流燃烧器结构
1—点火器；2—喧口

（2）切向叶片型旋流燃烧器。其结构如图 3-13 所示。一次风气流为直流或弱旋射流，二次风通过切向叶片旋流器产生旋转。一般切向叶片做成可调式，改变叶片的倾斜角即可调节气流的旋转强度。对于煤粉燃烧器，叶片倾角可取 30°～45°，随着燃煤挥发分的增加，倾斜角也应加大。二次风出口用耐火材料砌成带 52°的扩口（喧口）与水冷壁平齐。一次风管缩进燃烧器二次风口内，形成一、二次风的预混段，以适应高挥发分烟煤的燃烧。

为使一次风形成回流区，在一次风出口中心装设了一个多层盘式稳焰器，如图 3-14 所示。稳焰器的锥角为 75°。稳焰器与一次风出口的距离对回流区的大小形状有很大影响，其距离的调整范围为 50～125 mm。

旋流煤粉燃烧器一般适用于燃烧挥发分 $V_{daf} \geqslant 25\%$、发热量 $Q_{ar,net,p} \geqslant 17000\text{kJ/kg}$ 的高挥发分煤种。

（三）煤粉燃烧器及燃烧方式的新发展

为了改善燃烧器的着火稳燃性能和扩大锅炉的负荷调节范围，降低煤粉燃烧时 NO_x 生成量，满足日益严格的环保要求，近年来国内外又研制开发了一些新型的煤粉燃烧器及燃烧新技术。现简要介绍如下。

1. 浓淡型煤粉燃烧器

一次风气流中的煤粉浓度是影响

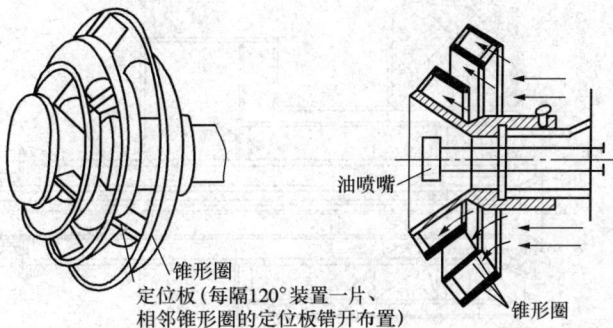

图 3-14 多层盘式稳焰器

煤粉着火和低负荷燃烧稳定性的一个重要因素。提高煤粉浓度，相当于减少了这部分浓煤粉的一次风量，可降低煤粉气流的着火热。煤粉浓度提高后，析出的挥发分的浓度也较高。同时，煤粉浓度提高可降低着火温度。因此浓煤粉比淡煤粉容易着火。

浓淡型煤粉燃烧器就是在一次风煤粉通道中设置了煤粉浓缩器，以实现煤粉的浓淡分离。浓缩煤粉气流的方法有：①采用弯头浓缩；②采用百叶窗式浓缩器；③采用旋风分离器对煤粉进行浓缩。

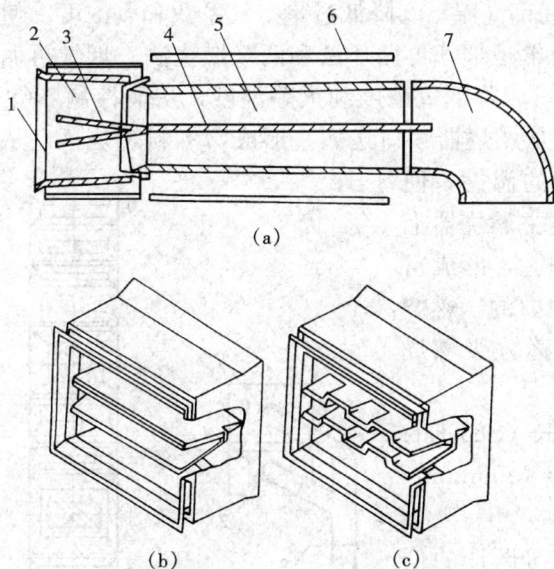

图 3-15 WR 型直流煤粉燃烧器结构
(a) 一次风喷口总体；(b) V 形扩流锥；(c) 波形扩流锥
1—阻挡板；2—喷嘴头部；3—扩流锥；4—水平肋片；5——次风管；6—燃烧器外壳；7—入口弯头

图 3-15 是美国燃烧工程公司设计 WR (Wide Range Burner) 型直流煤粉燃烧器的结构示意图。该燃烧器是利用一次风入口弯头进行煤粉的浓淡分离，而且在一次风口内装有一个 V 形扩流锥［图 3-15 (a)］或波形扩流锥［图 3-15 (b)］。扩流锥的作用是使喷口外的一次风气流形成一个回流区。这些都有利于煤粉气流的着火及在低负荷下保持燃烧稳定。此外，该燃烧器一次风口上下布置有边风，其风量在运行中可以调节。由于该燃烧器能在较大范围内适应煤种及负荷变化，所以称 WR (Wide Range Burner) 型燃烧器。

图 3-16 是哈尔滨工业大学等研制的径向浓淡旋流煤粉燃烧器的结构示意图。这种燃烧器在一次风道内设置百叶窗式煤粉浓缩器，将煤粉气流分成两股，靠近中心的一股为含粉较多的浓煤粉气流，其外侧为含粉较少的淡煤粉气流。同时，二次风道分为内外两个通道，一部分二次风经内通道的旋流器以旋转射流形式进入炉内，另一部分二次风在外通道以直流射流的形式进入炉内。通过内外通道的调节挡板可调节旋流强度和回流区的大小。这种燃烧器不仅着火稳定性好，低负荷稳燃能力强和煤种适应范围广，而且可降低 NO_x 的排放量（见低 NO_x 煤粉燃烧器）。

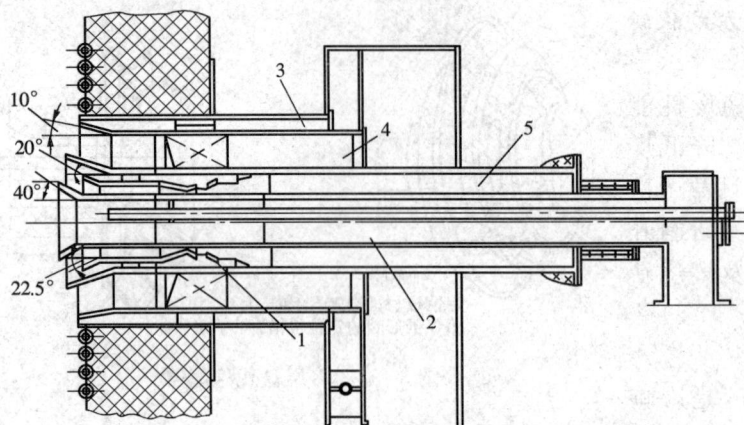

图 3-16　径向浓淡旋流煤粉燃烧器结构
1—浓淡分离器；2—中心风管；3—直流二次风；4—旋流二次风；5—一次风管

2. 低 NO_x 煤粉燃烧器

在煤粉燃烧过程中，燃烧生成的氮氧化物主要是 NO（占 95％）和 NO_2，统称 NO_x。NO_x 随烟气排入大气会造成对环境的严重污染。降低 NO_x 排放量的方法可分为两方面：一方面是控制燃烧过程 NO_x 的生成量，采用低 NO_x 燃烧技术；另一方面是降低烟气中已生成的 NO_x，采用烟气处理法。由于后者价格昂贵，因此重点在发展低 NO_x 燃烧技术。

根据 NO_x 的生成机理可知，影响 NO_x 生成量的因素有火焰温度、燃烧区段氧浓度、燃烧产物在高温区停留时间和煤的特性（固定碳和挥发分的比值）。降低燃烧过程中 NO_x 生成量的途径主要有两个：①降低火焰温度，防止局部高温；②降低过量空气系数和氧浓度，使煤粉在缺氧条件下燃烧。典型的低 NO_x 燃烧技术是烟气再循环法和两级燃烧法。烟气再循环是从空气预热器前抽取部分烟气送入燃烧器，以降低氧浓度和火焰温度，从而控制 NO_x 的生成。两级燃烧是用 80％左右的理论空气量从燃烧器喷口送入，形成富燃料燃烧区，从而降低了燃烧区的氧浓度，也降低了燃烧区的温度，使 NO_x 生成量减少。燃烧所需的其他空气量通过主燃烧器上面的专用喷口（Over Fire Air, OFA）送入炉腔，形成富氧燃烧。由于燃烧所需空气量是分两级送入炉内的，燃烧过程也分两级进行，故称为两级燃烧法（或称分级燃烧法）。

低 NO_x 煤粉燃烧器的型式很多，有 SGR（Separate Gas Recirculation）型燃烧器、PM（Pollution Minimum）型燃烧器和双调风燃烧器等。

SGR 型和 PM 型燃烧器都是日本三凌公司设计的低 NO_x 燃烧器。PM 型直流煤粉燃烧器是在 SGR 型基础上发展起来的，其喷口布置及燃烧器一次风入口管道上的弯头分离器如图 3-17 所示。一次风煤粉气流沿输送管 7 经燃烧器入口的弯头 8 进行惯性分离，分成贫、富两股煤粉气流分别送入贫燃料喷口 2 和富燃料喷口 4 进入炉腔，在燃料喷口 2 和 4 的上面各有一个烟气再循环 SGR 喷口 3，在燃烧器的最上面有两级燃烧的火上风（Over Fire Air, OFA）喷口 6。所以，PM 型燃烧器实际是集烟气再循环、两级燃烧和贫富燃料于一体的低 NO_x 煤粉燃烧器。

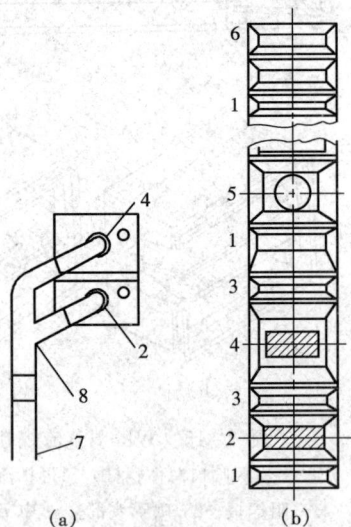

图 3-17　PM 型直流煤粉燃烧器
(a) 一次风入口管道上的弯头分离器；
(b) 燃烧器喷口布置
1—二次风喷口；2—贫燃料喷口；3—再循环烟气喷口；4—富燃料喷口；5—油枪；6—火上风（OFA）喷口；7—一次风煤粉管道；8—弯头分离器

如图 3-18 是美国拔柏葛（B&W）公司设计的低 NO_x 燃烧器的示意图。其主要特点是将二次风分成两级以旋转方式进入炉内，内外两级二次风采用两个调风器，故又称双调风低 NO_x 燃烧器。该燃烧器一次风占 15%～20%，内二次风占 35%～40%。一次风和内二次风形成富燃料燃烧，最外围的外二次风供给燃料完全燃烧所需的其余空气量。由于一次风不旋转，外二次风的旋转强度较低，能延迟燃烧过程，

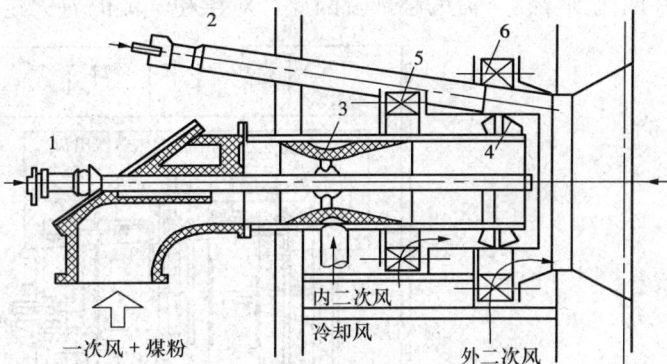

图 3-18 双调节风低 NO_x 燃烧器

1—油嘴；2—点火油枪；3—文丘里管；4—二次风叶片；
5—内二次风调风器；6—外二次风调风器

降低燃烧强度，以控制 NO_x 的生成。在单独使用这种燃烧器时可使 NO_x 排放浓度降低 39%，如果与炉内两级燃烧同时采用，NO_x 可降低 63%。该燃烧器外二次风量所占比例较大，因此，可以把燃烧中心的还原性气氛和水冷壁隔开，减少煤粉冲刷水冷壁，防止水冷壁结渣或腐蚀。

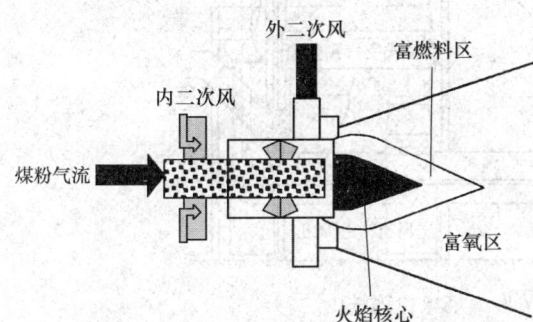

图 3-19 双调风燃烧器燃烧过程

双调风燃烧器形成的燃烧过程是一种低氧燃烧过程，如图 3-19 所示。低氧燃烧就是在燃料的开始着火阶段过量空气系数小于 1。这样在燃烧器出口附近首先形成煤粉浓度密集的火焰核心区。向火焰核心区送入少量空气，这部分空气就是内二次风，内二次风用来补充着火初期所需的氧量，以维持着火的连续性和稳定性，但此时过量空气系数仍小于 1，煤粉浓度仍比较高，因此形成富燃料区。火焰继续向前发展，外二次风送入，将火焰围住，此时过量空气系数大于 1，形成富氧区，并通过混合使燃料持续燃烧。

实践证明，采用双调风燃烧器既能有效地控制温度型 NO_x，又能限制燃料型 NO_x。此外燃烧调节灵活，有利于稳定燃烧，对煤质有较宽的适应范围。

3．W 形火焰燃烧方式

针对 V_{daf}<12%～14%的劣质煤和无烟煤难于着火的特点，美国福斯特·惠勒（FW）公司开发了 W 形火焰燃烧技术。图 3-20 是该公司设计制造的 350MW 机组 W 形火焰煤粉锅炉。

W 形火焰锅炉炉膛由下部和上部两部分组成，下部炉膛的深度比上部大 80%～120%。一次风煤粉气流从炉膛腰部前后拱上的燃烧器向下喷出，到达炉膛下部后向上转弯，形成 W 形火焰。燃烧过程基本在下部炉膛内完成，上部炉膛除了使燃烧趋于完全外，还对受热面进行辐射换热，使高温烟气逐渐冷却下来。由于一次风煤粉气流先下行后 180°转弯向上，这就增大了煤粉气流与高温烟气的接触；同时，拱下炉膛中形成的 W 形火焰的高温烟气正

好回流到煤粉气流的根部。因此,对煤粉气流的着火过程十分有利。

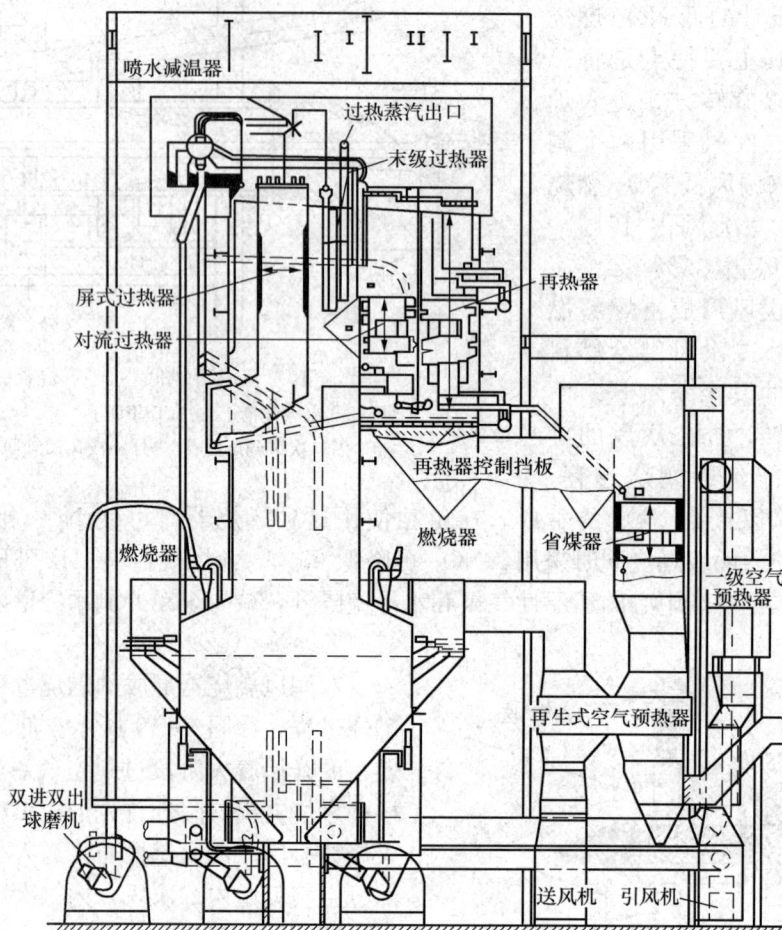

图 3-20　350MW 机组 W 形火焰煤粉锅炉

　　W 形火焰锅炉的燃烧器型式可以是直流燃烧器,也可以是轴向叶片型旋流燃烧器。目前使用较多的是带旋风分离器对煤粉进行浓缩的燃烧器,如图 3-21 所示。

　　由图 3-21 可知,W 形火焰锅炉采用双进双出筒式钢球磨煤机直吹式制粉系统,由制粉系统来的煤粉空气混合物经过分离器时被分成两股:煤粉浓度较高的一股由分离器下部经一次风管喷口进入炉膛;另一股煤粉浓度较低的气流经分离器上部乏气管送入炉膛,这样有利于提高煤粉气流着火的稳定性。在一次风周围平行送入少量的二次风(由一次风箱供给),以利着火后氧的补充。

　　W 形火焰锅炉根据煤种燃烧和结渣特性不同,在拱下方的炉膛水冷壁上敷设一定面积的卫燃带,使下部炉膛成为高温区。在负荷变化时,拱下方的炉膛中火焰温度变化不大。因此,在锅炉低负荷运行时,即使燃烧挥发分很低的无烟煤也不用或只需投入少量的燃料油即可保证稳定燃烧。

　　在 W 形火焰锅炉中,二次风是分几层布置在拱下方前后墙上的,二次风沿火焰行程以相交于火焰的方向逐渐送入,形成分级配风方式,以控制 NO_x 的生成量;加之旋风分离器煤粉浓度的可调性,因此,对煤种的适应性较好,并降低了 NO_x 排放。

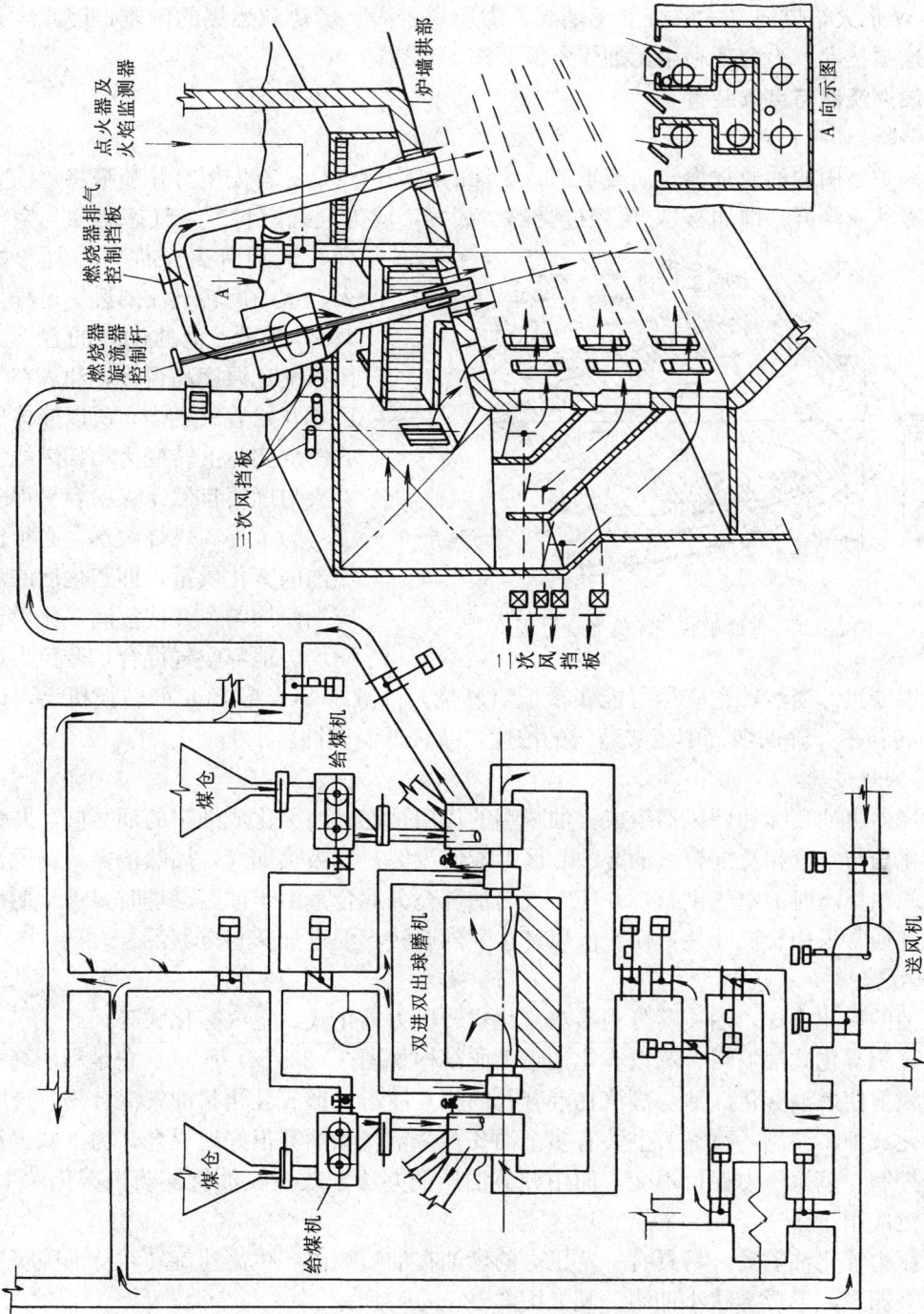

图 3-21　带旋风分离器的煤粉燃烧器及其制粉系统

　　W 形火焰燃烧方式增加了火炬行程，保证了煤粉在炉内停留时间，有利于煤粉燃烬。此外，由于火焰方向与水冷壁平行，所以不会因冲刷炉墙而发生结渣。该锅炉的主要缺点是：上部炉膛离冷灰斗较远，渣块落下易砸坏冷灰斗水冷壁；风粉、汽水管道和水冷壁布置较困难，锅炉成本高。

由于 W 形火焰燃烧方式解决了无烟煤、劣质煤着火、燃烧和燃烬的困难，因此，我国已引进了这项技术，为合理利用无烟煤资源开辟了新途径。

二、油燃烧器与点火装置

（一）油燃烧的特点

电站锅炉燃用的油通常为轻油或重油，重油的燃烧特点是：首先用雾化喷嘴将重油雾化成细小的雾状液滴群（即油雾），再经过受热、蒸发，成为气态燃料。当气态燃油与空气混合并达到着火条件时，便开始着火。重油旋转气流的燃烧过程如图 3-22 所示。液体燃料的着火温度比其气化温度高得多，油滴在气化后才开始着火燃烧，所以液体燃料的燃烧实际上转变为均相燃烧。其着火与燃烬自然比煤粉容易得多。

为了提高燃烧效率，必须保证燃油的雾化质量，即雾化后的液滴应细而均匀，并使液滴气化后迅速而均匀地与空气混合，避免火焰根部缺氧产生碳黑。当然，也应尽可能实现低氧燃烧，以减少 SO_2 向 SO_3 的转换机会，即减少 SO_3 的转换率，降低烟气中硫酸蒸气的浓度，减轻低温腐蚀。

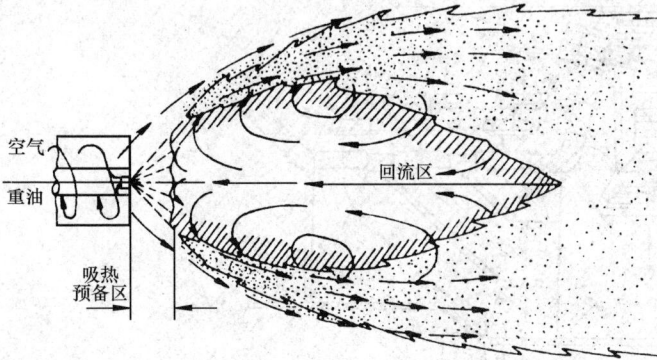

图 3-22　重油旋转气流的燃烧过程

（二）油燃烧器

油燃烧器由油喷嘴和调风器组成。油喷嘴的作用是把燃油雾化成细小的油雾群，并保持一定的雾化角与空气相交混合，油雾中心区形成回流区，卷吸热烟气，加热油雾。调风器的作用是组织油燃烧时的空气供给，并使空气与油雾充分混合。由于油雾燃烧时要求早期混合强烈，因此通常采用旋流叶片，使一次风产生强烈旋转，促进油雾与空气混合。

1. 油喷嘴

按照油的雾化方式，油喷嘴分为蒸汽雾化式、压力雾化式、空气雾化式等。

（1）蒸汽雾化式油喷嘴。蒸汽雾化油喷嘴的结构如图 3-23（a）所示。它是利用高速蒸汽气流的喷射使燃油雾化。油与蒸汽在混合孔内相互撞击，形成乳化状油气混合物，再喷入炉内便雾化成细小油滴。喷嘴头上装有多个油孔，使空气和油雾很好地混合，为了减少汽耗量并便于控制，蒸汽压力保持不变，而用调节油压的办法来改变喷油量。蒸汽雾化效果好，因而被广泛应用。

（2）压力雾化油喷嘴。将具有一定压力的燃油在油喷嘴内产生高速旋转，从油喷嘴射出后，油膜被撕裂，形成雾状小油滴。其如图 3-23（b）所示。

这种油喷嘴由雾化片、旋流片、分油嘴、压紧螺母组成。压力油经分油嘴小孔汇合到一个环形槽中，均匀分配到旋流片的切向槽中，再进入旋流片中心的旋涡室，此时压力油便产生高速旋转。然后从雾化片的中心孔喷出后，在旋转力的作用下，克服了油的表面张力，被撕碎成细小油滴，形成了具有一定雾化角的圆锥状油滴。

简单机械雾化油喷嘴的喷油量是油压来调节的，压力小，流量随着变小，雾化质量也随着变差。但这种油喷嘴结构及调节都比较简单，适用于点火用油燃烧器。

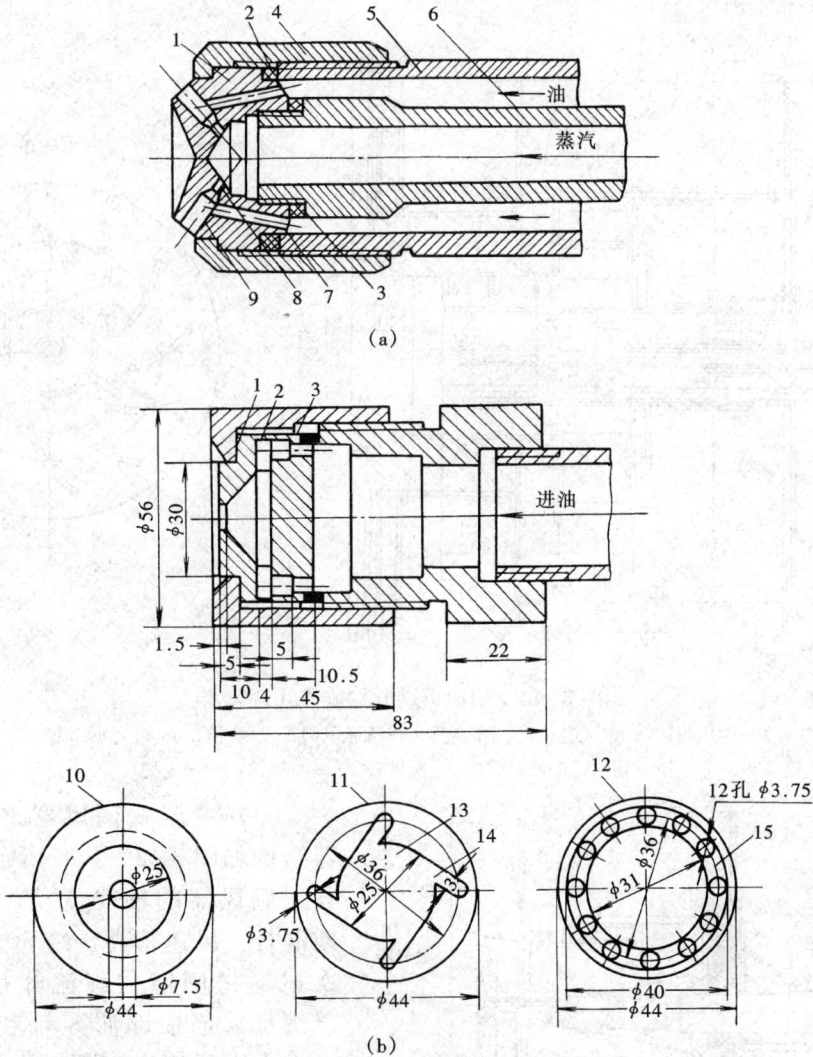

图 3-23 油喷嘴结构

(a) 蒸汽雾化式油喷嘴；(b) 简单机械雾化油喷嘴

1—喷嘴头；2、3—垫片；4—压紧螺母；5—外管；6—内管；7—油孔；8—蒸汽孔；9—混合孔；
10—雾化片；11—旋流片；12—分油嘴（分流片）；13—旋流室；14—切向槽；15—环形槽

压力雾化式油喷嘴的另一种型式是回油式机械雾化油喷嘴。其主要特点是在分流片上装有回油孔。回油孔的作用是让一部分油在喷出油喷嘴前，从旋流室返回回油管路，用以调节喷油量。这种油喷嘴的调节特点是进油压力可保持不变，只调节回油量就能改变喷油量，因而雾化质量不受喷油量变化的影响。这种油喷嘴主要应用于以燃油为主的锅炉。

2. 调风器

调风器一般分为旋流式、平流式和文丘里式三种。

(1) 旋流式调风器。旋流式调风器又分为切向叶片式和轴向叶轮式。图 3-24 是切向可动叶片旋流式调风器结构。在这种调风器中，空气分成两段：一次风通过多孔筒形风门进入一次风管，出口处有一轴向叶片式稳焰器使之旋转；二次风通过切向可动叶片旋转进入二次风管。雾化器插在中心管内。

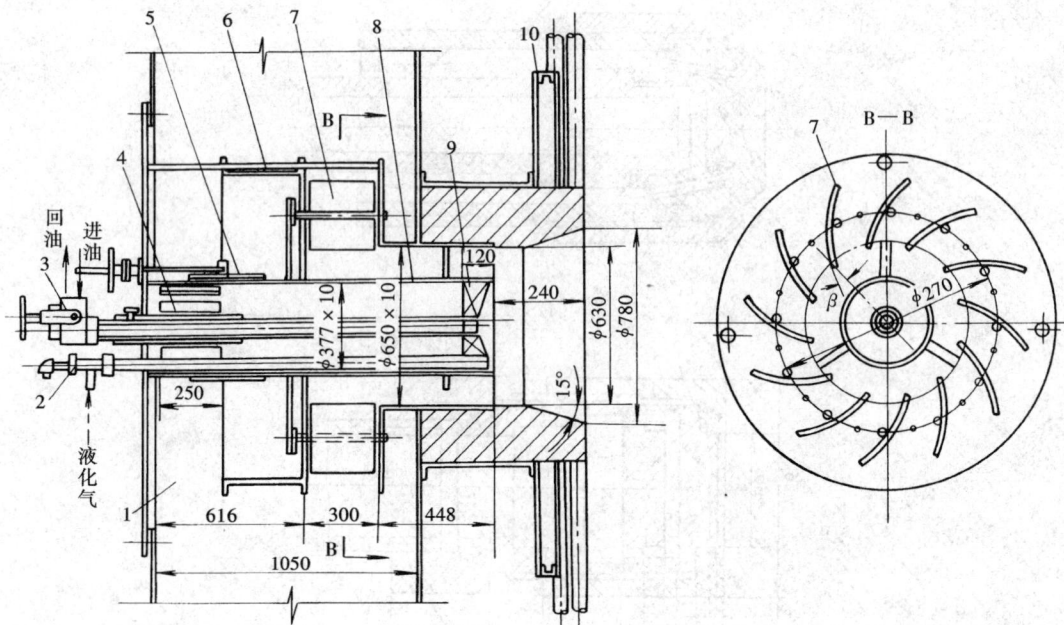

图 3-24 切向可动叶片旋流式调风器

1—大风箱；2—点火嘴；3—主油嘴；4—筒形风门；5—套筒；6—叶片调节杆；

7—切向可动叶片；8——次风管；9—稳焰器；10—支架

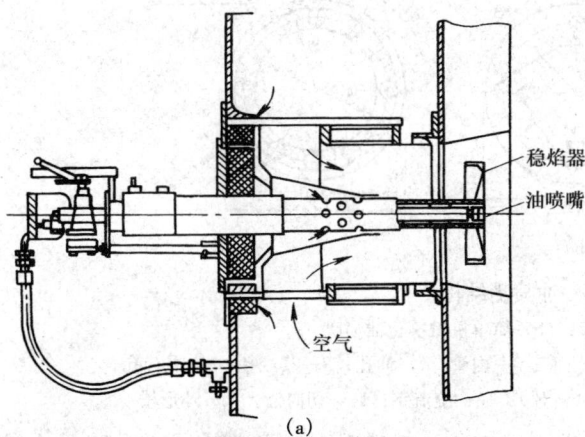

（a）

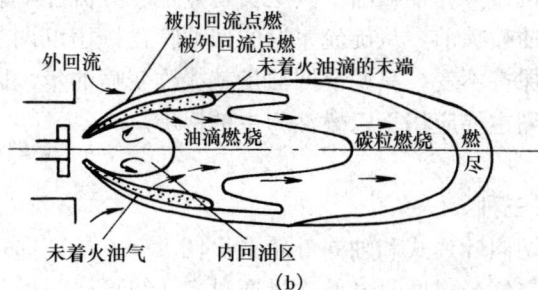

（b）

图 3-25 平流式调风器及油火焰结构

（a）平流式调风器；（b）火焰结构

（2）平流式调风器。平流式调风器结构如图 3-25（a）所示。二次风平行于调风器的轴线流动，为了加强后期混合，风速很高，约 50～70m/s。一次风通过固定式旋流叶片强烈旋转，以满足火焰根部油雾与空气的混合并产生中心回流区。既提供了着火热源，又防止产生碳黑。其燃烧过程如图 3-25（b）所示。

（3）文丘里调风器。文丘里调风器是平流式调风器的另一种型式，如图 3-26 所示。其特点是空气流经一个缩放形的文丘里管时，在喉部与调风器入口端产生了较大的静压差，因而可根据此静压差，比较精确地控制过量空气系数。在负荷变化时，这种调风器燃烧调节的适应性较强。

平流式调风器的结构简单，操作方便，能自动控制风量，较适合于大型电站锅炉。

（三）点火装置

煤粉锅炉的点火装置主
要用于锅炉启动时点燃主燃
烧器的煤粉气流。此外，当
锅炉低负荷运行或煤质变差
时，由于炉温降低影响着火
稳定性，甚至有灭火的危险
时，也用点火装置来稳定燃
烧或作为辅助燃烧设备。现
在，大容量锅炉都实现了点
火自动化。煤粉炉的点火装
置长期以来普遍采用过渡燃

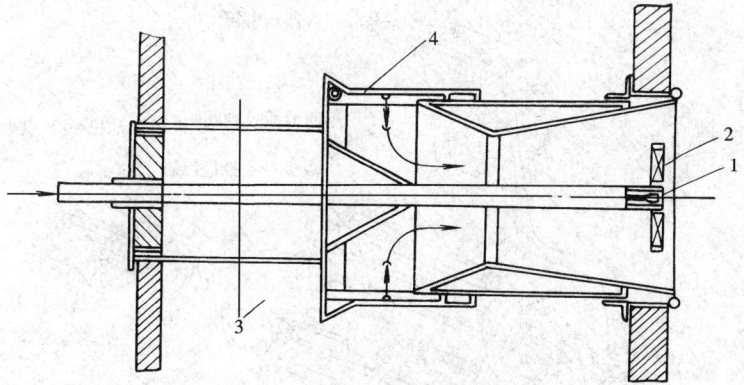

图3-26 文丘里平流式调风器
1—雾化器；2—稳焰器；3—大风箱；4—筒形风门

料的点火装置，可分为气—油—煤粉的三级点火系统和油—煤粉的二级点火系统。三级点火
系统是先用点火器点燃着火能量最小的气体燃料，再点燃雾化的燃料油，最后点燃主燃烧器
的煤粉气流。二级点火系统则采用一种过渡燃料—燃料油，即用点火器点燃燃料油，再点燃
主燃烧器中的煤粉气流。煤粉气流着火后，油燃烧器和点火器自动退出。

近年来，为实现少油或无油点火，新研制开发了带煤粉预燃室的点火装置和等离子点火
装置。

1. 采用过渡燃料的点火装置

（1）电弧点火器。电弧点火的起弧原理与电焊相似，即借助于大电流（低电压）在两极
间产生电弧。电极由炭块和炭棒组成，如图3-27所示。通电后，炭块和炭棒先接触再拉
开，在其间隙处形成高温电弧，足以把燃料油点着，再点燃煤粉。点火完成后，为防止炭极
和油枪嘴被烧坏，利用气动装置将点火器退入风管中。由于电弧点火器可直接引燃油类，且
性能比较可靠，因而是我国煤粉锅炉上使用的主要类型之一。

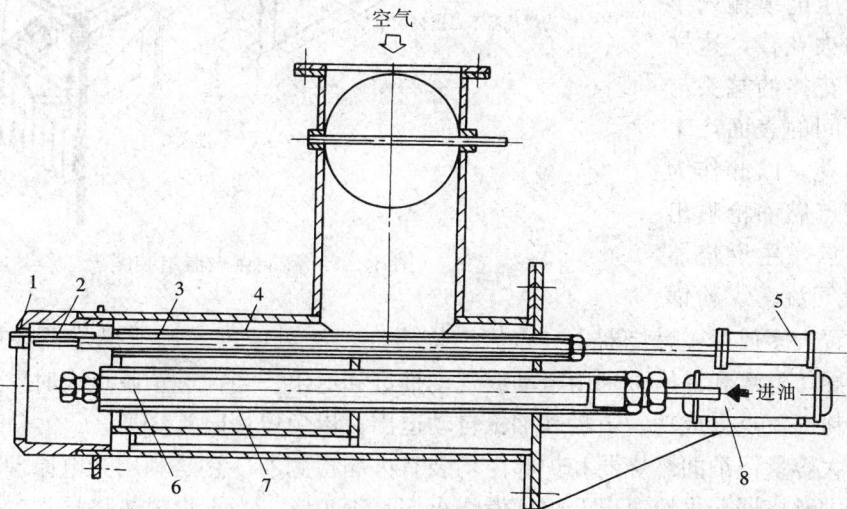

图3-27 电弧点火器
1—炭块；2—炭棒；3—电弧点火器；4—套管；5—引弧气缸；6—点火轻柴油；7—套管；8—油枪推进气缸

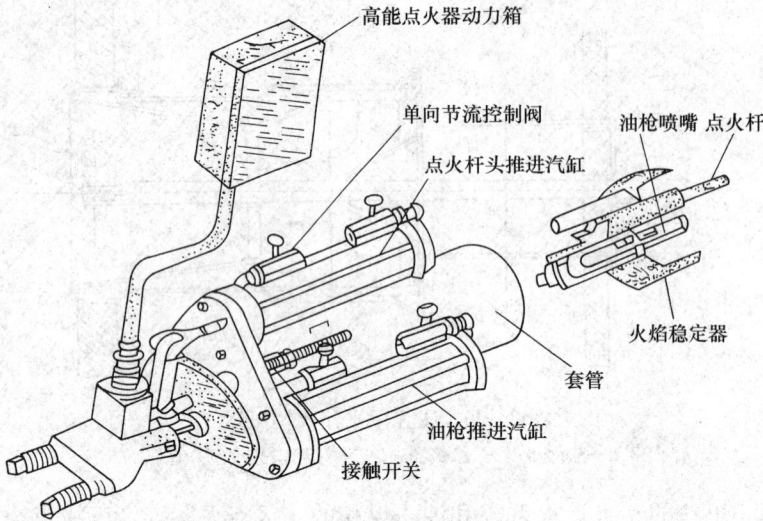

图 3-28 高能点火器结构

（2）高能点火器。为了简化点火程序，近年来又出现了高能点火器。它主要由点火激励器、点火电缆、导电杆、半导体火花塞、点火油枪、伸缩装置组成，如图 3-28 所示。伸缩装置配有两个气缸，气缸直径分别为 $\phi40$ 和 $\phi60$，其作用是使导电杆和点火油枪产生推进或退出动作，并用单向节流阀控制活塞的进退速度。导电杆和点火油枪进、退到位时分别输出开关信号，可实现远程控制。其工作原理是：将半导体火花塞（电嘴）置于能量峰值很高的脉冲电压下，电嘴表面产生强烈的电火花，直接点燃油枪喷出的油雾。激励器输入 50Hz 交流电，电压为 $220\pm2V$，电流为 3～5A，激励器单次输出功率为 20J，火花放电频率为 1418 次/s，半导体火花塞发火电压为 1200V。

高能点火器的型式比较多，但基本工作原理相同。图 3-29 给出了一种高能点火器的组装图。

由点火变压器产生的能量通过高压电缆输入半导体电嘴的火花棒，这样就在电嘴火花棒的端头与套管端头之间的表面产生强烈的电火花，以此作为能源，直接点燃油枪喷出的油雾，再点燃主燃烧器喷出的煤粉气流。煤粉锅

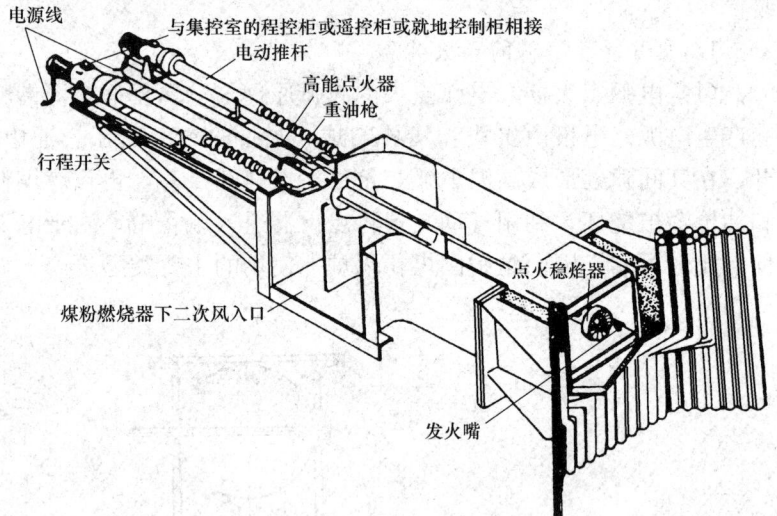

图 3-29 高能点火器组装图

炉的点火装置大多放在主燃烧器内（直流燃烧器在二次风口内或旋流燃烧器在中心管内）。点火时，半导体电嘴和油枪分别由电动或气动推进和退出。当伸进炉膛点火时，通电通油点火。若主煤粉气流点火成功，电嘴和油枪自动退出，以免停用时被烧坏。

现代化大容量锅炉的燃烧器和炉膛内均装有火焰检测器。它是利用光电原理检测和监视点火装置、主燃烧器着火情况以及炉内燃烧火焰是否正常。当点火或燃烧异常时，检测信号反馈到锅炉安全监视保护系统，报警或发出相应处理指令，防止锅炉灭火和炉内爆炸事故的发生，以确保锅炉的安全运行。

2. 带煤粉预燃室的点火装置

煤粉预燃室是个带辅助煤粉燃烧器的小型燃烧室，燃烧室内壁用耐火材料覆盖。煤粉预燃室有旋流式、大速差式和直流式加钝体等。煤粉预燃室为主煤粉气流的着火提供了稳定的着火热源。煤粉预燃室的引燃，目前大多利用原有的点火油系统，通过油枪引燃。

图3-30为旋流煤粉预燃室的点火装置结构示意图。它是由旋流煤粉燃烧器和预燃室两部分组成。煤粉预燃室的点火过程是：启动时，先点燃装在旋流燃烧器内筒的点火油枪，对预燃室进行预热，然后再点燃旋流燃烧器的煤粉气流。气粉混合物着火后，在预燃室出口与切向引入的二次风混合，形成炽热的旋转火炬喷入炉膛，作为主煤粉气流的点火热源。待煤粉气流在预燃室内稳定着火燃烧后，即可切断燃油。断油后，预燃室煤粉火炬靠气流旋转产生的中心负压，卷吸炉膛高温烟气回流到预燃室维持稳定的连续燃烧。整个着火过程耗油很少，所以也称少油点火。由于

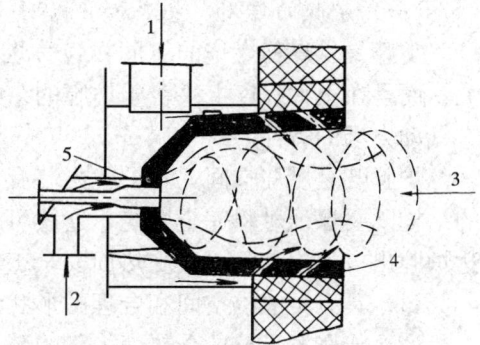

图3-30　旋流煤粉预燃室的点火装置
1—二次风；2—煤粉一次风气流；
3—中心回流；4—预燃室；5—旋流燃烧器

煤粉在预燃室内停留时间有限，大部分煤粉进入炉膛后仍能继续燃烧，形成炽热的火炬，以此热源来点燃主燃烧器的煤粉气流。这种装置可以用作点火，也可以与主燃烧器一起长期运行，利用预燃室的自身稳燃特性给主燃烧器提供连续稳定的着火热源。

3. 等离子点火装置

目前，锅炉科技人员已研究出无油点火技术，即等离子点火器，如图3-31所示。其机理是利用直流电流在一定介质气压的条件下接触引弧，并在强磁场控制下获得稳定功率的定向流动空气等离子体，该等离子体在点火燃烧器中形成$T > 400K$的梯度极大的局部高温火核，煤粉颗粒通过该等离子体火核时，在千分之一秒内迅速释放出挥发物，并使煤粉颗粒破裂粉碎，从而迅速燃烧。由于反应在是气固两相流中进行，高温等离子体混合物发生了一系列物理化学变化，从而使煤粉的燃烧速度加快，达到点火并加速煤粉燃烧的目的，大大减少了促使煤粉燃烧所需的引燃能量。

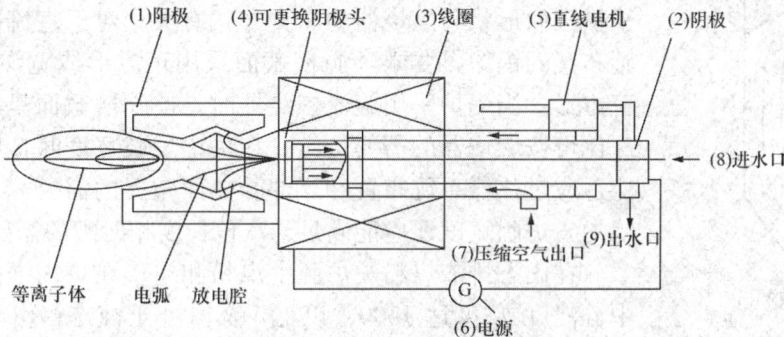

图3-31　等离子点火装置

等离子发生器主要由线圈、阴极、阳极等组成，其中阴极和阳极由高导电率及抗氧化的特殊材料制成，以承受高温电弧冲击。线圈在高温情况下具有抗直流高电压击穿能力，电源采用全波整流。

等离子发生器的阳极寿命达 5000h 以上。阴极保证的运行寿命为 50～80h，在设备运行中，根据等离子发生器参数的变化（电压、运行时间、功率曲线波动等）可以判断阴极是否失效，便于运行、检修人员及时更换。

三、固态排渣煤粉炉的炉膛

（一）炉膛的作用、要求和形状

炉膛是供煤粉燃烧的空间，也称燃烧室。煤粉燃烧过程的进行不仅与燃烧器的结构有关，而且在很大程度上决定于炉膛的结构，决定于燃烧器在炉膛中的布置及其所形成的炉内空气动力场的特性。

炉膛既是燃烧空间，若炉膛内装有水冷壁受热面，炉膛又是锅炉的换热场所。因此，它的结构既要保证燃料完全燃烧，连续可靠地工作而又不发生炉膛结渣，同时又应使烟气在到达炉膛出口处冷却到对流受热面安全工作所允许的温度。为此，对炉膛基本要求是：

（1）具有足够的空间和合理的形状，以便组织燃料的燃烧，减小不完全燃烧热损失。

（2）能布置足够的受热面，将炉膛出口烟温 ϑ''_1 降到灰分软化温度 ST 以下（$\vartheta''_1 <$ ST），保证炉膛出口及其后受热面不结渣。

（3）有合理的炉内温度场和良好的炉内空气动力特性，满足燃烧过程的需要，既能创造炉内足够的高温，又能使火焰充满良好，保证燃料在炉内稳定着火和完全燃烧。

（4）炉膛结构紧凑，金属及其他材料用量少；便于制造、安装、检修和运行。

炉膛的形状、尺寸与燃料种类、燃烧方式、燃烧器布置、火焰的形状和行程等一系列因素有关。固态排渣煤粉炉的炉膛结构是一个由炉墙围成的立体空间，其四壁布满水冷壁，炉底是由前后墙水冷壁弯曲而成的倾斜冷灰斗。为了便于灰渣自动滑落，冷灰斗斜面的水平倾斜角应在 50°以上。大容量锅炉的炉顶都采用平炉顶结构，高压以上锅炉一般在平炉顶布置顶棚管过热器。炉膛上部悬挂有屏式过热器。炉膛后上方为烟气出口。为了改善烟气对屏式过热器的冲刷（即由斜向冲刷改为横向冲刷），充分利用炉膛容积并加强炉膛上方的气流扰动，Π型布置锅炉炉膛出口下方有后水冷壁弯曲而成的折焰角（俗称鼻子）。对大容量锅炉，折焰角的深度约为炉膛深度的 20%～30%。如图 3-32 所示。

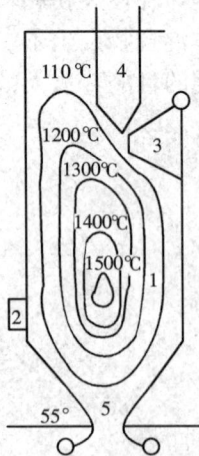

图 3-32 固态排渣煤粉炉
锅炉的形状及温度分布
1—等温线；2—燃烧器；
3—折焰角；4—屏式过热器；
5—冷灰斗

现代大容量锅炉的炉膛高度远大于其宽度和深度。炉膛的水平横截面形状与燃烧器的布置方式有关。对于直流燃烧器四角切圆布置的锅炉，要求炉膛横截面采用正方形或宽深比≤1.2 接近正方形。当锅炉采用旋流燃烧器时，炉膛横截面呈长方形，其宽深比可按燃烧器的需要选定。在决定炉膛宽度时，应使炉膛宽度能适应过热器系统布置和尾部受热面布置的需要。对于自然循环锅炉，炉膛宽度还应能满足与汽包长度相匹配的需要。

在固态排渣煤粉炉炉膛中煤粉和空气在炉内强烈燃烧，火焰中心温度 ϑ_h 可达 1500℃以上，灰渣处于液态；由于水冷壁的吸热，烟温逐渐降低，在水冷壁及炉膛出口处的烟温 ϑ''_1 一般冷却至 1100℃左右，烟气中的灰渣冷凝成固态；冷灰斗部分的温度则更低，正常运行时一般不会发生结渣现象。燃烧生成的灰渣，其中 80%～90%为飞灰，它们随烟气向上流动，经屏式过热器进入对流烟道，剩下约 5%～20% 的粗渣粒落入冷灰斗。

（二）炉膛热力特性

描述炉膛热力特性的参数主要有：炉膛容积热负荷、炉膛截面热负荷、燃烧器区域壁面热负荷。这些特性参数是设计时确定合理炉膛结构的重要指标，它们与锅炉运行的经济性和可靠性密切相关。

1. 炉膛容积热负荷 q_V

炉膛容积热负荷 q_V 是指单位时间、单位炉膛容积的平均热量，即

$$q_V = \frac{BQ_{ar,net,p}}{V_1} \tag{3-12}$$

式中　B——燃料消耗量，kg/h；

$\quad Q_{ar,net,p}$——燃料收到基低位发热量，kJ/kg；

$\quad\quad V_1$——炉膛容积，m³。

炉膛容积是由炉膛容积热负荷来决定的。对于一定参数、一定容量的锅炉，单位时间燃料在炉内的放热量 $BQ_{ar,net,p}$ 是一定的。因此 q_V 取得大，炉膛容积 V_1 就小；q_V 取得小，炉膛容积 V_1 就大。

q_V 在一定程度上反映了煤粉和烟气在炉内停留时间的长短和出口烟气被冷却的程度。q_V 过大，炉膛容积 V_1 相对过小，煤粉在炉内停留时间短，燃烧可能不完全；同时，由于炉膛容积 V_1 相对过小，炉内所能布置的受热面较少，烟气冷却不够，可能引起炉膛出口受热面结渣。相反，若 q_V 过小，炉膛容积 V_1 相对过大，不仅会使锅炉造价和金属耗量增加，而且还会导致炉膛温度过低，燃烧速度减慢，燃烧不完全。对固态排渣煤粉炉，q_V 大致在 90～200kW/m³ 之间。对燃用高挥发分、低灰分的优质烟煤的锅炉，由于其燃烧速度较快，q_V 值应取大些。在一般情况下，合理的 q_V 值首先应满足烟气冷却条件。随着锅炉容量的增大，炉膛表面积的增加总是小于炉膛容积的增加，为保证烟气足够冷却，大容量锅炉的 q_V 值比中、小容量的 q_V 值要小一些。

2. 炉膛截面热负荷 q_A

炉膛截面热负荷 q_A 是指按燃烧器区域炉膛单位截面积折算，每小时送入炉膛的平均热量，即

$$q_A = \frac{BQ_{ar,net,p}}{A_1} \tag{3-13}$$

式中　A_1——炉膛断面面积，m²。

炉膛的大体形状常由炉膛截面热负荷 q_A 和炉膛容积热负荷 q_V 一起来确定。显然，当 q_V 一定时，q_A 取得大，炉膛截面积 A_1 就小，炉膛就瘦长些；q_A 取得小，炉膛截面积 A_1 就大，炉膛就矮胖些。

炉膛截面热负荷反映了燃烧器区域的温度水平。若 q_A 选得过大，炉膛截面积 A_1 过小，燃烧器区域温度过高，可能导致燃烧器区域结渣；但是 q_A 选得过小，燃烧器区域温度太低，又不利于燃料稳定着火。因此，对低挥发分煤，为改善着火条件，q_A 应取大些；对灰熔点 ST 较低的煤，为避免结渣，q_A 应取小些。q_A 值一般在 3～6MW/m² 之间。q_A 的推荐值随着锅炉容量的增大而增大。

3. 燃烧器区域壁面热负荷 q_R

对于大容量锅炉，仅仅采用 q_V 和 q_A 指标还不能全面反映炉内的热力特性。因此，近年

来又采用燃烧器区域壁面热负荷 q_R 作为锅炉设计和判断运行的辅助指标。

燃烧器区域壁面热负荷 q_R 是指按燃烧器区域炉膛单位壁面积折算,每小时送入炉膛的平均热量,即

$$q_R = \frac{BQ_{ar,net,p}}{A_r}$$ (3-14)

式中 A_r ——燃烧器区域壁面面积,m^2。

q_R 与 q_A 一样,反映了燃烧器区域的温度水平和换热强度。但 q_R 还能反映燃烧器在不同布置下火焰的分散与集中情况。q_R 愈大,说明火焰愈集中,燃烧器区域的温度水平就愈高,这对燃料的着火和维持燃烧的稳定是有利的。但是 q_R 过高意味着火焰过分集中,致使燃烧器区域局部温度过高,容易造成燃烧器区域水冷壁结渣。一般固态排渣煤粉炉的 q_R 值多在 $0.9\sim2.1MW/m^2$ 之间。

(三)煤粉炉结渣

1. 结渣及其危害

在煤粉炉的炉膛中,燃烧过程形成的熔融灰渣黏结在受热面上,并积聚和发展成一层硬结的灰渣层,这个现象称为结渣。发生结渣的部位通常在燃烧器区域水冷壁、炉膛折焰角处、屏式过热器及其后的对流管束等处,有时在炉膛下部冷灰斗处发生结渣。

结渣造成的危害相当严重。受热面结渣后,传热减弱、工质吸热减少、排烟温度升高,因而锅炉蒸发量和锅炉效率降低。炉膛受热面结渣会导致炉膛出口烟温升高和过热蒸汽超温,这时为维持汽温,运行中要限制锅炉负荷;燃烧器喷口结渣,影响气流正常流动状态和炉内燃烧过程,导致未完全燃烧热损失增加;部分水冷壁结渣会对自然循环锅炉的安全性和控制循环锅炉水冷壁热偏差带来不利影响;结渣可能堵塞部分烟道,增加烟道阻力和风机电耗;炉膛上部的渣块掉落下来会砸坏冷灰斗的水冷壁管,甚至堵塞排渣口而导致锅炉被迫停运。总之,结渣不仅增加运行和检修的工作量,而且影响锅炉的安全经济运行。严重时将迫使锅炉减负荷,甚至被迫停炉。

2. 影响结渣的因素

(1)燃料的灰分特性。目前判断燃煤锅炉燃烧过程中是否发生结渣的一个重要依据是灰的熔融性,通常将灰的软化温度 ST 作为衡量是否发生结渣的主要指标。不同燃料的灰分具有不同成分和不同的熔融性,灰熔点较低的煤(ST<1200℃)易结渣。灰的熔融性是在实验室条件下测定的,与炉内实际运行工况有较大差异,而且煤的灰是多种无机化合物的混合物,并不具有单一的熔点。因此评价煤灰的结渣性能除用灰的熔融性说明外,还必须引用其他一些指标。在变形温度 DT 下,灰粒一般不会结渣;到了灰的软化温度 ST,熔融灰渣就可能黏结在受热面上。

(2)炉膛设计、安装或检修不良。炉膛容积热负荷 q_V、炉膛断面热负荷 q_A 和燃烧器区域壁面热负荷 q_R 数值的大小都会对结渣产生一定影响。设计锅炉时 q_V 选得过大,或实际运行时炉膛热负荷过高,都会使炉膛温度过高或局部区域的温度水平过高,造成结渣。燃烧器安装、检修质量对结渣也有很大影响,如直流燃烧器四角布置时,切圆直径过大、火焰中心偏斜等,都会形成结渣。

(3)运行调节不当。实际运行中,由于燃料与空气的供应不均,燃烧器缺角运行或一、二次风调节不当,造成火焰偏移,煤粉气流火炬贴壁冲墙而引起局部水冷壁结渣。另外,运

行中炉内空气动力工况组织不好，易形成死滞旋涡区并出现还原性气氛，在还原性气氛中，灰的熔点降低，也容易导致结渣。锅炉超负荷运行、炉膛下部漏风、送风量过大、风煤配合不当以及煤粉过粗等，都会引起炉膛出口烟温升高，导致炉膛出口处结渣。

3. 防止结渣的措施

预防结渣主要从防止炉温过高和局部温度过高，避免灰熔点降低着手，其措施有：

（1）防止受热面附近炉温过高，力求使炉膛容积热负荷 q_V、炉膛断面热负荷 q_A、燃烧器区域壁面热负荷 q_r 设计合理，避免锅炉超负荷运行，从而控制炉内温度水平，防止结渣。堵塞炉底漏风，不使炉膛内空气量过大，维持合适的炉膛负压，都能防止火焰中心上移，以免炉膛出口结渣。保持各给粉机给粉量均衡，使直流燃烧器四角气流动量相等、切圆合适，都能防止火焰偏斜，以免水冷壁结渣。

（2）防止炉内生成过多还原性气体，保持合适的炉内空气动力工况，维持最佳过量空气系数，以防止水冷壁等受热面附近出现还原性气氛，防止结渣。

（3）做好燃料管理，保持合适煤粉细度，进行全面的燃料特性分析，特别是灰的成分分析及灰熔点和结渣特性分析。尽量固定燃料品种，避免锅炉运行时煤种多变，并清除煤中的石块，可以减小结渣的可能性；保持合适的煤粉细度和均匀度，不使煤粉过粗，以至火焰中心上移，导致炉膛出口结渣。

（4）加强运行监视，及时吹灰打渣。如发现汽温偏高、排烟温度升高、炉膛负压减小等现象，就要注意炉膛及炉膛出口是否结渣，一旦发现结渣，就应及时清除。否则会加剧结渣过程的发展。

（5）做好设备检修工作。检修时应根据运行中的结渣情况，适当调整燃烧器。检查燃烧器有无变形和烧坏情况，及时校正修复。检修时应彻底清除积存灰渣，而且应做好堵漏风工作。

课题三 循环流化床燃煤锅炉

教学目的

掌握流化床燃烧技术系统和组成、工作原理、主要特点、锅炉构成。

教学内容

循环流化床燃煤锅炉与其他类型锅炉的主要区别是其处于流化状态的燃烧过程，具有煤种适应广，燃烧效率高以及炉内脱硫脱氮等特点，是洁净、高效的新一代燃煤技术。近年来，我国大容量的循环流化床燃煤电站锅炉迅速发展，单机容量 300MW 的循环流化床锅炉示范电厂已投入运行，可以预见，未来的几年将是循环流化床技术飞速发展的重要时期。

一、流化床燃烧技术

循环流化床燃烧技术是以气—固流化床为基础的，如图 3-33 所示，当气体通过布风板自下而上地穿过固体颗粒随意填充状态的床层时，整体床层将依气体流速的不断增大而呈现完全不同的状态。当流速较低时为固定床状态，床层阻力随流速增加而增加；当流速达到某一极限值时，即床层压降达到与单位床截面上床层颗粒质量相等时，颗粒不再由布风板支持，而全部由气体的升举力所"托起"。对单个颗粒来讲，不再依靠与其他邻近颗粒的接触来维持它的空间位置。床层空隙率或多或少加大，床层发生膨胀，开始进入流态化，床层压降将维持不变，见图 3-34。在直角坐标系中，坐标原点是唯一没有误差的参考点，此时，固定床段在湍流条件下为抛物线形状，固定床与流化床的分界点被称为起始流态化点，或称为临界流态化点。此时的床层压降由式（3-15）表示。所对应的截面流速称为最小流化速度（也称为临界流化速度）u_{mf}，相应的床层空隙率称为最小空隙率。

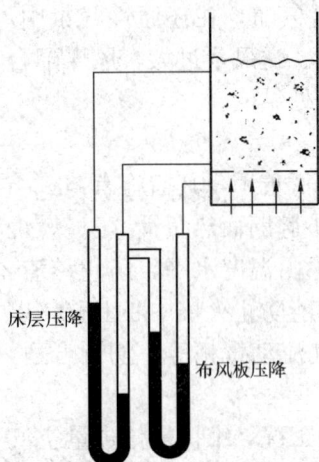

图 3-33 布风板压降
和一段床层的压降

$$\Delta p = \frac{M}{A} \qquad (3-15)$$

式中 M——床料质量，kg；

A——床层的横截面积，m^2。

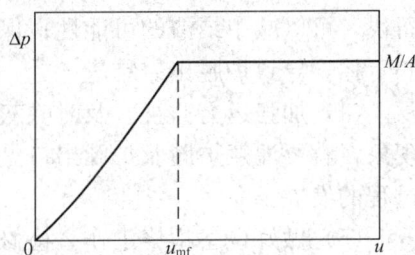

图 3-34 最小流化速度的确定

处于起始流态化下的床层均匀且平稳，并且在很多方面呈现类似流体的性质，可以像流体一样具有流动性，可由一个容器开孔流到另一个容器。当容器倾斜，床层上表面保持水平，轻物浮起，重物下沉。床层任意两点压力差大致等于此两点的床层静压差。

流速进一步增加，将依次历经鼓泡流化床、湍流流化床、快速流化床，最终达到气力输送状态。床层内颗粒间的气体流动状态也由层流开始，逐步过渡到湍流。一般来讲，从起始流化到气力输送，气流速度将增大达 10 倍（对粗颗粒）～90 倍（对细颗粒），见图 3-35。

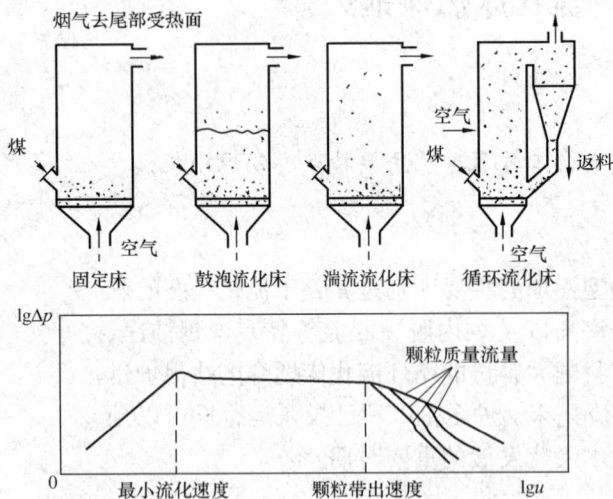

图 3-35 流态化的各种形态

在起始流态化下，气流速度的微小增量将使床层进入鼓泡流化状态，其基本特征是床层内出现颗粒物料在整个床层范围内循环运动，平均空隙率增大，气流速度越高气泡造成的扰动越强烈，床层压降波动加剧，表面起伏明显。在鼓泡流化床中，由于气泡的强烈扰动造成的床料的良好混合，以及流化速度不太高等优点，鼓泡床在流化床燃烧中得到了广泛应用，循环流化床锅炉在启动和低负荷运行时即处于鼓泡流化床状态。

风速较低时，燃料层固定不动，表现层燃的特点。当风速增加到一定值（所谓最小流化速度或初始流化速度），布风板上的燃料颗粒将被气流带起从而使整个燃料层具有类似流体沸腾的特性。此时，除了非常细而轻的颗粒床会均匀膨胀外，一般还会出现气体的鼓泡这样明显的不稳定性，形成鼓泡流化床燃烧（又称沸腾燃烧）。当风速继续增加，超过多数颗粒的终端速度时，大量未燃烬的燃料颗粒和灰颗粒将被气流带出流化床层和炉膛。为将这些燃料颗粒燃烬，可将它们从燃烧产物的气流中分离出来，送回并混入流化床继续燃烧，进而建立起大量灰颗粒的稳定循环，这就形成了循环流化床燃烧。如果空气流速继续增加，将有越来越多的燃料颗粒被气流带出，而气流与燃料颗粒之间的相对速度则越来越小，以致难以保持稳定的燃烧。当气流速度超过所有颗粒的终端速度时，就成了气力输送。但若燃料颗粒足够细，则可用空气通过专门的管道和燃烧装置送入炉膛使其燃烧，这就是燃料颗粒的悬浮燃烧。

二、循环流化床燃煤锅炉炉内工作原理

循环流化床燃煤锅炉基于循环流态化组织煤的燃烧过程，以携带燃料的大量高温固体颗粒物料的循环燃烧为重要特征。固体颗粒充满整个炉膛，处于悬浮并强烈掺混的燃烧方式。但与常规煤粉炉中发生的单纯悬浮燃烧过程比较，颗粒在循环流化床燃烧室内的浓度远大于煤粉炉，并且存在显著的颗粒成团和床料的颗粒回混，颗粒与气体间的相对速度大，这一点显然与基于气力输送方式的煤粉悬浮燃烧过程完全不同。

循环流化床燃煤锅炉的燃烧与烟风流程示意见图 3-36。

经过预热的一次风（流化风）经过风室由底部穿过布风板送入炉膛，炉膛内固体处于快速流化状态，燃料在充满整个炉膛的惰性床料中燃烧。较细小的颗粒被气流夹带飞出炉膛，并由飞灰分离器收集，通过分离器下的回料管与飞灰回送器（返料器）送回炉膛循环燃烧；燃料在燃烧系统内完成燃烧和高温烟气向工质的部分热量传递过程。烟气和未被分离器捕集的细颗粒排入尾部烟道，继续与受热面进行对流换热，最后排出锅炉。

循环流化床燃煤锅炉炉内高速流动烟气与其携带的湍流扰动极强的固体颗粒密切接触，燃料的燃烧过程发生在整个固体循环通道内。在这种燃烧方式下，燃烧室内，尤其

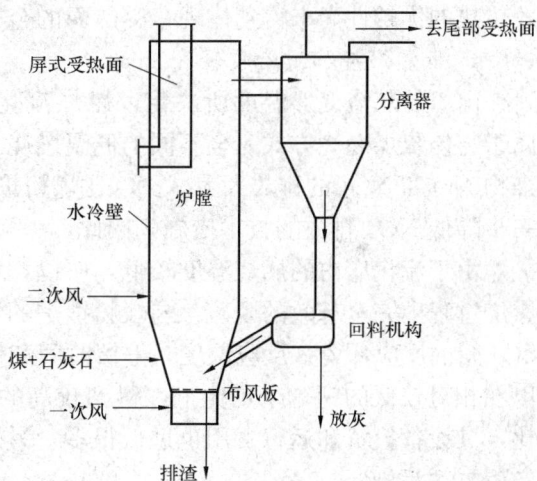

图 3-36　循环流化床锅炉炉内燃烧与烟气流程

是密相区的温度水平受到燃烧过程中的高温结渣、低温结焦和最佳脱硫温度的限制，料层温度过高将形成因灰渣熔化的高温结渣，温度过低则易发生煤的低温烧结结焦，也不利于燃料的燃烧，一旦结渣或结焦发生将迅速增长。因此，燃烧室密相区必须维持在 850℃ 左右，这一温度范围也恰与最佳脱硫温度吻合。在远低于常规煤粉炉炉膛的温度水平下燃烧的特点带来了低污染物排放和避免燃煤过程中结渣等问题的优越性。

三、循环流化床燃煤锅炉的主要特点

1. 蓄热量极大，燃烧稳定，对燃料的适应性好

由于循环流化床锅炉采用高温固体颗粒物料的循环燃烧方式，炉内的温度分布十分均匀，燃烧室内存在大量高温固体颗粒物料（约 95% 为惰性颗粒，约 5% 为可燃物），炉内的

热容量很大,不需要辅助燃料即可燃用任何燃料。不同设计的循环流化床锅炉可以燃烧高硫分和高灰分的煤、油页岩和煤矸石、石油焦、废木柴,甚至烧垃圾等。循环流化床锅炉对燃料的适应性优于常规煤粉炉,为有效利用劣质燃料提供了一条很好的途径。

但是,根据某一种燃料或煤种设计的循环流化床锅炉并不能经济有效地燃用性质差别较大的同类或其他燃料。

2. 燃烧效率可与煤粉炉媲美

流化床燃烧是介于固定床燃烧和煤粉悬浮燃烧之间的一种处于流态化下的煤燃烧方式。流态化形成的优越的湍流气固混合条件,可大大强化燃烧,提高床层内的传热和传质效率。设计合理的循环流化床锅炉的燃烧效率可达到99%,与煤粉炉的燃烧效率相当,但在燃烧低质煤方面,则其燃烧效率大大优于煤粉炉,而且循环流化床的燃烧效率不受炉内脱硫过程的影响。

3. 流化床锅炉传热强烈

尽管燃烧室内的温度较低,但由于炉内颗粒的浓度大得多,所以,循环流化床锅炉炉内受热面的传热系数高于常规煤粉炉,且不存在管外壁积灰污染问题。但是,由于现有常规受热面的耐磨性能还不能适应流化床锅炉的要求,因此,为了避免受热面的严重磨损,以满足发电厂锅炉的连续运行的需要,在锅炉设计中,不在循环流化床燃烧室的密相区布置受热面,并在对流换热受热面采用较低的烟气流速,以降低受热面的磨损,所以,流化床锅炉高效传热的优越性尚未得到体现,受热面的金属消耗量甚至略高于同容量的煤粉炉。

4. 低温燃烧,污染较轻

由煤的灰渣变形温度所决定,燃煤流化床锅炉的燃烧温度处于 $850\sim950℃$ 的范围内,属于与传统煤燃烧方式完全不同的低温燃烧。流化床锅炉的低温燃烧特性,直接使得气体污染物 NO 和 NO_2 的排放大大减少(比煤粉炉减少50%以上)还可在炉内采用分级燃烧等进一步降低 NO_x 排放的技术措施,因此,一般无需烟气脱除氮氧化物的设备。

由于流化床内的燃烧温度较低,所以,可以在流化床床层内直接添加石灰石脱硫剂,在燃烧过程中完全有效的脱硫。与煤粉锅炉的炉内脱硫过程相比较,流化床内脱硫剂与烟气中 SO_2 间的反应环境(反应温度、停留时间和传质等)十分有利于脱硫反应的进行,因此,可以在相对较低的钙硫摩尔比下,得到较高的脱硫效率。如果与煤粉锅炉的烟气脱硫方式相比,其设备投资和运行费用也远低得多,另外,流化床锅炉的脱硫灰渣可以综合利用,不会产生二次污染。

5. 锅炉设备占地面积少

循环流化床锅炉不需要单独的烟气脱硫脱氮装置,也不需要像煤粉炉的庞大复杂的煤粉制备系统,只需燃煤的简单破碎和筛分,一般不需要干燥。因此,热风温度仅在200℃左右。另一方面,由于循环流化床锅炉没有像煤粉炉那样精心设计和布置的数十台煤粉燃烧器,而是采取简单的机械(或气力)输送方式将煤直接送入流化床的密相区内,还因为密相区内的固体颗粒混合十分强烈和均匀,通常只需很少数量的给煤口即可,因此,给煤管道较煤粉炉的煤粉管道数量少且布置简单,从而能节约电厂布置场地,为循环流化床锅炉的大型化创造了有利条件。但循环流化床锅炉的底渣处理系统较煤粉炉复杂,大尺寸的分离器也占据了较大的空间。

6. 负荷变化范围大,调节特性好

循环流化床燃煤锅炉负荷调节性能优于常规煤粉的锅炉,而且变负荷操作简单,这一优越性尤其适合于电站锅炉的运行要求。电站锅炉的负荷调节性能取决于变负荷条件下的水循环特性、汽温特性和燃烧特性的优劣,循环流化床锅炉在这方面均具有明显的优势。

(1) 循环流化床锅炉水循环的安全性。循环流化床锅炉沿炉膛高度的温度均匀分布为低负荷运行时蒸发受热面的可靠水循环提供了保障。而对煤粉锅炉来说,炉内存在明显火焰中心,热负荷分布很不均匀,炉内热负荷最高处与易产生传热恶化的受热管段相吻合。另外,根据在锅炉较高负荷下的沿炉膛高度的热负荷分布设计的水循环系统,在锅炉低负荷时,由于火焰中心变化,热负荷分布也发生较大的变化,因此,易引起水循环故障。譬如,工质发生停滞或倒流,甚至出现爆管等事故。

循环流化床锅炉炉内不存在火焰中心,温度和热负荷分布较煤粉炉均匀得多,无论锅炉负荷如何变化,炉内温度始终保持均匀且变化不大,因此,炉膛壁面的热负荷分布均匀。这种热负荷分布不随锅炉负荷而明显变化的特点使得循环流化床锅炉具有可靠的水循环性能,这对锅炉炉膛水循环及金属安全性十分有利,可以适应较煤粉炉大得多的负荷调节范围。

(2) 循环流化床锅炉的汽温特性。众所周知,由于对流受热面出口汽温随负荷变化的特点,煤粉炉在低负荷运行时,过热汽温和再热汽温常难以达到满负荷时的额定汽温。但是,对于循环流化床锅炉来说,由于燃烧温度较低,炉膛出口的烟气焓不足以使过热蒸汽和再热蒸汽达到额定温度值,因此,在设计时就考虑了炉膛和尾部受热面的合理布置和吸热量的分配,部分过热器和再热器受热面必须布置在固体颗粒的循环回路中。这部分受热面不仅具有较好的换热特性,而且可以在负荷变化时通过改变循环物料的浓度来控制蒸发、过热和再热吸热量,因此,循环流化床锅炉具有优于煤粉炉的汽温控制手段,保证了在很大的负荷变化范围内维持额定的蒸汽温度。

(3) 循环流化床锅炉的燃烧特性。循环流化床锅炉燃烧系统中的燃料存有量很少,其优越的燃烧稳定性是不言而喻的,所以,可以适应很低负荷下的稳定燃烧。而且,由于床温在很大负荷范围内总保持一定,基本不存在负荷变化时加热和冷却炉内物料的过程。因此,当要求负荷变化时,在维持床温不变的条件下,采用改变燃煤量、送风量、飞灰循环量和床层厚度等手段,来实现负荷的调节。

循环流化床锅炉的负荷调节特性一般受限于燃烧系统的调节特性,从循环流化床锅炉自动控制的角度,燃烧控制也是难度最大的。由于循环流化床的燃烧室必须维持一定的温度和随负荷而定的颗粒物料浓度,因此,循环流化床锅炉的控制操作比较复杂;而且燃烧系统的热惯性很大,其控制特性也与常规煤粉炉有很大的差别。

综上所述,循环流化床锅炉所特有的良好的水循环特性、汽温控制特性和燃烧特性,使得其具有较大的负荷变化范围,一般为100%~25%,而且也具有较大的负荷升降速度,变化速率约为每分钟5%。

7. 流化床燃烧的灰渣可以综合利用

低温燃烧和添加脱硫剂使炉渣和飞灰具有与煤粉炉不同的物理和化学特性,流化床锅炉灰渣未经高温熔融过程,灰渣活性好,可燃物含量低,且含有无水石膏,有利于做水泥掺合料或其他建筑材料。

8. 厂用电率高于煤粉炉

尽管在燃煤准备工艺上的电耗低于煤粉炉,但循环流化床锅炉所需的各类风机等辅助设备的数量多于煤粉炉，而且风机的压头也高，风机的电能消耗大大高于煤粉炉。因此，循环流化床锅炉的厂用电率较煤粉炉高，一般在 10％以上。

四、循环流化床燃煤锅炉的构成

循环流化床锅炉燃烧系统由流化床燃烧室和布风板、飞灰分离收集装置、飞灰回送器等组成，有的还配置外部流化床热交换器。与燃煤粉的常规锅炉相比，除了燃烧部分外，循环流化床锅炉其他部分的受热面结构和布置方式与常规煤粉炉大同小异。典型的循环流化床锅炉如图 3-37 所示，国产某 450t/h 流化床锅炉本体主视图见图 3-38。

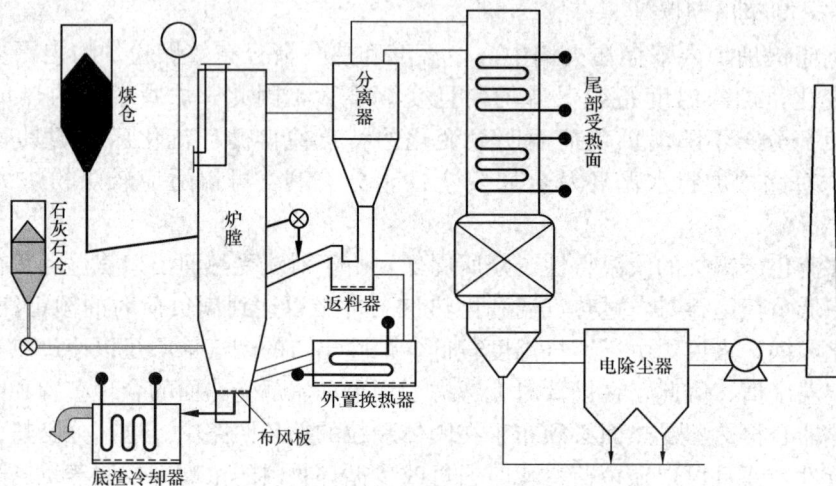

图 3-37 循环流化床锅炉系统示意图

（一）燃烧室

循环流化床锅炉燃烧室的截面为矩形，其宽度为深度的 2 倍以上，下部为一锥型结构，底部为布风板。燃烧室下部区域为循环流化床的密相区，颗粒浓度大，是燃料发生着火和燃烧的主要区域，此区域的壁面上敷设耐热耐磨材料，并设置循环飞灰返料口、给煤口、排渣口等。燃烧室上部为稀相区，颗粒浓度较小，壁面上主要布置水冷壁受热面，也可布置过热蒸汽受热面，通常在炉膛上部空间布置悬挂式的屏式受热面，炉膛内维持微正压。

流化风（也称为一次风，额定负荷下约占总风量的 40％~60％）经床底的布风板送入床层内，二次风风口布置在密相区和稀相区之间。炉膛出口处布置飞灰分离器，烟气中 95％以上的飞灰被分离和收集下来，然后，烟气进入尾部对流受热面。

给煤经过机械或气力输煤的方式送入燃烧室，脱硫用的石灰石颗粒经单独的给料管采用气力输送的方式或与给煤一起送入炉内，燃烧形成的灰渣经过布风板上或炉壁上的排渣口排出炉外。

（二）布风板

布风板位于炉膛燃烧室的底部，实际上是一个其上布置有一定数量和型式的布风风帽的燃烧室底板，它将其下部的风室与炉膛隔开。它一方面起到将固体颗粒限制在炉膛布风板上，并支撑固体颗粒（床料）的作用；另一方面，保证一次风穿过布风板进入炉膛对颗粒均匀流化。为了满足均匀、良好流化，布风板必须具有足够的阻力压降，一般占烟风系统总压降的 30％左右。风帽在布风板上的安装方式见图 3-39。我国循环流化床锅炉常用的两种风帽型式见图 3-40 与图 3-41。在大容量循环流化床锅炉中，为防止布风板过热，均采用水冷布风板，风帽则固定在水冷壁管之间的鳍片上，还将整个风室设计成水冷结构，使其可以

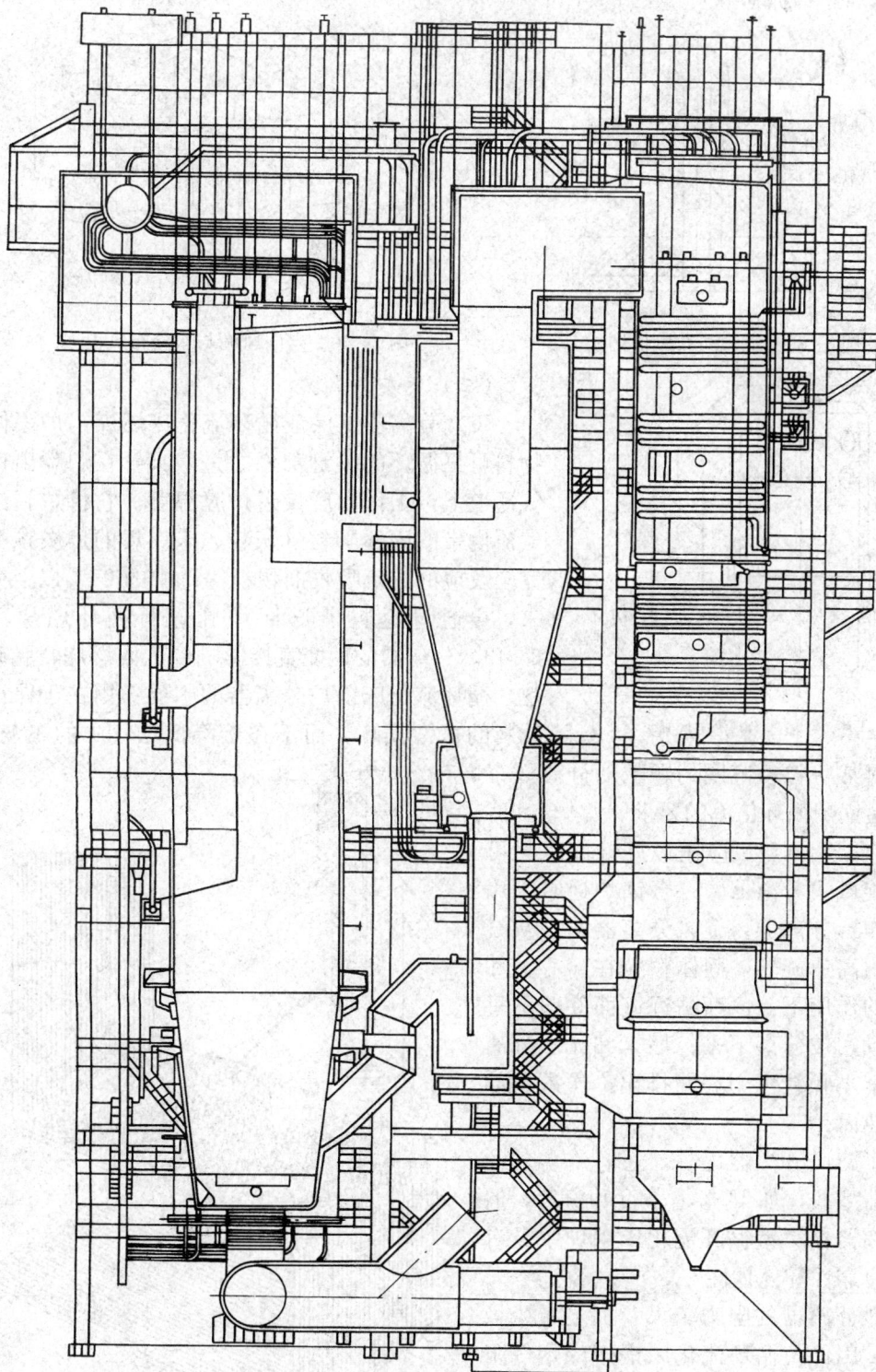

图 3-38　450t/h 流化床锅炉整体结构

减少用于水冷风箱和布风板之间的高温膨胀节和厚重的耐火层，同时有利于实现床下点火和锅炉的快速启动，如图3-42所示。

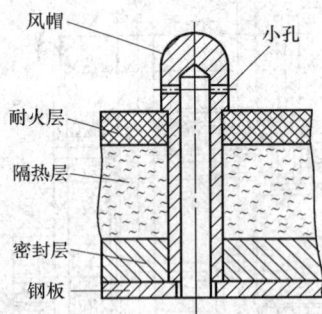

图3-39 风帽与布风板结构

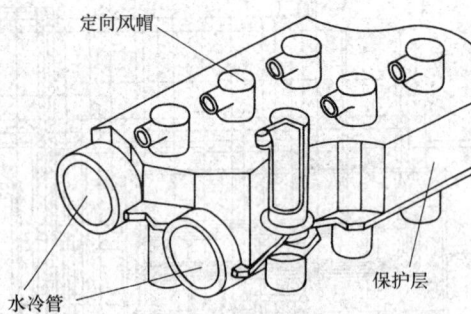

图3-40 定向风帽与水冷布风板

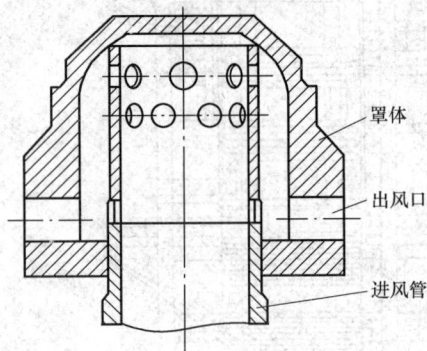

图3-41 钟罩式风帽

（三）飞灰分离器

飞灰分离器是保证循环流化床燃煤锅炉固体颗粒物料可靠循环的关键部件之一，布置在炉膛出口的烟气通道上，工作温度接近炉膛温度。它将炉膛出口烟气流携带的固体颗粒（灰粒、未燃烬的焦炭颗粒和未完全反应的脱硫吸收剂颗粒等）中的95％以上分离下来，再通过返料器送回炉膛进行循环燃烧。见图3-43。分离器的性能直接影响到炉内燃烧、脱硫与传热，循环流化床锅炉分离器的主要作用在于保证床内物料的正常循环，而不在于降低烟气中的飞灰浓度，分离器对某一粒径范围的颗粒的分离效率必须满足锅炉循环倍率的要求。

目前，最典型、应用最广性能也最可靠的是旋风式分离器，一台锅炉通常采用两台或四台分离器。旋风分离器使含灰气流在筒内高速旋转，固体颗粒在离心力和惯性力的作用下，逐渐贴近壁面并向下呈螺旋运动，被分离下来；烟气和无法分离下来的细小颗粒由中心筒排出，送入尾部对流受热面。

除了旋风分离器之外，还有许多其他的分离器型式，如U形槽、百叶窗等，但旋风分离器在大型循环流化床锅炉中具有更高的可靠性和优越性。

旋风分离器的阻力较大，加之布风板的阻力，因此，循环流化床锅炉的烟气阻力比常规煤粉炉高得多。

（四）飞灰回送装置

飞灰回送装置是将分离下来的固体颗

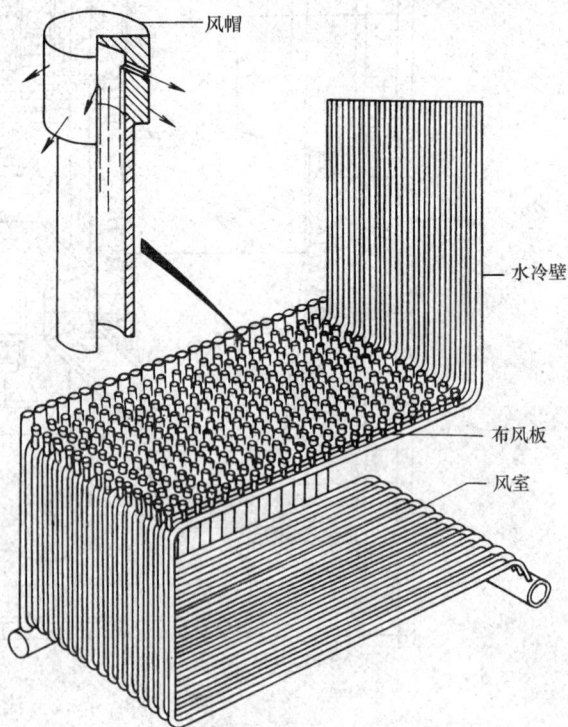

图3-42 水冷布风板结构

粒送回炉膛的装置，通常称为返料器。返料器的主要作用是将分离下来的灰由压力较低的分离器出口输送到压力较高的燃烧室，并防止燃烧室的烟气反窜进入分离器。由于返料器所处理的飞灰颗粒均处于较高的温度（一般为850℃左右），所以，无法采用任何机械式的输送装置。

目前，均采用基于气固两相输送原理的返送装置，属于自动调整型非机械阀。典型的返料器相当于一小型鼓泡流化床，固体颗粒由分离器料腿（立管）进入返料器，返料风将固体颗粒流化并经返料管溢流进入炉膛，如图3-44所示。由于分离器分离下来的固体颗粒的不断补充，从而构成了固体颗粒的循环回路。

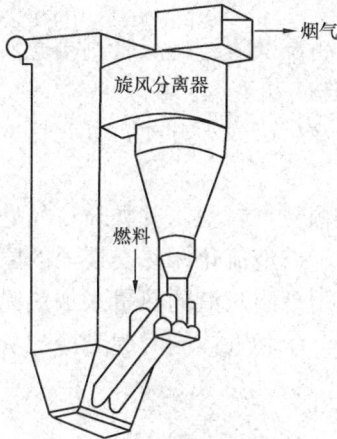

图3-43 分离器与回料   图3-44 典型返料器工作示意图

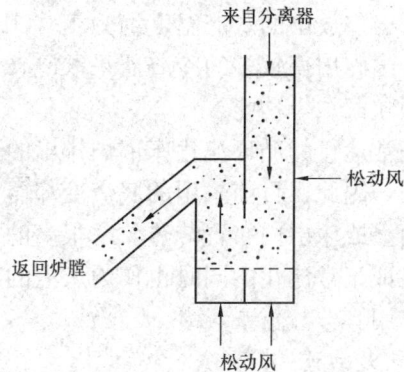

在循环流化床锅炉中，物料循环量是设计和运行控制中的一个十分重要的参数，通常用循环倍率来描述物料循环量，其定义为

$$R = \frac{F_S}{F_C} = \frac{循环物料量}{投煤量} \tag{3-16}$$

根据循环流化床锅炉设计时所选取的循环倍率的大小，可大致分为低循环倍率循环流化床锅炉（$R=1\sim5$）、中循环倍率循环流化床锅炉（$R=6\sim20$）、高循环倍率循环流化床锅炉（$R=20\sim200$）。

循环流化床锅炉燃烧系统主要特征在于飞灰颗粒离开炉膛出口后经气固分离装置和回送机构连续送回床层燃烧，由于颗粒的循环，使未燃烬颗粒处于循环燃烧中，因此，随着循环倍率增加，会使燃烧效率增加。但另一方面，由于参与循环的颗粒物料量增加，系统的动力消耗也随之增加。

（五）外部流化床热交换器

循环流化床锅炉可以带有外置式热交换器（见图3-37），外置热交换器的主要作用是控制床温，但并非循环流化床锅炉的必备部件。它将返料器中一部分循环颗粒分流进入一内置受热面的低速流化床中，冷却后的循环颗粒再经过返料器送回炉膛。根据有无外置式流化床换热器所设计的循环流化床锅炉已经在制造领域形成对应的两大流派，各自具有不同的特点。

（六）底渣排放处理系统

循环流化床燃煤锅炉的灰渣处理主要是指燃烧室底渣处理。在循环流化床的燃烧过程中，必须定期排出一些不适合构成床料的灰渣和杂质，以保证正常的流化状态。同时对应于锅炉的不同运行工况，也必须维持一定量的床内物料量，防止床压过大，多余的物料也必须及时排出。

与煤粉炉相比，循环流化床锅炉的底渣量占锅炉总灰量的比例在50%以上，再加之脱硫所形成的额外排渣，因此，灰渣的排放量比煤粉炉要大得多。同时，循环流化床锅炉的排渣具有灰渣流量不稳定、温度较高且波动大、热量回收价值高以及底渣颗粒不均匀等特点，而且底渣排渣不畅或受阻，将影响锅炉的正常运行。因此，对循环流化床锅炉底渣处理系统的要求比煤粉炉要高得多，底渣处理系统包括底渣的排放、冷却和热量回收、输送至灰场，其关键装备是底渣冷却器（也称为冷却器）。

从炉膛内排出的底渣温度与炉膛内的温度相同，高温灰渣经排渣管直接通入冷渣器。经底渣冷却器出口放出的灰渣温度约为150℃以下，再送入灰渣场。

目前，国内用得较多的冷渣器采取风（烟）水联合灰渣冷却方式，具有热量回收、灰渣分选、细颗粒回炉等功能。

由于正常运行的循环流化床锅炉排出的底渣均为颗粒物料状，其颗粒粒径处于可以良好流化的范围，因此，目前采用的底渣冷却器大都是基于鼓泡流化床热交换器的原理，在鼓泡流化床壁面上或床层内布置传热效率很高的受热面，用高温灰渣的热量来加热锅炉给水，流化气体在保证正常流化的同时也作为灰渣的冷却介质，水和气体同时起到冷却灰渣和回收灰渣热量的作用。

（七）点火系统

循环流化床锅炉的点火操作是将静止的、常温状态下的固体物料转变为流化状态下正常燃烧的一个动态过程，这一过程比煤粉炉或层燃炉的启动点火要困难得多，其难度主要在于床温的控制。大容量的循环流化床锅炉的点火均采用床下风道燃烧器（如图3-45所示），通过在炉膛水冷风室下部前一次风道内布置有两台风道点火器，将通入布风板下的一次风加热到900℃左右，使高温烟气通过布风板流过并迅速加热颗粒物料床层。同时，还常辅助以床上点火油枪。

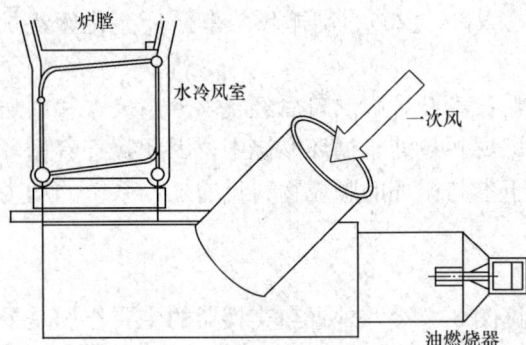

图3-45 风道点火器

循环流化床燃煤锅炉的辅助系统与常规煤粉炉有很大区别。如煤的破碎与筛分系统及石灰石制备系统，送入炉内的煤和石灰石的颗粒粒径大小与分布对炉内颗粒浓度分布和保证合理的物料循环均是至关重要的。

循环流化床锅炉在运行和调节方式上与常规煤粉锅炉有着显著的差异，维持正常的床温、床内存料量和循环物料量是循环流化床锅炉稳定、经济运行的关键，几乎所有的燃烧控制和调节均是围绕维持稳定的床温和所要求的蒸汽参数进行的。在锅炉的运行过程中，需要监测和控制大量固体颗粒的输运，还需要控制一次风和二次风的比例。所以，循环流化床锅炉的自动控制系统需要完成较常规煤粉锅炉更复杂的控制任务。

小　　结

1. 燃料的燃烧是一个复杂的物理、化学反应过程，燃烧速度和燃烧程度直接影响锅炉运行的经济性，燃烧速度主要与反应系统的温度有关，温度越高，燃烧速度越快。燃烧产物中可燃质越少，燃烧完全程度越高，燃烧的经济性越好。提出了煤粉气流迅速完全燃烧的四个基本条件。

2. 煤粉气流的燃烧过程经历了着火、燃烧和燃烬三个阶段，本单元介绍了影响煤粉气流着火和燃烧的因素及强化煤粉气流着火、燃烧和燃烬的措施。

3. 直流燃烧器喷出的气流是直流射流，射流进入炉膛后与烟气发生物质、动量和热量的交换，烟气被卷吸到射流中，使气粉混合物的温度升高，射流速度降低，直流燃烧器一般采用四角布置切圆燃烧方式，四股气流在炉膛中心绕着假想切圆旋转，呈螺旋上升。直流燃烧器由一组圆形、矩形或多边形的喷口组成。根据流过喷口的介质不同分为一次风口、二次风口和三次风口。由于风口的排列方式不同又分为均等配风和分级配风。均等配风适用于烟煤和褐煤；分级配风适用于无烟煤和贫煤。

4. 旋流燃烧器出口气流是旋转射流，在射流中心形成一个回流区，在燃烧过程中，从内外两侧卷吸高温烟气，对稳定着火起着重要作用。旋流燃烧器通常布置在炉膛的前墙或两面墙，分别构成 L 形火焰、双 L 形火焰。旋流燃烧器种类较多，常用的有切向叶片和轴向叶片型等。其特点是二次风旋转，一次风直流或弱旋，旋转强度可调节，以适应不同挥发分煤种燃烧的需要。

5. 为了改善燃烧器的着火稳燃性能和扩大锅炉的负荷调节范围，降低煤粉燃烧时 NO_x 生成量，满足日益严格的环保要求，近年来国内外研制开发了浓淡型煤粉燃烧器和低 NO_x 煤粉燃烧器以及 W 形火焰燃烧方式。

6. 炉膛既是燃烧空间，又是锅炉的换热部件。它的结构既要保证燃料完全燃烧，连续可靠地工作而又不发生炉膛结渣，同时又应使烟气在达到炉膛出口处冷却到对流受热面安全工作所允许的温度。

复 习 思 考 题

3-1　回答下列概念：

(1) 着火热；(2) 卷吸；(3) 射程；(4) 燃烧器；(5) 切圆燃烧；(6) 锅炉结渣。

3-2　什么是燃烧速度？分析影响燃烧速度的因素。

3-3　煤粉气流在炉膛中的燃烧过程分哪几个阶段？各阶段的特点、要求是什么？

3-4　影响煤粉气流着火与燃烧的因素有哪些？如何强化煤粉气流的着火、燃烧和燃烬？

3-5　燃烧器的作用和基本要求是什么？

3-6　直流燃烧器有哪些结构型式？燃烧无烟煤的直流燃烧器结构上有哪些特点？

3-7　直流燃烧器四角布置、切圆燃烧方式有何特点？这种燃烧方式是如何组织煤粉气流的着火和燃烧的？

3-8　旋流燃烧器有哪些主要型式？旋转射流的特性如何？

3-9　采用旋流燃烧器，当煤种变化时，如何调整射流的旋转强度以保证煤粉的稳定着火和燃烧？

3-10 举例分析煤粉燃烧器如何提高着火燃烧稳定性，以及如何降低 NO_x 的生成量?

3-11 直流燃烧器 W 形火焰燃烧方式有哪些特点?

3-12 点火装置的作用是什么? 煤粉预燃室点火装置的原理是什么?

3-13 等离子点火器的工作原理是什么?

3-14 煤粉炉炉膛的作用和要求是什么? 影响结渣的因素有哪些? 如何防止结渣?

3-15 循环流化床锅炉的工作原理。与常规的煤粉炉相比，循环流化床锅炉有何特点?

3-16 循环流化床锅炉布风板的主要型式有哪几种? 布风板有何作用?

循环原理及蒸汽净化

内容提要

蒸发设备的类型、作用和结构特点，自然循环的形成，自然循环安全问题及锅炉在结构上采取的措施，强迫流动锅炉，蒸汽净化设备和布置等。

课题一 自然循环原理

教学目的

掌握蒸发设备的作用，自然循环原理、可靠性指标及对循环工作的影响。

教学内容

一、蒸发设备

蒸发设备是锅炉的重要组成部分，其作用是吸收火焰或烟气的热量，使水蒸发形成饱和蒸汽。自然循环锅炉的蒸发设备包括汽包、下降管、水冷壁、联箱及连接管道等，由它们组成的系统称为蒸发系统，如图4-1所示。

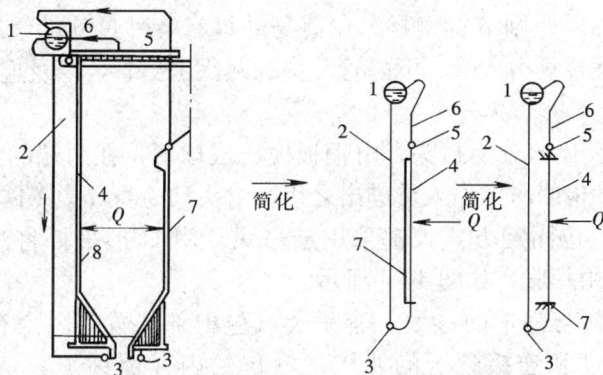

图4-1 自然循环锅炉蒸发系统

1—汽包；2—下降管；3—下联箱；4—水冷壁；

5—上联箱；6—汽水混合物引出管；

7—炉墙；8—炉膛

在蒸发设备中，汽包、下降管、联箱等部件布置在炉外不受热；水冷壁一般布置在炉膛四壁，接受炉膛高温火焰和烟气的辐射热量。蒸发系统的工作流程：从省煤器来的给水先进入汽包，经下降管、下联箱送入水冷壁，水在水冷壁内吸收热量，部分蒸发并形成汽水混合物，进入上联箱汇合后，经引出管回到汽包进行汽水分离。分离出来的饱和蒸汽从饱和蒸汽引出管送到过热器;分离出来的水则进入下降管再次循环。这样由汽包、下降管、水冷壁、联箱及连接管道所组成的闭合回路,称为循环回路。

(一) 汽包

汽包是锅炉重要部件之一。现代电厂锅炉只有一个汽包,横置于炉外顶部,不受火焰和烟气的直接加热,并施以绝热保温。其主要作用如下:

(1) 接受省煤器来的给水,与下降管、水冷壁等连接组成蒸发系统,并向过热器输送饱和蒸汽,如图 4-2 所示。因此汽包是加热、蒸发、过热三个过程的连接枢纽和大致分界点。

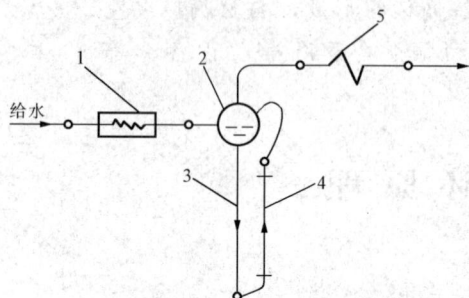

(2) 汽包中存有一定量的汽、水,因而具有一定的储热能力。在负荷变化时,能起到蓄热器和蓄水器的作用,可以缓解汽压变化的速度,对锅炉运行调节有利。

(3) 汽包内装有汽水分离装置、蒸汽清洗装置、排污装置、锅内加药装置等,可以提高蒸汽品质。

(4) 汽包上装有压力表、水位计和安全阀等附件,汽包内还装有事故放水装置等,用来保证汽包锅炉的安全运行。

图 4-2 受热面管子和管道与汽包的连接
1—省煤器;2—汽包;3—下降管;
4—水冷壁;5—过热器

汽包的结构如图 4-3 所示。汽包是一个钢质圆筒形压力容器,由筒身和封头两部分组成。

图中圆柱部分为筒身。当其为等厚壁时,由钢板卷制焊接而成,如图 4-3 (a) 所示;当其是上厚下薄的不等厚壁时,则是由上下两部分焊接而成,如图 4-3 (b) 所示。等厚壁筒身加工简单;而不等厚壁则节省钢材。在筒身外焊有各种尺寸的管座,用以连接各种管道,如给水管、汽水混合物引入管、下降管、饱和蒸汽引出管,以及连续排污管、事故放水管和加药管等。

图 4-3 中两端的突出部分为封头,由钢板模压成球形,在两端的封头上留有圆形或椭圆形人孔,以备安装和检修时工作人员进出之用。封头和筒身焊成一体。

现代电厂锅炉的汽包固定方式大都采用悬吊式(用 U 形吊杆将汽包悬吊在炉顶钢梁上),以保证汽包能自由膨胀,如图 4-4 所示。

汽包的尺寸和材料与锅炉的参数、容量及汽包内部装置等因素有关。汽包的长度应适应锅炉的容量、宽度和连接管子的要求;汽包的内径由锅炉容量和汽水分离装置的要求来决定;汽包壁厚由锅炉的压力、汽包的直径与结构以及钢材的强度来决定。一般锅炉压力越高及汽包直径越大,汽包壁就越厚。但是汽包壁太厚,不仅使制造困难,而且在运行中由于内外壁温差大,会产生较大的热应力,因此,可采用较好的材料来减小汽包壁厚。中低压锅炉一般采用 20 号或 22 号锅炉钢;高压锅炉采用 22 号锅炉钢或低合金钢;超高压和亚临界压力锅炉采用合金钢。高压以上锅炉的汽包内径一般为 1600~1800mm,壁厚 80~150mm,长度一般为 14~26m。表 4-1 列出了部分锅炉汽包的尺寸和材料。

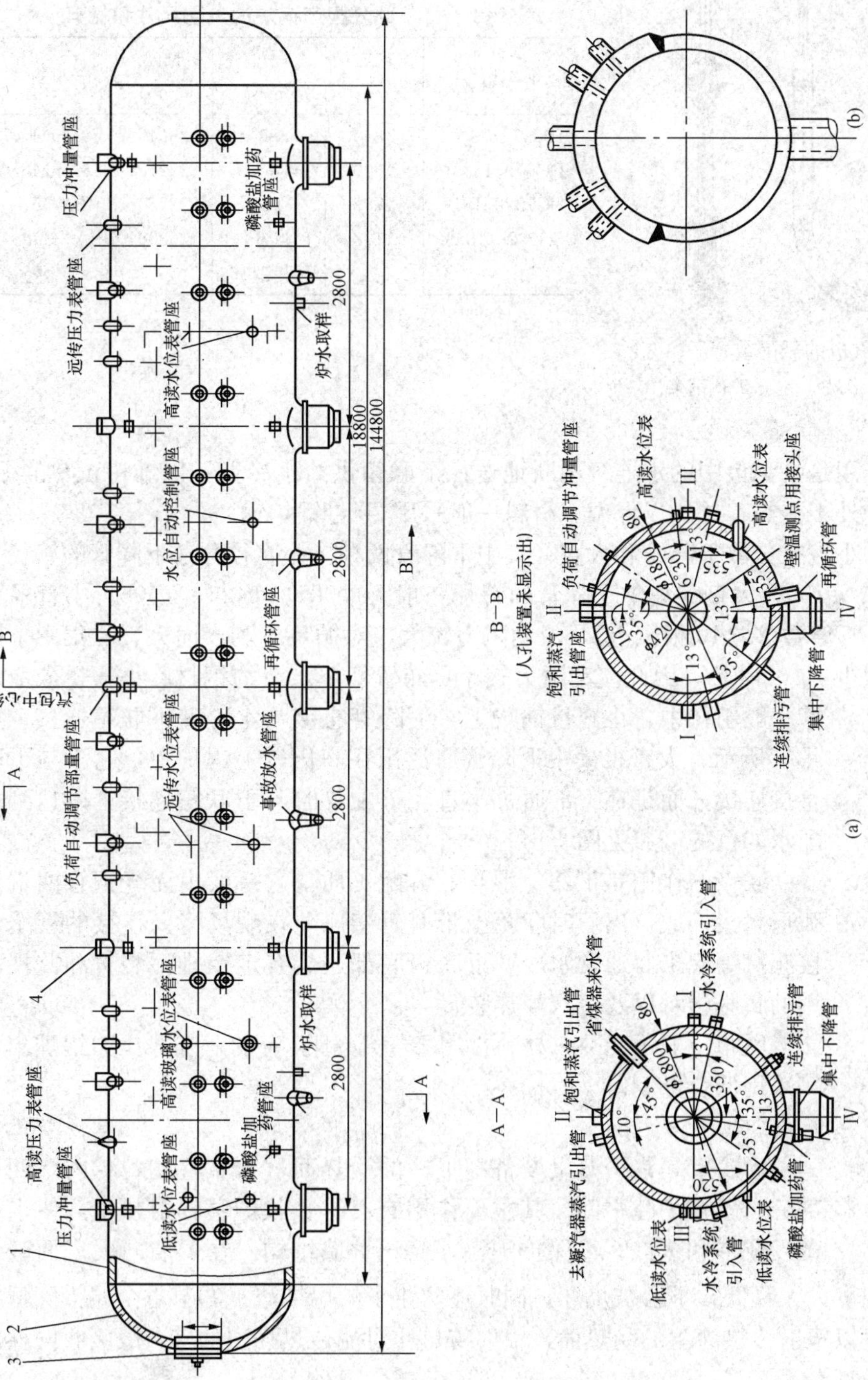

图 4-3 锅炉汽包结构示意图

(a)等厚壁座结构；(b)不等厚壁座结构

1—筒身；2—封头；3—人孔门；4—管座

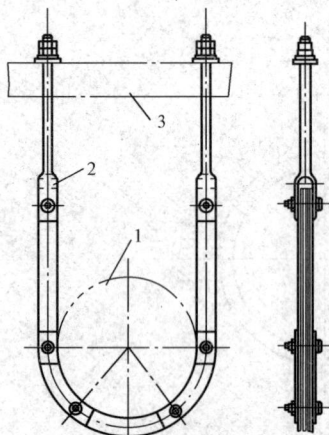

图4-4 汽包的悬吊装置
1—汽包；2—U形吊杆；3—炉顶钢梁

表4-1 部分国产锅炉的汽包尺寸和材料

锅炉型号	汽包内径 (mm)	厚度 (mm)	长度 (mm)	材料
HG670/13.7	1800	80	25640	14MnMov
DG670/13.7	1800	90	22210	18MnMoNb
DG1025/18.2	1792	145	22250	BHW35
SG1025/18.3	1178	上半部 200 下半部 166	16000	SA—299

（二）下降管和联箱

下降管的作用是将汽包中的水连续不断地送往下联箱供给水冷壁，以维持正常的循环。下降管布置在炉外不受热，并加以保温。材料一般采用20号锅炉钢。

下降管分为小直径分散下降管和大直径集中下降管两种。小直径分散下降管的管径一般为Φ108、Φ133、Φ159；大直径集中下降管的管径一般为Φ325、Φ426、Φ508。小直径分散下降管的管径小、管数多（40根以上），流动阻力较大，对循环不利；而大直径集中下降管的管径大、管数少（4～6根），因此流动阻力较小，布置简单，节约钢材。小直径分散下降管一般用在中、小容量锅炉上，下降管直接与水冷壁下联箱连接，如图4-5所示；大直径集中下降管广泛用在高压以上锅炉上，它不与下联箱直接连接，而是在下部通过小直径分配支管与下联箱连接，以达到均匀配水的目的（参见图4-1）。

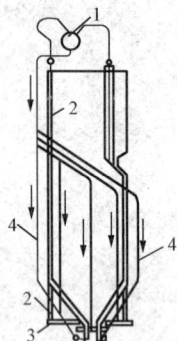

图4-5 小直径分散下降管的连接
1—汽包；2—水冷壁；3—水冷壁联箱；4—下降管

联箱的作用是汇集、混合、分配工质。它一般由无缝钢管两端焊上弧形封头构成，出厂时联箱上带有管接座，在现场将要连接的管子与管接座对焊起来。通常水冷壁下联箱底部还装有定期排污装置和监视膨胀用的膨胀指示以及蒸汽加热装置。

联箱一般不受热，材料常用20号碳钢。有的亚临界压力锅炉出口联箱采用低合金钢。

（三）水冷壁

水冷壁是锅炉蒸发设备中唯一的受热面，它布置在炉膛内壁四周或部分布置在炉膛中间。其主要作用有：①吸收炉膛辐射热量，使水部分蒸发成饱和蒸汽。②保护炉墙，简化炉墙结构。在炉墙向火表面敷设水冷壁，使炉墙温度大大降低，不会被烧坏，同时还防止了炉墙结渣。③节省金属，降低锅炉造价。水冷壁是以辐射传热为主的受热面，辐射传热比对流传热强烈的多，故吸收同样的热量，可节省金属用量。

水冷壁是由许多并列的上升管和联箱构成的组合件。锅炉一般采用Φ60×5或Φ60×6及Φ42×5的管子；亚临界压力锅炉采用Φ57×6.5及Φ63.5×7.5的管子。水冷壁管的材料一般用 20 号碳钢，亚临界压力锅炉有的采用低合金钢，如 15CrMo。

水冷壁的主要型式有光管式、膜式、销钉式和内螺纹管式四种。

光管水冷壁是由普通无缝锅炉钢管弯制组合而成。它在炉墙上的布置情况如图 4-6 所示。

水冷壁管排列的疏密程度用管子相对节距 S/d 表示。S/d 越小，管子排列越紧密，炉膛壁面单位面积的吸热量越多，而且对炉墙保护也越好，一般 $S/d=1.05\sim1.25$。

现代锅炉水冷壁管的一半被埋在炉墙里，使水冷壁与炉墙浇成一体，形成敷管式炉墙。其炉墙温度低，故炉墙薄，既节省了材料，又减轻了重量，还便于采用悬吊结构。光管水冷壁的特点是结构简单，制造、安装、检修方便，成本低。

销钉水冷壁是在光管水冷壁上焊一些直径为 9～12mm、长度为 20～25mm 的圆钢而构成，如图 4-7 所示。

用销钉可以固牢耐火塑料，形成卫燃带、熔渣池等，使水冷壁吸热减少，提高了着火区域或熔渣池的温度，保证稳定着火或顺利流渣。由于销钉式水冷壁的焊接工作量大，质量要求高，因而只用在卫燃带、旋风筒、熔渣池等特殊区域。

膜式水冷壁是将许多根轧制鳍片管或焊接鳍片管沿纵向依次焊接起来，构成整体的水冷壁受热面，使整个炉膛周围被一层整块的水冷壁膜严密包围起来。其结构如图 4-8 所示。

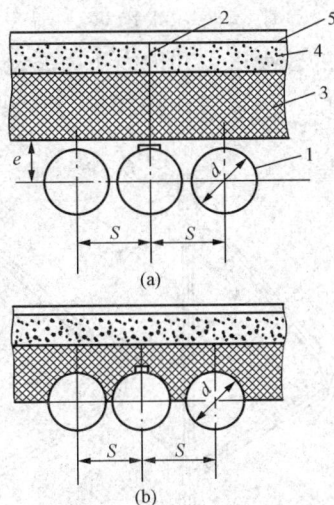

图 4-6 光管水冷壁在炉墙上布置
(a) 轻型炉墙；(b) 敷管式炉墙
1—管子；2—拉杆；3—耐火材料；
4—绝热材料；5—外壳

图 4-8 (a) 是国产超高压锅炉常用的轧制鳍片管膜式水冷壁。它是用轧制的 $\varphi 60\times 5.5$ 鳍片管焊接而成。鳍片的断面为梯形，鳍片高为 10mm，根部宽 9mm，顶部宽 6mm，管子相对节距 S/d 一般为 1.2～1.35。图 4-8 (b) 是国产亚临界压力自然循环锅炉采用的焊接鳍片管膜式水冷壁。它是用 $\varphi 63.5\times 7.5$ 的光管与 6mm 厚、12mm 宽的扁钢鳍片焊

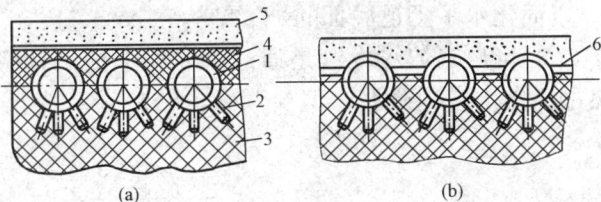

图 4-7 销钉式水冷壁
(a) 带销钉的光管水冷壁；(b) 带销钉的膜式水冷壁
1—水冷壁；2—销钉；3—耐火塑料层；
4—铬矿砂材料；5—绝热材料；6—扁钢

接而成，管间节距为 76.2mm。

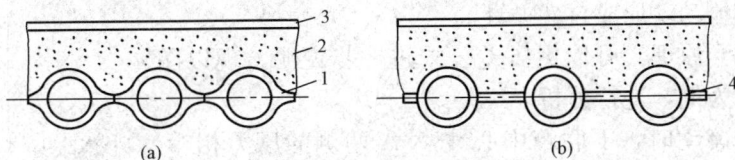

图 4-8 膜式水冷壁结构
(a) 轧制鳍片管式；(b) 光管焊接扁钢鳍片管式
1—轧制鳍片管；2—绝热材料；3—外壳；4—扁钢

膜式水冷壁的优点是：①保护炉墙好，炉墙只需采用保温材料，而不用耐火材料，其厚度和重量大大减轻；②炉膛严密性好，使炉膛的漏风大大减少，改善了炉膛燃烧工况；③在

制造厂焊成组件出厂，使安装快速方便。缺点是制造、检修工艺较复杂。膜式水冷壁被广泛的用在现代电厂锅炉上。

敷管膜式水冷壁，由于炉墙外层无护板和框架梁，故刚性较差。为防止因炉膛爆燃产生的较大压力和炉内压力波动而造成水冷壁结构变形或损坏，在炉墙外侧四周分层布置了刚性梁，似腰带样将水冷壁箍紧，使整个水冷壁成为刚性整体。

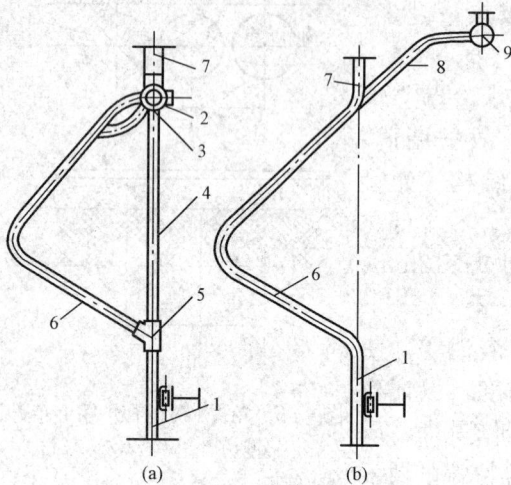

图4-9 折焰角结构

(a) 老炉型折焰角；(b) 新炉型折焰角

1—后墙水冷壁；2—中间联箱；3—节流孔板；

4—垂直短管；5—分叉管；6—折焰角；7—悬吊管；

8—水平烟道底包墙管；9—水平烟道底包墙管联箱

在现代锅炉后墙水冷壁的上部都将部分管子分叉弯制而成折焰角，如图4-9所示。采用折焰角既能防止炉膛出口受热面结渣，又能改善火焰在炉内的充满程度；还能改善屏式过热器的传热情况；同时，延长了水平烟道的长度，便于对流过热器和再热器的布置，使锅炉整体结构紧凑。图4-9（a）所示为早期折焰角结构，后墙水冷壁上部通过分叉管分为两路，一路是弯形管构成折焰角，另一路垂直向上，然后在中间联箱汇合。在垂直短管上装有节流孔板，以使大部分汽水混合物能从受热较强的折焰角通过。图4-9（b）所示为新型锅炉的折焰角结构。它取消了中间联箱，后墙水冷壁自折焰角后分开，每三根中有一根作后墙水冷壁的悬吊管，其余两根向后延伸形成水平烟道斜底，以简化水平烟道底部的炉墙结构。

电厂锅炉水冷壁是通过上联箱上的吊杆将其悬吊在炉顶钢梁上。运行中，水冷壁受热可以向下自由膨胀，但要限制向水平方向移动，以免造成结构变形。

二、自然循环原理与可靠性指标

（一）自然循环原理

在循环回路中，水冷壁吸收炉膛火焰和烟气的辐射热量，使部分水蒸发，形成汽水混合物；而下降管不受热，管内是水。因此，下降管中水的密度大于水冷壁中汽水混合物的密度，在下联箱两侧产生压力差（两侧液柱的重位差），此压差将推动工质在水冷壁中向上流动，在下降管中向下流动，形成自然循环。

对于自然循环原理，可以用压差公式进一步说明，现以图4-10所示的简单回路为例，进行分析。

在循环稳定流动时，下联箱中心线 A-A 两侧的压力相等。自然循环因工质的速度压头相对较小而忽略，这样两侧压力为汽包压力、工质的重位压头和流动阻力三者的代数和，即

$$p_{qb} + H\bar{\rho}_{xj}g - (\Delta p_{ld})_j = p_{qb} + H\bar{\rho}_s g + (\Delta p_{ld})_s \qquad (4-1)$$

式中　　p_{qb}——汽包压力，Pa；

$(\Delta p_{ld})_j$、$(\Delta p_{ld})_s$——下降管、上升管的流动阻力，Pa；

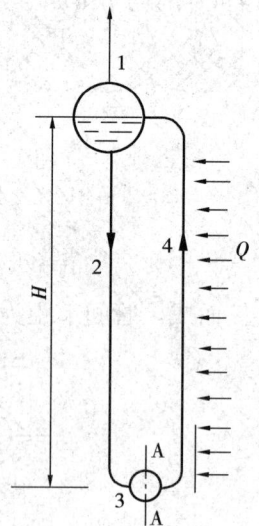

图4-10 简单自然
循环回路示意图

1—汽包；2—下降管；

3—下联箱；4—水冷壁

H——循环回路的高度，m；

$\bar{\rho}_{xj}$、$\bar{\rho}_s$——下降管、上升管内工质的平均密度，kg/m³；

g——重力加速度，9.81m/s²。

消去等式两侧的汽包压力 p_{qb}，则得

$$H\bar{\rho}_{xj}g - (\Delta p_{ld})_j = H\bar{\rho}_s g + (\Delta p_{ld})_s \tag{4-2}$$

式（4-2）等号左侧为下联箱与汽包之间在下降管侧的总压差；右侧为下联箱与汽包之间在上升管侧的总压差。此式表明：在下降管中水是向下流动的，而水流产生的流动阻力方向指向上，背离下联箱 A-A 截面，使下降管侧的总压差小于下降管中水柱的重位压头；在水冷壁中汽水混合物是向上运动的，而流动产生的流动阻力方向指向下联箱 A-A 截面，使上升管侧的总压差大于上升管中汽水混合物的重位压头。

若以 Δp_j 和 Δp_s 分别表示下降管侧与上升管侧的总压差，则式（4-2）变为

$$\Delta p_j = \Delta p_s \tag{4-3}$$

式（4-2）和式（4-3）均称为自然循环回路的压差公式。压差公式说明：在稳定流动时，下降管侧的总压差等于上升管侧的总压差。

自然循环原理除了用上述压差公式说明外，还可以用运动压头公式来阐述。

将压差公式（4-2）移项并整理可得

$$H(\bar{\rho}_{xj} - \bar{\rho}_s)g = (\Delta p_{ld})_j + (\Delta p_{ld})_s \tag{4-4}$$

公式的左端称为循环回路的运动压头，用 p_{yd} 表示，即

$$p_{yd} = H(\bar{\rho}_{xj} - \bar{\rho}_s)g \tag{4-5}$$

由上式可见，运动压头是在一定高度的循环回路中，由下降管内水柱重与上升管内汽水混合物柱重之差产生的。它表示了自然循环的推动力。

式（4-4）的右端是循环回路的总阻力，用 $\sum p_{ld}$ 表示，即

$$\sum \Delta p_{ld} = (\Delta p_{ld})_j + (\Delta p_{ld})_s \tag{4-6}$$

则式（4-4）也可写为

$$p_{yd} = \sum \Delta p_{ld} \tag{4-7}$$

式（4-7）称为运动压头公式。它说明在稳定的自然循环流动时，运动压头正好用来克服循环回路的流动阻力。这个平衡表示了有一稳定的循环流速。

运动压头越大，自然循环的推动力也就越大，循环回路中工质的流速一般也越大，它可以克服更大的流动阻力，这有利于建立良好的循环。

运动压头的大小取决于循环回路的高度 H 和下降管与上升管之间工质的密度差（$\bar{\rho}_{xj} - \bar{\rho}_s$）。显然，当增加循环回路高度或上升管受热增强时，运动压头增大；若下降管带汽，下降管内工质的平均密度减小，运动压头将减小。

随着电厂锅炉的工作压力提高，汽水的密度差减小，运动压头减小。当运动压头小到一定程度时，将使自然循环趋于困难。理论和实践证明，自然循环锅炉的最高工作压力为19~20MPa 左右。压力再高就很难保证循环的稳定，这时必须采用强迫流动，即利用水泵的压头来推动工质流动。

（二）自然循环工作的可靠性指标

反映自然循环工作可靠性的指标主要有循环流速和循环倍率。

循环流速是指在循环回路中，按工作压力下饱和水密度折算的上升管入口处的水流速，

用 w_0 表示。循环流速直接反映了管内流动的工质将管外传入热量和所产生汽泡带走的能力。循环流速越大，进入水冷壁的水量越多，从管壁带走的热量及汽泡也越多，对管壁的冷却条件也越好。

循环流速的大小与锅炉的容量和压力有关，并取决于循环回路所能提供的运动压头和回路流动阻力的平衡关系。循环流速推荐范围见表 4-2。

表 4-2 自然循环燃煤锅炉循环流速和循环倍率

汽包压力（MPa）		4～6	10～12	14～16	17～19*
锅炉蒸发量（t/h）		35～240	160～420	400～670	≥800
循环流速 w_0（m/s）	上升管引入汽包	0.5～1	1～1.5	1～1.5	1.5～2.5
	有上联箱	0.4～0.8	0.7～1.2	1～1.5	1.5～2.5
界限循环倍率 K_{jx}		10	5	3	≥2.5[1]
推荐循环倍率 K		15～30	7～15	5～8	4～6

* 对于亚临界参数的锅炉，表中的 K_{jx} 是不出现沸腾传热恶化的最小循环倍率。

循环流速虽然反映了流经整个管子的水流快慢，但它是按上升管入口水量计算的。对热负荷不同的上升管，因各管产汽量不同，即使循环流速相同，在上升管出口水流量也不相同。对热负荷较大的上升管，由于产汽量较多，出口的水流量少，难以在管壁上维持连续流动的水膜；同时，汽水混合物的流速增大，可能撕破较薄的水膜，而造成沸腾传热恶化，使金属超温。可见，仅靠循环流速并不能完全表明循环工作的安全性。因而要用循环倍率来共同反映循环工作可靠性。

循环倍率 K 是指在循环回路中，进入上升管的水量 G 与上升管出口产生的蒸汽量 D 之比，即

$$K = \frac{G}{D} \tag{4-8}$$

循环倍率说明上升管中每产生 1kg 的蒸汽，需要进入上升管的循环水量或进入上升管的循环水量需要经过多少次循环才能全部变成蒸汽。

循环倍率 K 的倒数称为上升管出口汽水混合物的质量含汽率或干度，以符号 x 表示。质量含汽率 x 表示汽水混合物中蒸汽质量流量的份额，即说明上升管出口蒸汽含量的多少。循环倍率 K 越大，含汽率 x 越小，表明上升管出口汽水混合物中水的份额越大，则管壁水膜稳定，循环就越安全。但若循环倍率 K 值过大，上升管中产汽量太少，运动压头过小，将使循环流速减小，也不利于循环的安全。因此，循环倍率 K 过大或过小，都对循环的安全不利。

在锅炉工作压力和循环回路高度一定时，运动压头的大小取决于上升管中的质量含汽率 x，即取决于热负荷。当热负荷增大时，产汽量多，x 增大，运动压头增加，但同时上升管的流动阻力也随着增大。而循环流速的变化取决于运动压头和流动阻力中变化较大的一个。在热负荷增加的开始阶段，质量含汽率 x 较小，运动压头的增加大于流动阻力的增加，因此，随着 x 的增大，循环流速增大；当热负荷增加到一定程度，x 增大到一定数值后，继续增大 x，由于汽水混合物的容积流量过大，将使流动阻力的增加大于运动压头的增加，这时随着 x 的增大，循环流速反而减小。循环流速 w_0 与质量含汽率 x 的关系如图 4-11 所示。

与最大循环流速 w_0^{max} 对应的质量含汽率，称为界限含汽率 x_{jx}，界限含汽率的倒数为界限循环倍率 K_{jx}。

由图 4-11 可见。自然循环回路中，当 $x < x_{jx}$（或 $K > K_{jx}$）时，随着热负荷增大，上升管受热增强，循环流速和循环水量增大；而当受热减弱时，循环流速和循环水量也相应减小。自然循环的这种特性称为自补偿能力。显然，自补偿能力对自然循环的安全工作有利。但是，若热负荷过大，上升管受热过强，当 $x > x_{jx}$（或 $K < K_{jx}$）时，随着受热面吸热增加，循环流速和循环水量反而减小，则失去自补偿能力，使工质对管壁的冷却变差，管子易超温破坏。

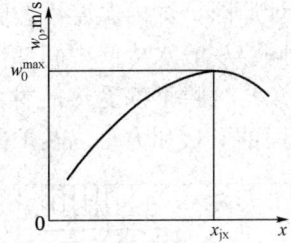

图 4-11　循环流速 w_0 与上升管质量含汽率 x 的关系

由上述可见，为了保证自然循环工作的安全，锅炉应始终工作在自补偿能力的范围内，即必须使 $x < x_{jx}$（或 $K > K_{jx}$）。另外，对汽包压力大于 17MPa 的锅炉，上升管出口的含汽率还应受到不发生"蒸干"传热恶化的限制，循环倍率和循环倍率的推荐范围见表 4-2。

课题二　自然循环常见故障

教学目的

　　了解自然循环常见故障及在结构上采取的措施。

教学内容

　　自然循环锅炉由于结构设计上的差异和实际运行工况的变化等影响，可能发生一些使循环不正常或不安全的情况。自然循环常见故障有循环停滞和倒流、汽水分层、下降管含汽和水冷壁的沸腾传热恶化等。

一、循环停滞和倒流

（一）循环停滞和倒流

在循环回路中，当并列工作的水冷壁管受热不均匀时，受热弱的管子由于产汽量少，汽水混合物的密度大，使下降管和水冷壁内工质的密度差减小，运动压头下降，循环推动力也就减小，因而管内的工质流速降低。当管子受热弱到一定程度，工质流速接近或等于零时称为循环停滞。这时管内工质几乎不流动，所产生的少量汽泡在水中缓缓地向上浮动，热量的传递主要依靠导热，虽然管子热负荷较低，但因热量不能及时的带走，管壁仍可能超温。另外，由于停滞管的不断蒸发而进水量很少，长期停滞时锅水含盐浓度增大，将造成管壁结垢和腐蚀。

循环倒流发生在具有上下联箱的并列水冷壁管中受热最弱的管子里，这时原来工质向上流动的水冷壁变成了工质自上而下流动的受热下降管，此时循环流速为负值。倒流一般没有危害，只有当蒸汽向上的速度与倒流水速相近时，会使汽泡集聚、长大，形成汽塞。汽塞处的管壁可能造成管子过热或疲劳损坏。

由上可见，并列水冷壁管的受热不均匀是造成循环停滞和倒流的基本原因。而由于结构设计原因，炉内温度沿炉膛宽度和深度方向的分布是不均匀的，故水冷壁各部位的吸热也就不同。一般水冷壁中间部位的热负荷比两侧要高，尤其是燃烧器区域附近的热负荷最大，而炉角与炉膛下部受热最弱。炉内热负荷的大小与分布决定于燃烧器的布置、燃料性质、炉膛截面的形状和大小以及炉内燃烧工况等。

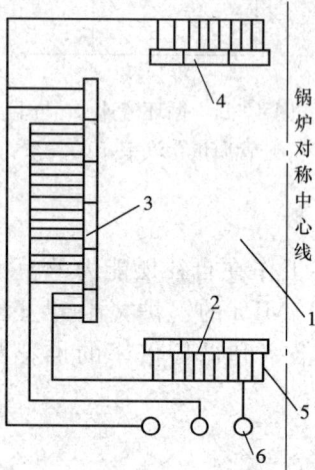

图 4 - 12　DG—1025/18.2—Ⅱ4
型自然循环锅炉的循环回路图
1—炉膛；2、3、4—前墙、侧墙、
后墙水冷壁；5—下降管支管；
6—大直径下降管

（二）防止发生循环停滞和倒流的措施

减小并列水冷壁管的受热不均匀和流动阻力，可以有效地防止循环停滞和倒流。为此，电厂锅炉在结构和布置上采取的措施如下：

1. 减小并列水冷壁管的受热不均

（1）按受热情况划分循环回路。按照每面墙上水冷壁的受热情况将水冷壁划分成 3～8 个循环回路，使每个回路中管子的受热情况和结构尺寸尽可能相近。图 4 - 12 所示为 DG—1025/18.2—Ⅱ4 型亚临界压力自然循环锅炉的循环回路，锅炉共分为 24 个循环回路，前、后、侧墙各 6 个回路。

（2）改善炉角边管的受热情况。由于炉膛四角布置的管子受热最弱，因此可采用在四角不布置管子，或将炉角上 3～4 根水冷壁管节距的宽度切成斜角，形成所谓的"八角炉膛"，如图 4 - 13 所示。

（3）采用平炉顶结构。使两侧墙水冷壁受热区段的高度相等，减少了受热不均。

2. 降低循环回路的流动阻力

（1）采用大直径集中下降管。在保持下降管总截面积不变的条件下，采用大直径集中下降管，可以减少下降管的流动阻力，有利于循环正常。

（2）增大下降管截面比 A_{xj}/A_s 或汽水引出管截面比 A_{yc}/A_s。增大截面比，表示下降管或汽水引出管总截面积增大，使下降管与汽水引出管的阻力减小，有利于循环正常。

二、汽水分层

在水平或微倾斜的蒸发管中，当汽水混合物流速较低时，水将在管子下部流动，汽在管子上部流动，形成汽水分层。如图 4 - 14 所示。

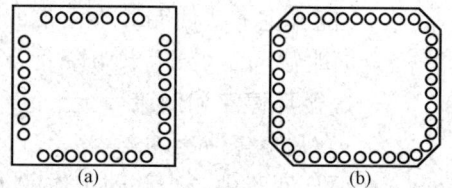

图 4 - 13　炉角的结构和布置情况
(a) 炉角不布置管子；(b) 八角炉膛

发生汽水分层时造成管子上下部温差热应力和上部管壁的超温、结盐，以及在汽水分界面附近因产生交变热应力造成疲劳损坏等。汽水分层的形成与汽水混合物流速、蒸汽含量和管子内径有关。流速越低，蒸汽含量越高，管子内径越大，越容易发生汽水分层。

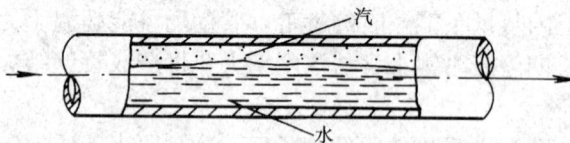

图 4 - 14　水平管中汽水分层流动

防止汽水分层的措施是在结构上尽可能的不布置水平或倾斜度小于 15°的蒸发管。必须采用时，则要求汽水混合物应保持较高的速度，使搅动作用大于汽水的重力作用，这样就不会发生汽水分层。

三、下降管含汽

当下降管中工质含有蒸汽时，管内工质的平均密度减小，运动压头下降，循环的推动力减小。同时因管内工质的容积流速增大，使下降管内的流动阻力增大，因此可能造成循环停滞和倒流而影响循环安全。

(一) 下降管含汽

电厂锅炉下降管含汽的主要原因有：旋涡斗带汽、下降管入口锅水自沸腾（汽化）、汽包内锅水含汽等。

1. 旋涡斗带汽

当下降管入口以上水位较低时，锅水在进入下降管的过程中，由于流动速度的大小和方向突然改变，在入口处将形成旋涡斗。若漩涡斗底部很深直至进入下降管时，将把汽包上部的蒸汽吸入下降管，造成下降管带汽，如图 4-15 所示。

旋涡斗的形成不仅与下降管入口至汽包水面的高度有很大关系，而且还与下降管的进口水速、管径以及汽包内锅水的水平流速等因素有关。下降管入口至汽包水面的高度越小，下降管的进口水速越高，管径越大以及汽包内锅水的水平速度越低，越容易形成旋涡斗。大型锅炉下降管内的水流速度很高，又普遍采用大直径集中下降管，因此容易形成旋涡斗。

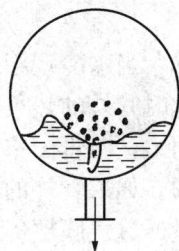

图 4-15 下降管入口处的旋涡斗

2. 下降管入口锅水自沸腾

当锅水进入下降管时，由于水流速度突然增大，部分压能将转变成动能；同时下降管进口处有局部阻力，因此下降管进口处压力下降 Δp。另一方面，从汽包水面到下降管进口处有一段水柱高度，它所产生的重位压头将使下降管进口处压力增加 $h\rho'g$。当 $\Delta p > h\rho'g$ 时，下降管进口压力将低于汽包压力。若锅水是饱和水，则锅水在下降管入口会发生自沸腾。

3. 汽包内锅水含汽

汽包内锅水中一般或多或少的会含有部分蒸汽，当蒸汽的上浮速度小于汽包中水的下降速度时，蒸汽就会被带入下降管。影响锅水含汽的主要因素有汽水混合物引入汽包的方式及下降管入口的水速。

(二) 防止下降管含汽的措施

采用大直径集中下降管，所有下降管应沿汽包长度均匀分布，并且尽可能从汽包底部引出，以降低下降管进口处水速和增加其进口处的静压力，满足 $h > (1 + \zeta) \dfrac{w_{xj}^2}{2g}$。

在下降管入口处加装栅格或十字形板，避免旋涡斗的出现，如图 4-16 所示。栅格的钢板有直片形和扇形两种，栅格距下降管入口应保持一定的距离，且栅格要平行于水流方向。

采用分离效率高的汽水分离装置，以减小锅水中的含汽。另外，将部分给水直接引到下降管的入口，以提高下降管进口锅水欠焓，有利于减少锅水带汽。但亚临界压力的锅炉，由于蒸汽在水中的上浮速度较小，又采用大直径集中下降管，下降管入口水速较大，因此下降管带汽很难避免。

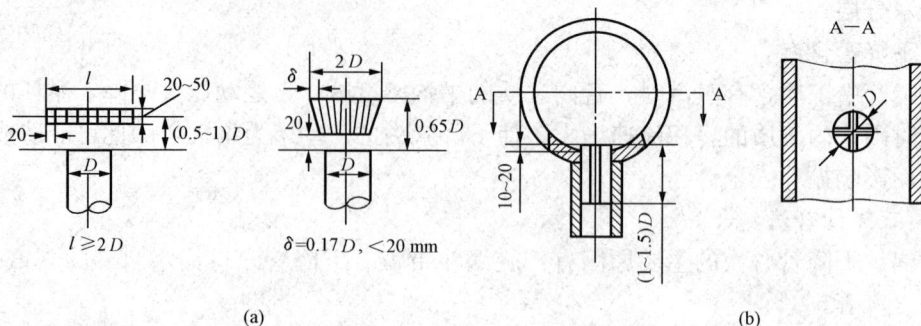

图 4 - 16　下降管入口处装置

(a) 下降管入口处栅格；(b) 下降管入口装设十字形板

四、沸腾传热恶化

（一）沸腾传热恶化

1. 第一类沸腾传热恶化

当水冷壁管受热时，在管子内壁面上开始蒸发，形成许多小汽泡，分散在液流中，如果此时管外的热负荷不大，小汽泡可以及时地被管子中心水流带走，并受到"趋中效应"的作用力，向管子中心转移，而管中心的水不断地向壁内补充，这时的管内沸腾被称为核态沸腾。如果管外的热负荷很高，汽泡就会在管子内壁面上聚集起来，形成完整稳定的气膜，热量通过气膜层传到液体再产生沸腾蒸发，此时管子壁面得不到水膜的直接冷却，就会导致管壁超温，这种现象就称为膜态沸腾，也称为第一类传热恶化。由核态沸腾向膜态沸腾开始转变的过程中，管子壁面部分被汽膜覆盖，部分仍处于气泡沸腾，这种现象称为过渡沸腾。

亚临界压力的锅炉在高热负荷区水冷壁可能发生沸腾传热恶化。这时在管内壁上形成汽膜或接触的是蒸汽，从而使管壁的温度急剧升高，可能烧坏管子。

2. 第二类沸腾传热恶化

在蒸发管中可能发生的另一类传热恶化的工况是"蒸干"，称为第二类传热恶化。在自然循环锅炉的水冷壁中，在正常运行状态下不出现"蒸干"导致的传热恶化。在非正常运行状态下一旦出现第二类传热恶化，虽然开始时壁温并不太高，但含盐量较高的锅水水滴润湿管壁时，盐分沉积在管壁上，也会造成传热恶化。

开始发生第二类传热恶化对应的含汽率称为临界含汽率，临界含汽率随着工作压力的上升而下降。对于超高压以下锅炉，水冷壁出口工质含汽率都低于临界含汽率，所以也不会发生第二类传热恶化。而对于亚临界压力锅炉水冷壁出口工质含汽率也相对较大，接近临界含汽率，有可能发生第二类传热恶化。

（二）防止发生沸腾传热恶化的措施

1. 保证较高的质量流速

通过增大下降管和汽水引出管的管径和管数，减小流动阻力，可以提高水冷壁管内工质质量流速。较高的质量流速，可减小管内工质的质量含汽率 x，从而有效地推迟和防止出现沸腾传热恶化。

2. 降低受热面的局部热负荷

在炉膛上部布置屏式过热器，可降低炉膛较高区域的水冷壁吸收的火焰辐射传热强度，从而使蒸汽含量较高的上升管的热负荷下降，避免管内壁水膜被"蒸干"。

3. 采用特殊的水冷壁管内结构

使用内螺纹管、扰流子管，使流体在管内产生旋转扰动，增加边界层的水量，以增大临界含汽率，传热恶化位置向后推移。

内螺纹管水冷壁是在管子内壁上开出单头或多头螺旋形槽道，如图 4-17 所示。亚临界压力自然循环锅炉的水冷壁管，大都在高热负荷区使用内螺纹管。内螺纹管抑制膜态沸腾、推迟传热恶化的机理是：由于工质受到螺纹的作用产生旋转，增强了管子内壁面附近流体的

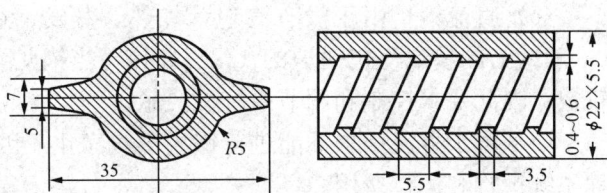

图 4-17 内螺纹管水冷壁

扰动，使水冷壁管内壁面上产生的汽泡可以被旋转向上运动的液体及时带走，而水流受到旋转力的作用紧贴内螺纹槽壁面流动。从而避免了汽泡在管子内壁面上的积聚所形成的"汽膜"，保证了管子内壁面上有连续的水流冷却。但内螺纹管水冷壁加工比较复杂。

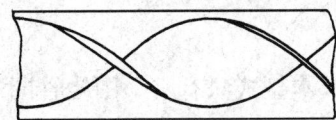

图 4-18 扰流子管

扰流子管内有扭成螺旋状的金属片，称为扰流子。其两端固定在管壁上，并且每隔一段长度上有定位小凸缘，如图 4-18 所示。扰流子与内螺纹管相比加工工艺简单，技术要求低。美国福斯特惠勒公司制造的锅炉上常采用扰流子管。

课题三 强迫流动锅炉

教学目的

了解直流锅炉、控制循环锅炉、复合循环锅炉原理和结构特点。

教学内容

按工质在蒸发受热面中的流动方式，将锅炉分为自然循环锅炉和强迫流动锅炉两大类。自然循环锅炉蒸发受热面内工质流动是靠下降管中水和水冷壁中汽水混合物的密度差推动的；而强迫流动锅炉蒸发受热面内工质流动主要是借助水泵的压头推动的。强迫流动锅炉有直流锅炉、控制循环锅炉和复合循环锅炉三种类型。

一、直流锅炉

（一）直流锅炉工作原理及特点

直流锅炉没有汽包，给水在给水泵压头的推动下，按顺序依次流过省煤器、水冷壁、过热器受热面，完成水的加热、汽化和蒸汽过热过程，其循环倍率 $K=1$。如图 4-19 所示。

由于直流锅炉蒸发受热面内的工质流动是由水泵压头推动的，水冷壁允许有较大的压力降；直流锅炉在结构上又没有汽包，因此与汽包锅炉相比有下述特点：

（1）金属耗量少，制造、运输和安装较方便。

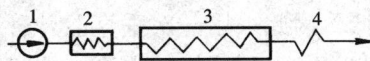

图 4-19 直流锅炉工作原理
1—给水泵；2—省煤器；
3—水冷壁；4—过热器

（2）适合任何压力，更适宜用于超高压以上锅炉。

（3）水冷壁受热面布置灵活，容易满足炉膛结构的要求。

（4）在启动和停炉过程中不受汽包应力限制，因而可提高启动和停炉速度。

（5）直流锅炉由于没有汽包，加热、蒸发、过热没有固定分界点，并且其储热能力小（一般约为同参数汽包锅炉的 1/2～1/4），当锅炉负荷变化时，蒸汽温度和蒸汽压力变化比较快。因此要求控制和调节系统更灵敏。

（6）由于直流锅炉不能进行锅内蒸汽净化，因此对给水的品质要求高，这样将增大水处理系统投资和运行费用。

（7）由于蒸发受热面内的工质流动是靠给水泵的压头推动的，因此需要较高的给水泵压头，从而增大了泵的电耗。

（8）启动时自然循环锅炉中的蒸发受热面是靠自然循环而得到冷却保护。直流锅炉则应有专门的启动旁路系统，以保证能有一定的水量通过蒸发受热面，保护受热面管壁不致被烧坏。因此启、停的操作较复杂，工质热损失大。

（二）直流锅炉蒸发受热面的基本结构型式

直流锅炉的水冷壁管由于布置自由，故其结构型式很多。但基本型式只有水平围绕管圈型、垂直管屏型和回带管圈型三种。其余的都是由它们改进和发展而来。

1. 水平围绕管圈型（拉姆辛式）

水平围绕管圈型结构如图 4-20（a）所示。它是由多根平行的管子组成的管圈，沿炉膛四壁盘旋围绕上升。三面水平一面微倾斜；或两对面水平，两对面微倾斜。

在水平围绕管圈型的基础上发展四面倾斜的螺旋盘绕的水冷壁，水冷壁管组成管带，沿炉膛周界倾斜螺旋上升。如图 4-21 所示。其优点是：减少各管屏的管子数量，提高管内质量流速，避免管壁金属过热和超温；使每根管子都经过炉膛四面墙可把管子间的吸热偏差减至最小程度；可采用整体焊接膜式水冷壁，燃料的适应性广，适用于滑压运行。缺点是：水冷壁支吊结构较复杂，制造、安装工艺要求较高，安装组合率低。

2. 垂直管屏型（本生型）

垂直管屏型结构如图 4-20（b）所示。它是在炉膛四周布置多个垂直管屏，管屏之间用炉外管子连接，整台锅炉的水冷壁可串联成一组或几组，工质顺序流过一组内的各管屏，组与组之间并联连接。

在垂直管屏型的基础上发展了适合大容量锅炉的一次垂直上升管屏型直流锅炉（UP型）。其特点是工质在垂直管屏水冷壁中从炉底一次上升到炉顶，中间经两次或三次混合。如图 4-20（c）所示。

现代大容量直流锅炉还采用了两段垂直上升管屏（FW型）结构，如图 4-20（d）所示。其结构特点是：将水冷壁分成上、下两部分垂直上升管屏，在下辐射区热负荷高，采用 2～3 次串联的上升管屏，以提高水冷壁内工质的质量流速；而上辐射区的热负荷较低，因此采用一次垂直上升管屏。FW 型锅炉水冷壁每个回路中的管屏吸热量少，工质在联箱可得到良好的混合，出口热偏差小，不用管屏进口节流阀。水冷壁中工质质量流速较高，采用较大的管径，不用内螺纹管。由于回路系统较复杂，FW 型锅炉不适于滑压运行。

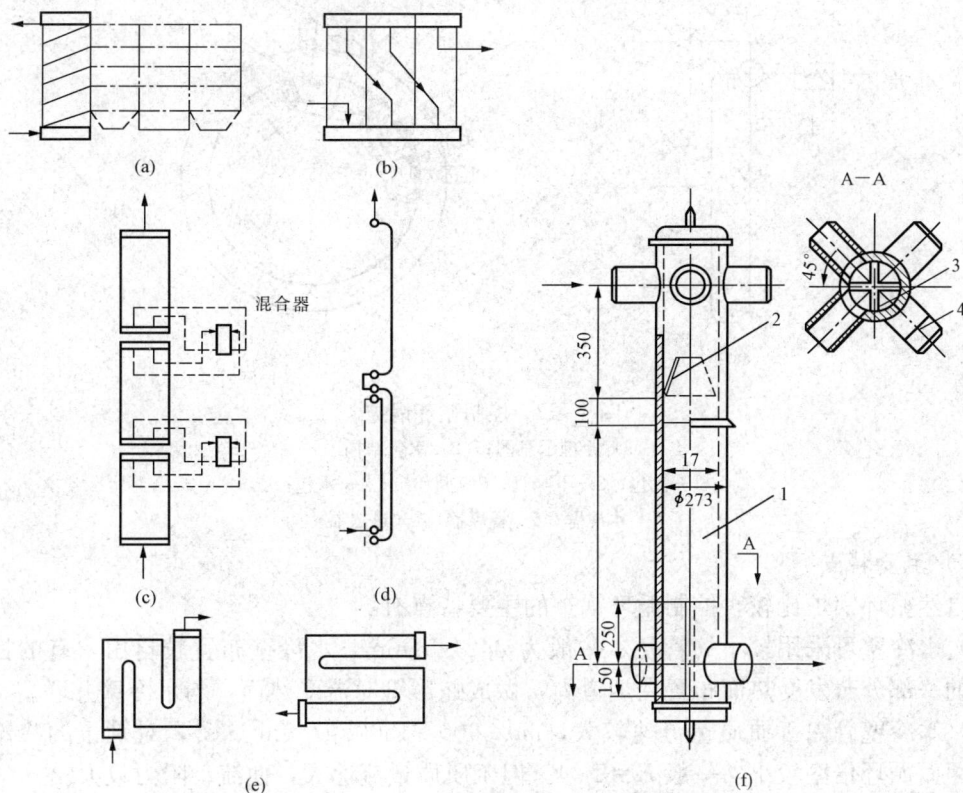

图 4 - 20　直流锅炉水冷壁基本结构特点
(a) 水平围绕管圈型；(b) 垂直管屏型；(c) 一次垂直上升管屏型；
(d) 两段垂直上升管屏型；(e) 迂回管圈型；(f) 混合器的结构
1—筒体；2—空心锥体；3—十字隔板；4—出口分配管接头

3. 迂回管圈型（苏尔寿型）

迂回管圈型结构如图 4 - 20（e）所示。它是由若干平行的管子组成的管带，沿炉膛内壁上下迂回或水平迂回。目前在我国尚无这种直流锅炉。

二、控制循环锅炉

（一）工作原理

控制循环锅炉是在自然循环锅炉的基础上发展而成的，它在循环回路的下降管上装置了循环泵，如图 4 - 22（a）所示。循环回路中工质的循环是靠下降管内水和水冷壁内汽水混合物的密度差产生的压力差以及循环泵的压头来推动的。因此控制循环锅炉的循环推动力要比自然循环的大（大约五倍左右），这样控制循环锅炉的循环回路能克服较大的流动阻力，并由此带来了控制循环的一些特点。

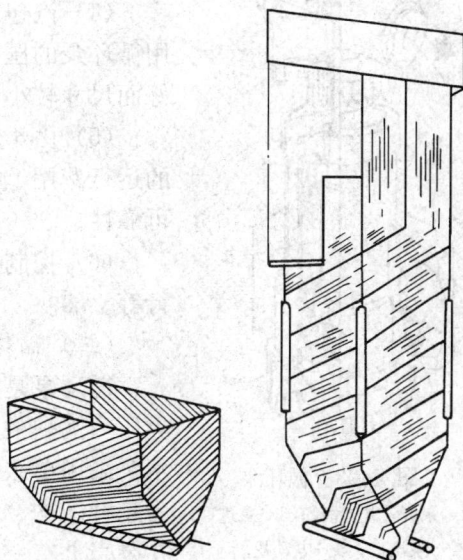

图 4 - 21　螺旋式水冷壁

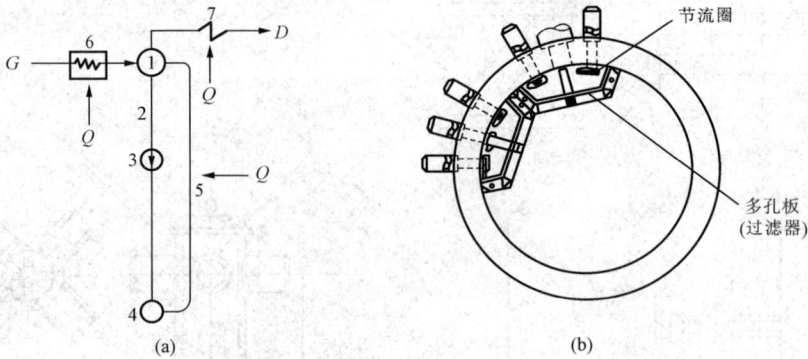

图 4-22　控制循环锅炉

(a) 原理示意图；(b) 水包结构

1—汽包；2—下降管；3—循环泵；4—水包；

5—水冷壁；6—省煤器；7—过热器

（二）主要特点

与自然循环锅炉比较，控制循环锅炉的主要特点有：

（1）水冷壁可采用较小的管径，一般为 $\phi42\sim51mm$。水冷壁布置较自由，有的控制循环锅炉的一部分蒸发受热面布置在烟道内，做成蛇形管对流受热面，与水冷壁并联。

（2）水冷壁管内工质质量流速较大，$\rho w=900\sim1500kg/（m^2\cdot s）$，对管子的冷却条件较好，因而循环倍率较小，一般 $K=2\sim4$。但工质质量流速大，使流动阻力较大。

（3）水冷壁下联箱的直径较大（故俗称水包），在水包里装置有滤网和在水冷壁的进口处装有不同孔径的节流圈，如图 4-22（b）所示。装置滤网的作用是防止杂物进入水冷壁管内。装置节流圈的目的是合理分配各并联管的工质流量，以减小水冷壁的热偏差。

（4）汽包尺寸小。这是因为循环倍率低，循环水量少；以及用循环泵的压头来克服汽水分离器的阻力，故可采用分离效果较好而尺寸较小的涡轮汽水分离器。

（5）由于采用了循环泵，因此增加了设备的制造费用和锅炉的运行费用。循环泵运行的可靠性将直接影响到整个锅炉运行的可靠性。

（6）控制循环可提高启动及升降负荷的速度，适用于滑压运行等。

（三）循环泵

循环泵是控制循环锅炉的重要设备。图 4-23 所示为用于亚临界压力锅炉的循环泵结构。循环泵由一个泵和一个电动机组成。水泵采用单级离心泵，泵的叶轮直接装在电动机主轴的端头上，为悬臂结构。叶轮出口处装有导叶，使部分动能转换成压力能。在泵壳上有一个入口和两个出口。泵通过入口管抽吸锅水，轴向流入泵内，经泵的叶轮提高了锅水的压力和动能后，由出口管排送到水包中。

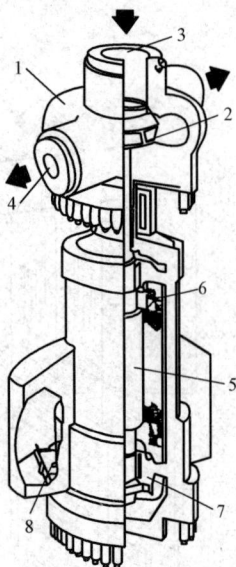

图 4-23　循环泵

1—泵壳；2—叶轮；3—泵进口；

4—泵出口；5—电动机转子；

6—定子线圈；7—水润滑的

电动机轴承；8—电源线密封套

电动机为湿式感应电机，采用立式布置，装置在水泵的下方，以便于自动排出电动机中的空气。电机和泵壳用耐压法兰采用高强度的双头螺栓紧密地连接。

泵和电动机都浸在锅水中。泵和电动机之间没有轴封，因而泵和电动机承受相同的压力。为减少泵体和高温锅水传给电动机的热量，电动机与泵连接处的断面常做得细些，称为颈部；并且它们之间用隔离板隔开。运行时，为了降低电动机内的温度，在电动机外装有循环冷却回路。在电动机外端的推力轴承盘的径向钻有多个小孔，它似一个小离心泵的叶轮，使电动机内的水在冷却回路中进行强制循环，在冷却器的作用下，水温降到 60℃ 以下，从而保证了电动机的工作安全。

我国制造的控制循环锅炉主要有配套 300MW 和 600MW 机组两个等级的亚临界压力锅炉。循环泵一般装设 3～4 台。

三、复合循环锅炉

复合循环锅炉是在直流锅炉和控制循环锅炉的基础上发展形成的。它与直流锅炉的基本区别是在省煤器和水冷壁之间装置了由循环泵、混合器以及在水冷壁出口到循环泵入口之间的再循环管组成的再循环系统，如图 4-24 所示。在锅炉运行时依靠循环泵的压头使水冷壁出口部分工质在部分负荷或整个负荷范围内进行再循环。复合循环锅炉有全部负荷复合循环锅炉和部分负荷复合循环锅炉两种。

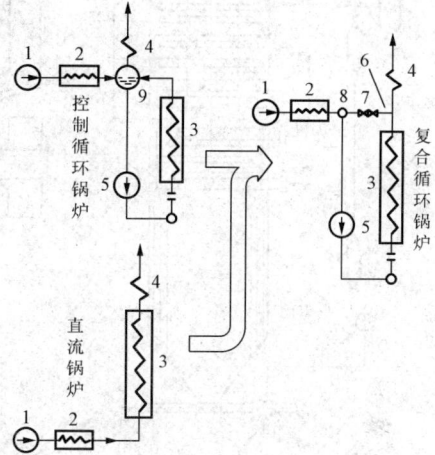

图 4-24　复合循环锅炉原则性系统
1—给水泵；2—省煤器；3—水冷壁；
4—过热器；5—循环泵；6—再循环管；
7—逆止阀；8—混合器；9—汽包

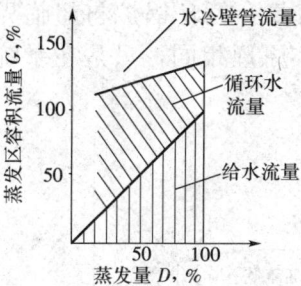

图 4-25　低循环倍率锅炉的循环流量曲线

（一）全部负荷复合循环锅（低循环倍率锅炉）

低循环倍率锅炉在整个负荷范围内蒸发受热面均有工质进行再循环，其循环倍率一般为 $K=1.2～2$（额定负荷 $K=1.2$，低负荷 $K=2$）。随着锅炉负荷降低，水冷壁内工质的流动阻力减小，水冷壁出口到循环泵入口的压差增大，再循环流量增多，K 增大（见图 4-25），因而保证了工质的质量流速，提高了水冷壁的安全性。

图 4-26 所示为 1025/17.4 亚临界压力低循环倍率半塔型布置锅炉简图。

水冷壁为一次上升管屏式结构，无中间混合。在水冷壁下联箱供水管上装有不同尺寸的节流圈。在水冷壁出口设置了一台立式汽水分离器。水冷壁进口前设有两台循环泵，其中一台运行，一台备用。循环系统由混合器、过滤器、循环泵、分配器、水冷壁、汽水分离器等部件组成，如图 4-26（b）所示。给水经省煤器加热后进入混合器，与汽水分离器分离出来的锅水混合，经过滤器过滤掉锅水中的杂质，然后由循环泵输送，经分配器用连接管送到水冷壁各回路下联箱。锅水在水冷壁中加热、蒸发形成汽水混合物，在水冷壁出口联箱中汇合后通过连接管进入汽水分离器分离。分离出的蒸汽送入过热器；分离出的水则送至混合器进行再循环。

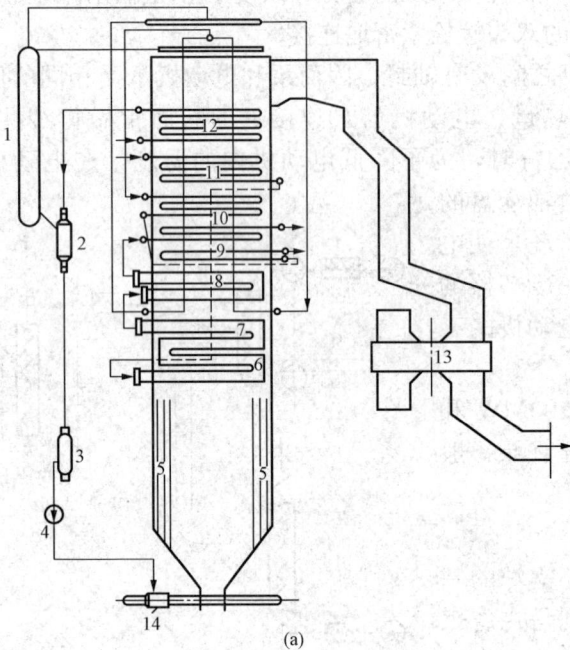

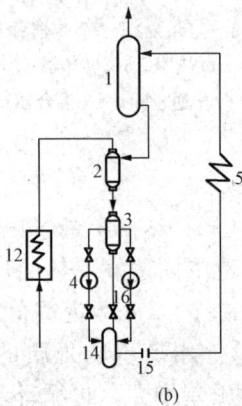

图 4 - 26　1025/17.4 亚临界压力低循环倍率锅炉

(a) 本体简图；(b) 循环系统图

1—汽水分离器；2—混合器；3—过滤器；4—再循环泵；
5—水冷壁；6—墙式辐射过热器；7—屏式过热器；
8—高温再热器；9—高温对流过热器；10—低温再热器；
11—低温对流过热器；12—省煤器；13—空气预热器；
14—分配器；15—节流圈；16—备用管路

上水冷壁出口设置了汽水分离器。汽水分离器分
离出的蒸汽送到过热器；而分离出的水则送到混合
器与省煤器来的给水混合。其循环系统如图 4 - 28
大于 300～600MW 的机组。

（二）部分负荷循环锅炉（复合循环
锅炉）

复合循环锅炉是指在低负荷运行时
进行再循环，而在高负荷时转入直流运
行。锅炉由再循环转变到直流运行的负
荷一般是额定负荷的 65％～80％，容量
大时可取低值。复合循环锅炉的工作原
理如图 4 - 27 所示。

复合循环锅炉与低循环倍率锅炉在
系统上的主要差别是：复合循环锅炉在
循环管上装有循环限制阀。图 4 - 28（a）
所示为超临界压力复合循环锅炉的循环
系统。给水经省煤器进入混合器，当再
循环运行时水冷壁出来的部分工质进入
混合器与给水混合，再经循环泵升压后
由分配球送入水冷壁下联箱。在分配球
内的分配管座上开有不同直径的节流
孔，以按炉膛热负荷分配流量。当锅炉
按直流工况运行时，循环限制阀严密断
开，这时循环泵只起到提升压头的作
用；也可停用循环泵，工质通过循环旁
路流过。

亚临界压力复合循环锅炉与超临界
压力锅炉的工作原理相同，只是在系统

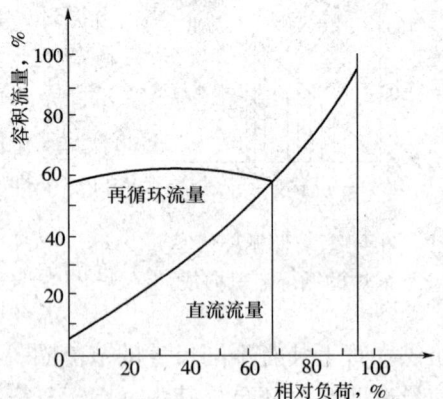

图 4 - 27　复合循环锅炉工作原理示意图

（b）所示。复合循环锅炉一般适用于容量

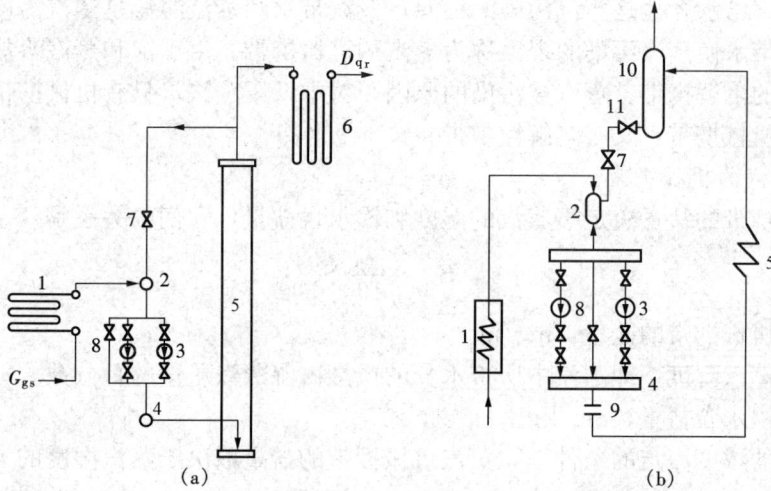

图 4 - 28　超临界压力复合循环锅炉循环系统
（a）超临界压力复合循环锅炉循环系统；（b）亚临界压力复合循环锅炉循环系统
1—省煤器；2—混合器；3—循环泵；4—分配球；5—水冷壁；6—过热器；
7—循环限制阀；8—循环旁路；9—节流圈；10—汽水分离器；11—逆止阀

课题四　蒸　汽　净　化

教学目的

　　掌握蒸汽净化方法和净化设备的类型、特点及工作原理，了解大型汽包内部结构。

教学内容

一、蒸汽污染的危害及原因

（一）蒸汽含盐的危害

　　锅炉的任务是生产一定数量和质量的蒸汽。蒸汽的质量包括蒸汽的压力和温度以及蒸汽的品质，蒸汽的品质（即蒸汽的洁净程度）是指 1kg 蒸汽中含杂质的数量。蒸汽中的杂质主要是各种盐类、碱类及氧化物，而其中绝大部分是盐类，因此通常用蒸汽含盐量来表示蒸汽的洁净程度。

　　蒸汽含盐将影响锅炉和汽轮机的安全经济运行。当蒸汽中部分盐分沉积在过热器管壁上时，将造成传热恶化，并使管壁温度升高，管子过热损坏；若沉积在蒸汽管道的阀门处，可能造成阀门的漏汽和卡涩；若沉积在汽轮机的通流部分时，将使轴向推力、叶片应力增大，以及使汽轮机的效率降低等。

（二）蒸汽污染的原因

　　进入锅炉的给水，虽经炉外化学水处理，但总含有一定的盐分。当给水进入锅炉蒸发系统后，经蒸发、浓缩，使锅水含盐浓度增大。当饱和蒸汽携带含盐浓度大的锅水从汽包引出时，蒸汽就会被污染。另外，高压及以上蒸汽还能直接溶解锅水中的某些盐分，使蒸汽被污染。由此可见，给水含盐是蒸汽污染的根源；蒸汽带水和蒸汽溶盐是蒸汽污染的途径。

由于蒸汽带水使蒸汽污染的现象称为蒸汽的机械携带。由于饱和蒸汽溶盐使蒸汽污染的现象称为蒸汽的溶解携带。蒸汽被污染的原因，对中低压蒸汽，只有机械携带；对高压及以上蒸汽，既有机械携带，又有溶解性携带。

1. 饱和蒸汽的机械携带

蒸汽机械携带的盐量决定于蒸汽的湿度和锅水含盐量，它们的关系是

$$S_q^j = \frac{\omega}{100} S_{ls} \tag{4-9}$$

式中　S_q^j——机械携带的盐量，mg/kg；

　　　ω——蒸汽湿度，即蒸汽中所带水分的质量占湿蒸汽质量的百分数，%；

　　　S_{ls}——锅水含盐量，mg/kg。

在锅水含盐浓度一定的条件下，蒸汽机械携带的盐量取决于蒸汽湿度的大小，即决定于蒸汽的带水量。

影响蒸汽带水的主要因素有锅炉负荷、蒸汽压力、蒸汽空间高度和锅水含盐量等。

（1）锅炉负荷的影响。锅炉负荷增加时，由于产汽量增加，一方面进入汽包的汽水混合物动能增大，从而导致大量的锅水飞溅，使生成的细小水滴增多；另一方面汽包蒸汽空间的汽流速度增大，带水能力增强，这些都会使蒸汽湿度增大，蒸汽品质恶化。

在锅水含盐量一定时，蒸汽湿度 ω 与锅炉负荷 D 的关系可用式（4-10）表示：

$$\omega = AD^n \tag{4-10}$$

式中　A——与压力和汽水分离装置有关的系数；

　　　n——与锅炉负荷有关的指数。

上式关系可用图 4-29 表示。从图中可以看出，随着锅炉负荷的增加，蒸汽湿度增大。但是蒸汽湿度的增加存在着三种不同的情况：在 A 点以前，蒸汽湿度随负荷增加而增加的数值较小，蒸汽携带的只是细小水滴；在 A 点以后，由于蒸汽上升速度增大，除了细小水滴外蒸汽还携带了一些较大直径的水滴，蒸汽湿度增加较快；到 B 点以后，由于水面波动较大，蒸汽空间高度减小，蒸汽湿度急剧增大，蒸汽品质恶化。一般将 B 点对应的蒸汽负荷称为临界负荷，用 D_{lj} 表示。显然，锅炉在运行过程中，为了保证蒸汽品质符合要求，锅炉最大负荷应小于临界负荷，即 $D < D_{lj}$。现代电厂汽包锅炉，蒸汽湿度一般不允许超过 0.1%，而第二负荷区域（A—B 负荷区域）对应的蒸汽湿度约为 0.03% ~ 0.2%，故一般应工作在第二负荷区的前半段。锅炉临界负荷和允许的工作负荷（$\omega \leq 0.1\%$ 的工作负荷）通过热化学试验确定。

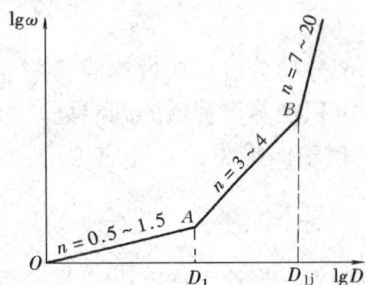

图 4-29　蒸汽湿度 ω 与锅炉
负荷 D 的关系

（2）蒸汽压力的影响。蒸汽压力越高，汽、水的密度差越小，使汽水分离越加困难，导致蒸汽带水能力增加；同时，蒸汽压力升高，饱和温度相应升高，水分子的热运动增强，分子相互间的引力减小，使水的表面张力减小，汽泡容易破碎成细小的水滴。因此蒸汽压力越高，蒸汽越容易带水。

锅炉在运行中，当压力急剧降低时，也会影响蒸汽带水。因为压力急剧降低时，相应的饱和温度也降低，水冷

壁和汽包中的水以及其金属都会放出热量，产生附加蒸汽，使汽包水容积膨胀，水位升高；同时穿过水面的蒸汽量也增多，造成蒸汽大量带水，蒸汽湿度急剧增大，蒸汽品质恶化。

（3）蒸汽空间高度的影响。蒸汽空间高度是指汽包水位面到饱和蒸汽引出管间的距离。蒸汽空间高度在一定范围内对蒸汽湿度影响较大，即随着蒸汽空间高度的增加，蒸汽湿度迅速减小。蒸汽湿度与蒸汽空间高度的关系如图 4-30 所示。

当蒸汽空间高度较小时，不但小水滴容易被蒸汽带走，而且部分直径较大的水滴也能依靠飞溅出的动能进入饱和蒸汽引出管，使蒸汽湿度很大；随着蒸汽空间高度的增加，飞溅起的较大水滴还未到达蒸汽引出管时，就由于自身动能耗尽，在重力的作用下又返回水容积中，蒸汽湿度减小。但是，当蒸汽空间高度增加到大于水滴的最大上升高度时，即使继续增加蒸汽空间高度，对蒸汽湿度的影响也很小，因为这时蒸汽携带的只是一些细小的水滴，这些细小水滴的重力小于蒸汽的推力，而与蒸汽空间高度无关。当蒸汽

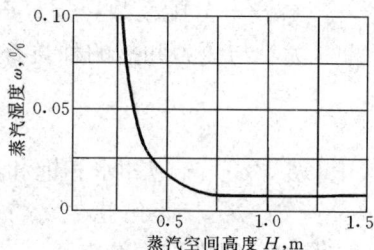

图 4-30　蒸汽湿度与蒸汽空间高度的关系

空间高度达到 0.6m 以上时，蒸汽湿度变化已很平缓；而达到 1.0~1.2m 时，蒸汽湿度就不再变化。所以，采用过大的汽包尺寸来减少蒸汽湿度只会增加金属的用量和汽包壁厚。

运行中汽包水位的高低将直接影响蒸汽空间高度，因此应严格控制汽包水位。水位过高，蒸汽空间高度降低；此外，当锅炉负荷突然升高或压力突然降低时，会引起水容积膨胀水位升高，使蒸汽湿度增大。若超过最高水位，将造成蒸汽大量带水。为了保证有较高的蒸汽空间高度，一般汽包正常水位应在汽包中心线以下 100~200mm 处，允许波动范围是 ±50mm。

（4）锅水含盐量的影响。蒸汽湿度与锅水含盐量的关系如图 4-31 所示。

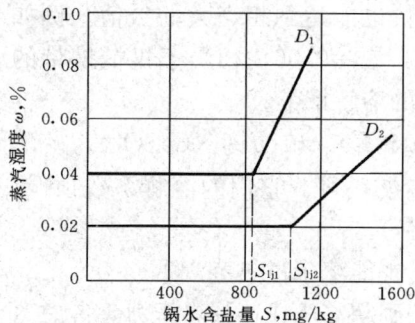

图 4-31　蒸汽湿度与锅水含盐量的关系
D_1、D_2—锅炉负荷（$D_1 > D_2$）

锅水含盐量在最初的一定范围内增加时，蒸汽湿度不变。但是，机械携带的盐量却随锅水含盐量的增加成正比的增大。当锅水含盐量增大到某一数值时，蒸汽湿度会突然增大，使蒸汽品质恶化。这时的锅水含盐量称为临界锅水含盐量 S_{lj}。

对于不同的负荷，锅水临界含盐量不同。负荷越高，水容积中的汽泡数量越多，水容积膨胀加剧，因此锅水临界含盐量越低。锅水临界含盐量除与锅炉负荷有关外，还与蒸汽压力、蒸汽空间高度、锅水中的盐质成分以及汽水分离装置等因素有关。由于影响因素较多，故对具体锅炉的临界含盐量应通过热化学试验确定，并应使实际锅水含盐量远低于锅水临界含盐量。

2. 蒸汽溶解性携带

蒸汽溶解性携带是指高压及以上压力的蒸汽能直接溶解某些盐分而造成蒸汽污染的现象。这是高压及以上压力蒸汽不同于中低压蒸汽的一个很重要的性质。

高压及以上压力的蒸汽之所以能直接溶解某些盐类，主要是因为随着压力的提高，蒸汽的密度不断增大；同时饱和水的密度则相应降低，蒸汽的密度逐渐接近于水的密度，因而蒸

汽的性质也越接近水的性质，水能溶解盐类，蒸汽也能直接溶解盐类。

蒸汽溶解性携带的盐量与分配系数和锅水含盐量有关，可用式（4-11）表示，即

$$S_q^r = \frac{\alpha}{100} S_{ls} \tag{4-11}$$

式中　S_q^r——溶解性携带的盐量，mg/kg；

　　　　α——分配系数，指蒸汽中溶解的某种盐的盐量占溶于锅水中同种盐量的百分数。

α 大小与压力和盐的种类有关，试验表明，它们之间的关系如下：

$$\alpha = \left(\frac{\rho''}{\rho'}\right)^n \tag{4-12}$$

式中　ρ'、ρ''——饱和水和饱和蒸汽的密度，kg/m³；

　　　　n——溶解指数，与盐的种类有关。

蒸汽溶解携带的特点：

（1）蒸汽溶盐能力随压力的升高而增强。随着蒸汽压力的升高，饱和蒸汽和饱和水的密度差减小，汽与水的性质越接近，分配系数 α 增大；当达到临界压力时，则 $\alpha=100\%$。

（2）蒸汽溶盐具有选择性。在相同条件下蒸汽对不同盐类的溶解能力不同，而且差别很大，即分配系数 α 差别很大。这是因为不同的盐类，其溶解指数不同造成的。根据分配系数 α 的大小，可将锅水中的盐分分为三类：

第一类盐分为硅酸（SiO_2、H_2SiO_3、H_2SiO_5、H_4SiO_4 等），其分配系数最大，在蒸汽中的溶解能力也就最强。当压力为 8MPa、pH＝7 时，$\alpha^{SiO_3^{2-}}=0.5\sim0.6$，而在一般情况下机械携带 $\omega=0.01\sim0.03$。即蒸汽溶解性携带比机械携带大 20～50 倍。可见蒸汽溶解硅酸是高压及以上压力蒸汽污染的主要原因。

第二类盐分为氯化钠（NaCl）、氯化钙（$CaCl_2$）和氢氧化钠（NaOH）等。虽然它们的分配系数要比硅酸小得多，但在超高压以上时，其分配系数也能达到相当大的数值。例如 NaCl，在压力为 11MPa 时，$\alpha^{NaCl}=0.0006$；在 15MPa 时，$\alpha^{NaCl}=0.06$，相当于机械携带的 1～5 倍。一般当压力大于 14MPa 时就必须考虑第二类盐分的溶解携带。

第三类盐分为一些难溶于蒸汽的盐分，如硫酸钠（Na_2SO_4）、硫酸钙（$CaSO_4$）、硫酸镁（$MgSO_4$）、硅酸钠（Na_2SiO_3）、磷酸钠（Na_3PO_4）和磷酸钙等。它们的溶解系数很低，只有当压力大于在 20MPa 时，才考虑第三类盐分的溶解携带。

（3）过热蒸汽也能溶解盐分。能够溶于饱和蒸汽的盐，也能溶于过热蒸汽中。

综合上述，汽包锅炉溶解的盐分主要是第一类盐硅酸，到超高压或亚临界压力除考虑蒸汽溶解硅酸外，还应考虑第二类盐分的溶解携带，而对汽包锅炉第三类盐分一般不会溶解在蒸汽中。

二、蒸汽净化的方法

针对蒸汽污染的原因，提高蒸汽品质的根本途径在于提高给水品质，而提高给水品质的方法是采用良好的化学水处理设备和系统。在锅炉中进行蒸汽净化的方法主要有：采用汽水分离，以减少蒸汽带水量；采用蒸汽清洗，以减少蒸汽溶解的盐分和带水中的盐分；采用锅炉排污，以控制锅水含盐量等。

（一）汽水分离

汽水分离是指利用各种分离原理（重力、离心力、惯性力、水膜等）分离汽水混合物并

使饱和蒸汽达到一定干度的过程。

重力分离——利用汽和水的密度不同，在蒸汽向上流动时，一部分重力大的水滴会被分离出来。

离心分离——利用汽水混合物作旋转运动时产生的离心力进行分离，水滴的密度大，离心力也大，这样水滴会脱离汽流而被分离出来。

惯性分离——利用汽水混合物改变流向时产生的惯性力进行分离，密度大的水滴，惯性力大，水滴会脱离汽流被分离出来。

水膜分离——汽水混合物中的水滴，能黏附在金属壁面，形成水膜流下而被分离。

在电厂锅炉实际应用的汽水分离装置中，一般都综合利用上述几种原理以实现汽水分离，降低蒸汽湿度的目的。汽包内的汽水分离的过程，一般分为两个阶段：第一阶段是粗分离阶段（又称为一次分离），其任务是消除进入汽包的汽水混合物的动能，并将蒸汽和水进行初步分离；第二阶段是细分离阶段（又称为二次分离），其任务是把蒸汽中携带的细小水滴分离出来，并使蒸汽从汽包上部均匀引出。

1. 汽水分离装置

现代电厂锅炉常用的汽水分离装置的型式很多，一次分离元件有：旋风分离器、卧式旋风分离器、涡轮分离器；二次分离元件有：波形板分离器、顶部多孔板等。

（1）旋风分离器。旋风分离器的结构如图 4-32 所示。其主要部件有筒体、底板、波形板顶盖、连接罩、溢流环等。

旋风分离器的工作过程：具有较大动能的汽水混合物通过连接罩沿切向进入筒体，产生旋转运动，在离心力的作用下，大部分水被甩向筒壁，并沿筒壁流下，经筒底导叶进入汽包水空间；蒸汽则旋转向上经波形板顶盖进一步分离后，由径向引入汽空间。

筒体是用 2~3mm 厚的薄钢板卷制而成，直径一般为 260~350mm。底板是一个导叶盘，盘中心是板，四周布置有导向叶片。其作用是防止蒸汽向下进入汽包水空间，同时减缓水在筒体下部出口处的动能，并使水平稳地进入水空间。为防止底部排水中的蒸汽进入下降管，在筒体的下部一般还装有托斗。波形板顶盖的作用是使汽流出口速度均匀，消除汽流的旋转，并进一步分离蒸汽中的水分。溢流环的作用是保证筒壁上的水膜稳定，使筒壁上部水膜由此溢出筒体并流入汽包。

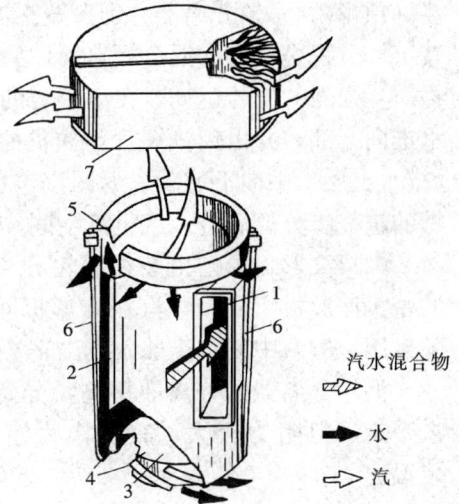

图 4-32 旋风分离器
1—连接罩；2—筒体；3—底板；4—导向叶片；
5—溢流环；6—拉杆；7—顶盖

旋风分离器的分离效果决定于汽水混合物的进口速度。流速越高，分离效果越好，但分离器的阻力则越大，使循环回路上升管侧的阻力增加，对循环不利。故一般推荐中压锅炉为 5~8m/s，高压和超高压锅炉为 4~6m/s。

大型锅炉所需的分离器较多，在汽包内一般沿轴线方向分左右两排布置。为了保持汽包水位的稳定，旋风分离器采用交叉反向布置，即相邻两个分离器内的汽水混合物旋转方向相反，以消除旋转动能。

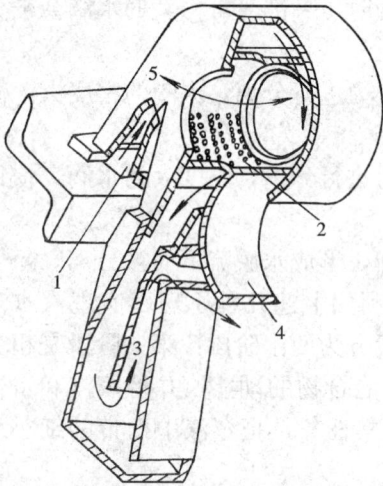

图 4-33　卧式旋风分离器的结构
1—汽水混合物进口；2—排水孔板；
3—排水通道；4—排水导向板；
5—蒸汽出口

（2）卧式旋风分离器。卧式旋风分离器结构如图4-33所示。其工作原理与立式旋风分离器相同。

卧式旋风分离器的工作过程是：汽水混合物自下而上切向进入筒体，在离心力的作用下，水被甩向筒壁并经排水导向板和排水通道流入汽包水室。被旋流甩向旋风筒下半部圆弧的水经弧形底板上的小孔（排水孔板）进入排水通道；被旋流甩向旋风筒上半部圆弧的水则通过排水导向板排出。分离出的蒸汽由筒体两端的圆孔排出。因蒸汽轴向速度较低，故卧式旋风分离器可承担较大的蒸汽负荷，但在汽包水位波动时分离效果不稳定。

（3）涡轮分离器。涡轮分离器又称轴流式旋风分离器，其结构如图4-34所示。涡轮分离器由内筒、外筒及与内筒相连的集汽短管、螺旋形叶片和梯形波形板顶帽等组成。内筒、外筒为两同心圆结构，组成分离器的筒体。螺旋形叶片固定安装在内筒中，筒体上部装有集汽短管（又称环形导向圈），筒体顶部装有梯形波形板分离器（顶帽）。涡轮分离器分别布置在汽包前后两侧的座架上，两个座架分别起汇流箱的作用。其工作过程是：汽水混合物自筒体底部轴向进入，在向上流动通过螺旋形叶片时，汽水混合物产生强烈的旋转运动。在离心力的作用下，把水抛向内筒壁，并依靠汽水混合物的冲力把水推向上部，并由集汽短管与内筒之间的环形截面把水挡住而引向内筒与外筒之间的环缝（排水夹层）中向下流动，返回汽包水空间。蒸汽则在内筒中间向上运动，经梯形波形板顶帽的进一步分离后进入汽包汽空间。

梯形波形板顶帽由装在涡轮分离器上部两排对称排列的密集波形板组成。蒸汽在波形板间流过时受到水膜分离的作用，蒸汽中的水滴被分离出来。

涡轮分离器的分离效率高，分离出来的水滴不会被蒸汽带走，但阻力较大，故多作为控制循环锅炉的粗分离装置。

（4）波形板分离器。波形板分离器（又称波形百叶窗或波纹板干燥器）是锅炉常用的细分离装置，其结构如图4-35（a）、（b）所示。它由许多平行的波形板组装而成。波形板厚1~3mm，相邻波形板间的距离为10mm。波形板分离器的工作过程是：经粗分离后的湿蒸汽低速进入波形板间作曲折运动。在离心力和惯性力的作用下，水滴被分离出来并黏附在波形板上形成水膜，而水膜又能黏附细小的水滴。水膜受重力的作用向下流动，在波形板的下沿集聚成较大的水滴后落到汽包水面，使蒸汽的湿度进一步降低。

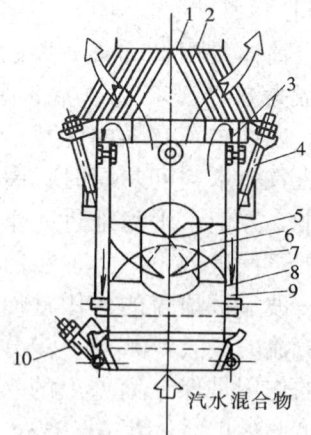

汽水混合物

图 4-34　涡轮分离器
1—梯形波形板顶盖；2—波形板；
3—集汽短管；4—螺栓；5—螺旋形叶片；
6—涡轮芯子；7—外筒；8—内筒；
9—排水夹层；10—支撑螺栓

波形板分离器有水平式和立式两种布置方式。水平式布置波形板分离器中蒸汽和水膜平行相对流动，如图4-35（c）所示。立式布置波形板分离器中蒸汽和水膜垂直交叉流动，如旋风分离器和涡轮分离器的顶盖。图4-35（d）是布置在汽包上部的立式波形板分离器，在其底部装有疏水盘和疏水管，疏水管一直插到汽包最低水位以下。这样波形板上形成的水膜沿板流下并集中于疏水盘里，再经疏水管引至汽包的水容积，从而避免了水滴直接落到汽包水面时造成锅水水滴的飞溅。

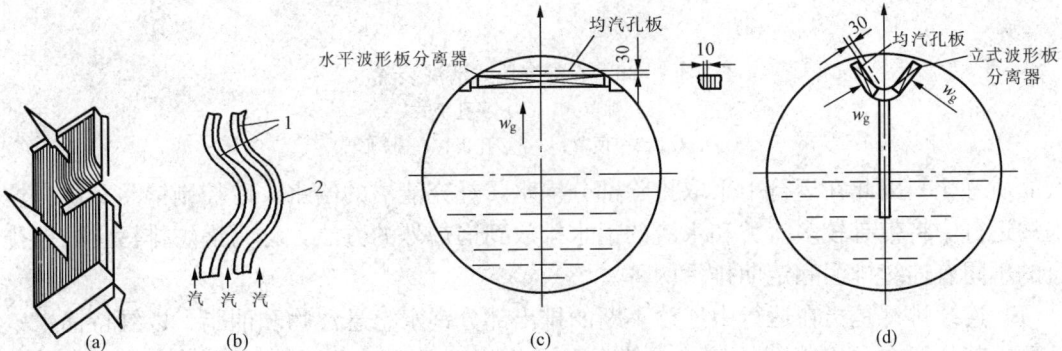

图4-35 波形板分离器结构和布置
（a）分离器结构示意；（b）波形板；（c）水平布置；（d）立式布置
1—波形板；2—水膜

（5）顶部多孔板。又称均汽板，它是利用孔板的节流作用，使蒸汽沿汽包长度和宽度均匀引出，以防止蒸汽局部速度过高而带水；同时它还能阻挡部分小水滴，起到一定的细分离作用。顶部多孔板的结构很简单，它是在3～4mm厚的钢板上均匀钻许多直径为8～10mm的小孔而制成，见图4-35（c）、（d）。顶部多孔板一般要与波形板分离器配合使用，蒸汽先经过波形板分离器再通过多孔板，波形板上沿与多孔板之间至少留有30～40mm的距离。

2. 蒸汽清洗

所谓蒸汽清洗就是让蒸汽穿过一层含盐浓度很低的清洗水，在物质扩散的作用下，蒸汽溶解的盐分部分扩散到清洗水中，使蒸汽溶盐量降低；同时，还减少了蒸汽机械携带的盐量，从而提高了蒸汽品质。现代电厂锅炉一般用40%～50%的给水作清洗水，其余给水通过旁路引到下降管入口附近，用于防止下降管带汽。

蒸汽清洗装置的型式较多，按蒸汽与给水的接触方式不同，分为起泡穿层式、雨淋式和水膜式等几种，其中以起泡穿层式为最好。它的具体结构又分为钟罩式和平孔板式两种。

电厂中广泛采用的蒸汽清洗装置是平孔板式，其结构如图4-36（b）所示。它由若干平孔板槽组成，相邻的平孔板用U形卡连接。清洗水均匀分配在平孔板上，不断流动。蒸汽自下而上经小孔穿过水层进行起泡清洗。

亚临界压力汽包锅炉，因硅酸的溶解量大，清洗效果差，故不采用蒸汽清洗。而是用先进的化学水处理的方法来提高给水品质，以从根本上解决蒸汽溶盐问题。

3. 锅炉排污

受水处理条件的限制，给水里总会含有一定的盐分；此外，在进行了锅内加药处理后，锅水中的一些易结垢的盐类转变成水渣；还有锅水腐蚀金属也会产生一些腐蚀产物。在锅炉运行过程中，锅水经不断的蒸发、浓缩，含盐量逐渐增大，水渣和腐蚀产物也逐渐增多，使

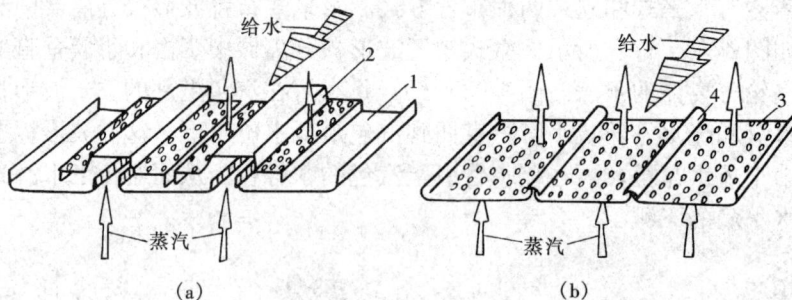

图 4-36 起泡穿层式清洗装置

(a) 钟罩式；(b) 平孔板式

1—底盘；2—顶罩；3—平孔板；4—U 形卡

蒸汽品质恶化。因此在运行中采取排除部分锅水，补充清洁的给水，以控制锅水品质。这种在锅炉运行中将带有较多盐类和水渣的锅水排放到锅炉外的方法，称为锅炉排污。根据排污的目的不同有连续排污和定期排污两种。

(1) 连续排污是指在运行中连续不断的排出部分锅水、悬浮物和油脂，以维持锅水一定的品质。其位置应在锅水含盐浓度最大的汽包蒸发面附近，即汽包正常水位线以下 200～300mm 处。连续排污装置如图 4-37 所示。在排污主管上，沿长度方向均匀的开一些小孔或槽口，或均匀的装置一些上端开口的排污支管。排污水经小孔或槽口或管口流进主管，然后通过引出管排走。

(2) 定期排污是指在锅炉运行中，定期排出锅水里的水渣等沉淀物。排污位置在沉淀物聚集最多的水冷壁下联箱底部，如图 4-38 所示。定期排污的排污量和排污时间，根据汽水品质的要求由化学人员确定。

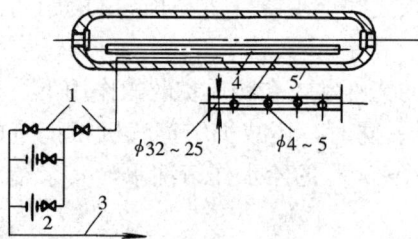

图 4-37 连续排污装置

1—连续排污管；2—节流孔板；3—排污引出管；
4—连续排污主管；5—汽包

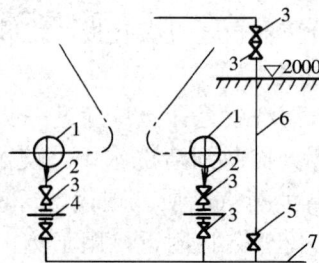

图 4-38 定期排污系统

1—水冷壁下联箱；2—排污管；3—排污门；4—节流孔板；
5—逆止门；6—汽包的事故放水管；7—排污母管

锅炉排污量一般用排污率 p 表示。排污率是指排污量占锅炉蒸发量的百分数，其计算式为

$$p = \frac{G_{pw}}{D} \times 100\% = \frac{S_{gs} - S_q}{S_{ls} - S_{gs}} \times 100\% \qquad (4-13)$$

式中　S_{gs}——给水含盐量，mg/kg；

　　　S_q——饱和蒸汽含盐量，mg/kg；

　　　S_{ls}——锅水含盐量，mg/kg。

一般饱和蒸汽的含盐量 S_q 很小，可忽略不计，则可得

$$p = \frac{S_{gs}}{S_{ls} - S_{gs}} \times 100\% \qquad (4-14)$$

由式（4-14）可见，给水品质、蒸汽品质与排污率之间存在以下关系：

（1）在给水含盐量一定时，增大排污率，则锅水含盐量减少，蒸汽品质提高，但锅炉的工质和热量损失增大，电厂热效率降低；相反，减少排污率，则蒸汽品质恶化。因此，要控制一定的排污率。我国规定的锅炉最大允许排污率，见表4-3。

为了防止锅内聚集水渣等杂质，排污率 p 应不小于0.3%。运行中应根据水质分析结果确定所需的排污率。

（2）在锅水含盐量一定时，减少给水含盐量，可以减少锅炉排污率，因而减少了锅炉的工质和热量损失；若保持排污率不变，减少给

表4-3 电厂锅炉最大允许排污率 p（%）

补给水类别	凝汽式电厂	热电厂
除盐水或蒸馏水	1	2
化学软化水	2	5

水含盐量，则锅水含盐量降低，蒸汽品质得以提高。由此可见，提高蒸汽品质的根本途径在于提高给水品质，但这会增大锅外水处理的费用。

三、汽包典型内部结构

汽包内部装置的型式很多，不同参数、容量的锅炉，汽包内部装置的型式、布置和组合方式也不尽相同。下面以DG—1025/18.1—Ⅱ4型亚临界压力自然循环锅炉汽包内部装置为例，从整体上说明汽包内部装置的结构、布置及其工作过程。

DG—1025/18.1—Ⅱ4型锅炉的汽包内径1792mm，壁厚145mm，筒身直段长20m，总长22.25m。汽包材料为13MnNiMo54（BHW35）合金钢。汽包不采用蒸汽清洗装置，其内部装置如图4-39所示。

汽包内汽水分离装置采用了108个直径为315mm的旋风分离器作为粗分离装置。细分离装置采用立式波形板分离器和顶部多孔板。波形板分离器共有104只，分前、后两组对称排列，与水平方向呈5°鸟翼状倾斜。

在汽包下部采用内夹套结构，即在汽包下部装设与旋风分离器入口流通箱相连的密封夹层。夹层把锅水与汽包内壁分隔开，这样在汽包内壁下部除下降管口部分外都是与汽水混合物相接触；而在汽包内壁上部接触的是饱和蒸汽。因此减小了汽包上下壁温差热应力，有利于加快锅炉的启停速度。

在汽包内还设置了给水管、加药管、事故放水管和连续排污管等。

锅内加药管的作用是沿汽包长度均匀加入磷酸盐溶液，与给水中的钙、镁离子作用，生成不溶于水的磷酸钙和磷酸镁沉淀物，以防止水垢的形成。加药管应远离排污管，靠近给水

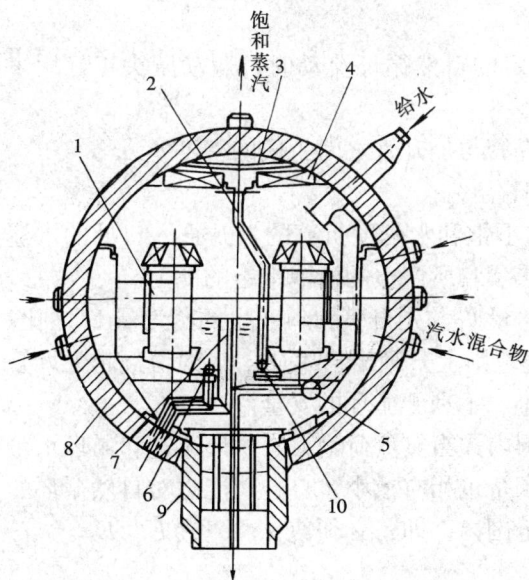

图4-39 DG—1025/18.1—Ⅱ4型自然循环锅炉汽包内部装置

1—旋风分离器；2—疏水管；3—顶部多孔板；4—波形板分离器；5—给水管；6—排污管；7—事故放水管；8—汽水夹套；9—下降管；10—加药管

管或下降管入口，使药剂能与给水混合，反应后生成的水渣可顺利地排到水冷壁下联箱由定期排污管排出。

对于介质温度低于锅水温度的引入管，在与汽包连接处均装有保护套管（如给水管、加药管等），以防止温度较低的介质与汽包壁直接接触，产生温差热应力。

事故放水管的作用是在锅炉水位过高时迅速排放出部分锅水，以防造成满水事故。

连续排污管装在汽包正常水位下 300mm 处，自汽包下部靠近两端引出。

汽包的汽水分离过程是：从水冷壁来的汽水混合物分别引入汽包前后的旋风分离器入口连通箱内。有一部分汽水混合物通过内夹套由后半部流到前半部的旋风分离器入口。汽水混合物沿切向进入分离器中，进行一次分离。从顶盖出来经粗分离的蒸汽，进入汽包的汽空间，以较低的速度均匀通过波形板分离器和顶部多孔板，进行二次分离。经分离后达到质量标准的饱和蒸汽再由引出管引至过热器。

小　　结

1. 蒸发设备包括汽包、下降管、水冷壁、联箱及连接管道等。汽包由筒身和封头构成，筒身有等厚壁和不等厚壁结构；下降管分小直径分散下降管和大直径集中下降管两类；水冷壁是蒸发系统中唯一的受热面，它有光管式、膜式、销钉式和内螺纹式几种型式。大型锅炉多采用：不等壁厚结构汽包、大直径集中下降管、膜式水冷壁。

2. 自然循环是依靠下降管和水冷壁内工质的密度差而产生的推动力进行的循环。

压差公式：$H\rho_{xj}g - (\Delta p_{ld})_j = H\rho_s g + (\Delta p_{ld})_s$ 或 $\Delta p_j = \Delta p_s$。压差公式说明：在稳定流动时，下降管侧的总压差等于上升管侧的总压差。

运动压头公式：$p_{yd} = \sum \Delta p_{ld}$。它说明：在稳定的自然循环流动时，运动压头正好用来克服循环回路的流动阻力。

运动压头的大小取决于循环回路的高度和下降管与上升管之间工质的密度差。

3. 自然循环工作可靠性指标有循环流速和循环倍率。

循环流速 w_0 是指在循环回路中，按工作压力下饱和水密度折算的上升管入口处的水流速。它直接反映了管内流动的工质将管外传入的热量和所产生的汽泡带走的能力。

循环倍率是指在循环回路中，进入上升管的水量 G 与上升管出口产生的蒸汽量 D 之比。循环倍率的倒数是质量含汽率 x。K 越大，x 越小，则上升管出口工质中水的份额越大，管壁水膜稳定，循环安全。但 K 过大，将使 w_0 减小，不利于循环的安全。

自补偿能力指自然循环回路中，在 $x < x_{jx}$ 范围内，当热负荷增大，循环流速和循环水量也随着增大；而当受热减弱时，循环流速和循环水量也相应减小。自补偿能力对自然循环的安全工作有利。锅炉应始终工作在自补偿能力的范围内。即：必须使 $x < x_{jx}$ 或 $K > K_{jx}$。

4. 自然循环故障及提高安全性的措施。

循环停滞和倒流发生在受热弱的上升管中，并列水冷壁管的受热不均匀是造成循环停滞和倒流的基本原因。在结构和布置上防止措施有：减小并列水冷壁管的受热不均和降低循环回路的流动阻力。

汽水分层发生在汽水混合物流速较低的水平或微倾斜的蒸发管中。防止措施有：尽可能不布置水平或倾斜度小于 15° 的蒸发管，或保持较高的速度。

造成下降管含汽的主要原因有：旋涡斗带汽，下降管入口锅水自汽化及汽包内锅水含汽等。结构上的防止措施有：下降管尽可能从汽包底部引出并在入口处加装栅格或十字形板，采用大直径集中下降管，将省煤器来的部分给水直接送到下降管进口附近的区域，采用分离效率高的汽水分离装置。

结构上防止发生沸腾传热恶化采取的措施是：在高热负荷区使用内螺纹管水冷壁。

5．直流锅炉在结构上的最大特点是没有汽包。原理是给水一次顺序完成加热、蒸发和过热的全部过程。蒸发受热面有水平围绕管圈型、垂直管屏型和迂回管圈型三种基本形式。

控制循环锅炉与自然循环锅炉的结构基本相似。只是在下降管上装置了循环泵，这样循环回路内工质流动是靠下降管和水冷壁内汽水混合物的密度差产生的压力差以及循环泵的压头来推动的。循环泵工作的可靠性将直接影响锅炉运行的安全性。

复合循环锅炉是在直流锅炉和控制循环锅炉的基础上发展形成的，它分为部分负荷复合循环和全部负荷复合循环两种。

6．蒸汽污染的根源是给水含盐，污染的直接原因是蒸汽带水和蒸汽溶盐。锅炉蒸汽净化的方法有：采用汽水分离来减少蒸汽带水；采用蒸汽清洗来减少蒸汽溶盐；采用排污排出部分含盐浓度大的锅水或不溶的水渣和软质沉淀物，以维持锅水一定的品质。

复 习 思 考 题

4-1 蒸发设备主要包括哪些部件？它们的作用是什么？

4-2 水冷壁有几种型式？大型锅炉的水冷壁主要采用什么型式？为什么？

4-3 自然循环是怎样形成的？写出压差公式和运动压头公式，并说明其意义。运动压头的大小与哪些因素有关？它对锅炉工作有何影响？

4-4 什么是自补偿能力？其对锅炉工作有何影响？

4-5 自然循环锅炉为什么会发生循环停滞和倒流？结构上采取了哪些防止措施？

4-6 下降管含汽是怎样造成的？锅炉在结构上采取了哪些防止措施？

4-7 试说明直流锅炉工作原理。与汽包锅炉比较，直流锅炉主要有哪些特点？

4-8 与自然循环锅炉比较，控制循环锅炉有哪些特点？

4-9 画简图说明低循环倍率锅炉的工作原理。

4-10 蒸汽净化的方法有哪些？最根本的方法是什么？

4-11 影响蒸汽带水的因素有哪些？

4-12 汽水分离的原理有哪些？大型锅炉常用的汽水分离器有哪几种？

4-13 蒸汽溶解携带的特点有哪些？

4-14 蒸汽清洗的原理是什么？

4-15 说明锅炉连续排污和定期排污的目的和位置。排污率的大小与哪些因素有关？

过热器和再热器

内容提要

过热器、再热器的作用、工作特点、结构及布置、汽温特性，调温方法及设备，过热器、再热器热偏差及其影响因素、减小措施。

课题一 过热器、再热器的结构及汽温特性

教学目的

了解过热器、再热器的作用、结构、工作特点，掌握汽温特性及过热器、再热器的热偏差。

教学内容

一、过热器、再热器作用及工作特性

过热器、再热器是现代大型电厂锅炉本体的重要组成部分。过热器的作用是将锅炉产生的饱和蒸汽加热成具有一定温度的过热蒸汽，送往汽轮机高压缸做功。受合金钢材高温强度的限制，通常过热蒸汽温度为 540~555℃。

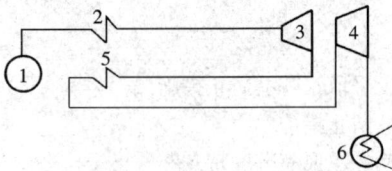

再热器的作用是将汽轮机高压缸排出的蒸汽送回到锅炉，再加热到具有一定温度的再热蒸汽后，送往汽轮机中低压缸做功，如图 5-1 所示。采用蒸汽再热后，不但能将汽轮机末级湿度控制在允许的范围内，而且还能进一步提高机组的循环热效率，一般一次再热可使电厂的热效率提高 4%~6%。

图 5-1 过热器和再热器在热力系统中的位置
1—汽包；2—过热器；3—汽轮机高压缸；
4—汽轮机中低压缸；5—再热器；6—凝汽器

过热器管内流过的是高温蒸汽，其传热性能较差，对管壁冷却能力较低。而过热器一般又布置在烟气温度较高的地方，因此其管壁工作温度很高。另外，在运行中过热器并列各管之间还存在着热偏差，使个别管子的管壁温度非常高，因此，过热器的工作条件很差。

再热蒸汽来自于汽轮机高压缸做了部分功的排汽，其压力约为过热蒸汽压力的 20%~25%，再热后的温度一般与过热蒸汽温度相同，流量约为过热蒸汽流量的 80%。与过热器相比，再热器工作特点是：

(1) 再热器管内流过的是中压高温蒸汽，蒸汽的比容大，应采用较低的蒸汽流速，以减小流动阻力，否则蒸汽压降过大，使汽轮机中低压缸进汽压力降低，造成汽轮机热耗增加。再热系统的压降一般不超过再热蒸汽压力的 10%。

(2) 再热蒸汽密度小，流速低，蒸汽对管壁的冷却能力更差。

（3）再热蒸汽的比热容小，对热偏差敏感，即在相同的热偏差条件下，再热器出口蒸汽的温度偏差比过热器大，容易引起管子超温。此外，为了配合相应调温方式的特性，再热器也通常布置在烟气温度较高的区域，因此再热器的工作条件比过热器更差，管壁更容易超温。

可见，过热器、再热器工作时的管壁温度都很高，已接近管子许用温度值；而且工作条件差，在运行中容易发生管壁温度超过金属材料的极限耐热温度。若壁温长时间超过钢材的极限耐热温度，则会造成管子胀粗，以致爆管损坏。为了保证安全，除了从结构、布置上选择最佳的过热器、再热器系统以及采用可靠和灵敏的调温手段以外，还必须采用优质的耐热合金钢来制造。

表 5-1 列出了过热器、再热器常用的钢材及其耐温性能。

表 5-1　　　　　　　　　　　过热器及再热器常用钢材及其耐温性能

钢 材 型 号	允 许 温 度	钢 材 型 号	允 许 温 度
20 号	壁温<450℃的导管 壁温≤500℃的受热面	12Cr3MoSiTiB （Ⅱ11）	壁温＝600～620℃的过热器及导管
12CrMo	壁温<510℃的导管 壁温≤540℃的受热面	Mn17Cr7MoVNbBZr	壁温＝600～620℃的过热器、再热器及导管
15MoV	12CrMo 的代用钢	14MoV63	壁温≤540℃的过热器及导管
15CrMo	壁温<510℃的导管 壁温≤550℃的受热面	10CrMo910	壁温≤540℃的过热器及主蒸汽管
12MnMoV	15CrMo 的代用钢	X12CrMo91 （HT11）	壁温≤550℃的受热面
12Cr1MoV	壁温<540℃的导管 壁温≤580℃的过热器及再热器	X20CrMoWV121 （F11）	壁温<650℃的过热器 壁温≤600℃的主蒸汽管
12MoVWBSiRe （无铬 8 号）	壁温≤580℃的过热器、再热器	X20CrMoV121 （F12）	壁温<650℃的过热器 壁温≤600℃的主蒸汽管
12Cr2MoWVB （钢研 102）	壁温＝600～620℃的过热器及导管		

现代大型锅炉的过热器和再热器系统较为复杂，在使用中应根据过热器和再热器管内工质温度和所处区域的热负荷大小，正确选用不同的钢材，以保证它们的安全和经济。

二、过热器、再热器型式和结构

（一）过热器型式和结构

根据传热方式不同，过热器分为对流式、辐射式和半辐射式三种基本型式。

1. 对流过热器

对流过热器布置在对流烟道中，以对流传热为主吸收烟气的热量。它由进、出口联箱及许多并列的蛇形管组成，如图 5-2 所示。蛇形管与联箱之间通过焊接连接。联箱一般布置在炉墙外，并进行保温以减小散热损失。烟气在管外横向冲刷蛇形管，并将热量传给管壁；蒸汽在蛇形管内纵向流动，吸收管壁传入的热量。

过热器蛇形管通常由外径 32～57mm（国产引进型 2008t/h 锅炉的过热器采用了 ϕ57、ϕ60、ϕ63 的管子）、壁厚为 3～10mm 的无缝钢管弯制而成。蛇形管的弯曲半径一般为 (1.5～2.5) d。若弯曲半径过小，则弯头外侧管壁太薄，将影响管子强度；若弯曲半径过大，则受热面结构不紧凑，将增大锅炉的尺寸。

对流过热器并列蛇形管的数目，主要取决于管内蒸汽质量流速。所谓的质量流速是指单位时间通过每平方米过流断面的蒸汽质量，用 ρw 表示，单位是 kg/（m²·s）。蒸汽质量流速按管子的壁温情况和过热器允许的压降来决定。蒸汽质量流速越高，其传热性能越好，对管子的冷却条件也就越好，但工质的流动阻力越大，压降也增大，影响机组的热效率。过热器系统允许的压降一般不超过其工作压力的 10%。一般情况下，对流过热器低温段的蒸汽质量流速 $\rho w=400\sim800$kg/（m²·s）；高温段的蒸汽质量流速 $\rho w=800\sim1000$kg/（m²·s）。

对流过热器区的烟气流速受传热性能、飞灰磨损和受热面积灰等诸多因素制约。烟气流速高，则传热性能好，受热面积灰轻，但管子磨损严重；反之，烟气流速低，则管子磨损轻，但传热性能降低和受热面容易积灰。因此，对于煤粉炉，对流过热器区的烟气流速一般为 9～12m/s。合理的烟气流速，既要有较强的传热效果，又要尽量减轻受热面的磨损和积灰。

根据锅炉容量和必须维持的过热器管内蒸汽质量流速以及管外烟气流速，对流过热器可采用重叠不同管圈的型式，即在保证烟气流通截面积的情况下，增加或减少同一排管子的管圈数目来保证蒸汽的质量流速。对流过热器有单管圈、双管圈和多管圈之分，如图 5-2 所示。

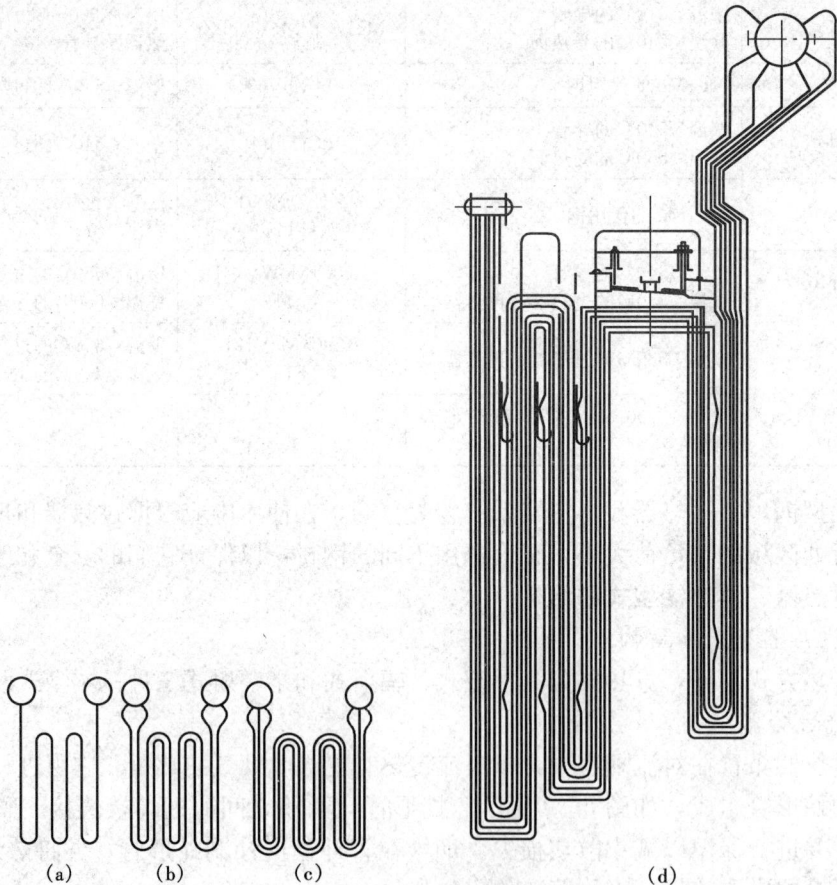

图 5-2　对流过热器的管圈结构
(a) 单管圈；(b) 双管圈；(c) 三管圈；(d) 七管圈

按烟气与管内蒸汽的相对流动方向，对流过热器可分为顺流、逆流、双逆流和混合流等四种布置方式，如图 5-3 所示。

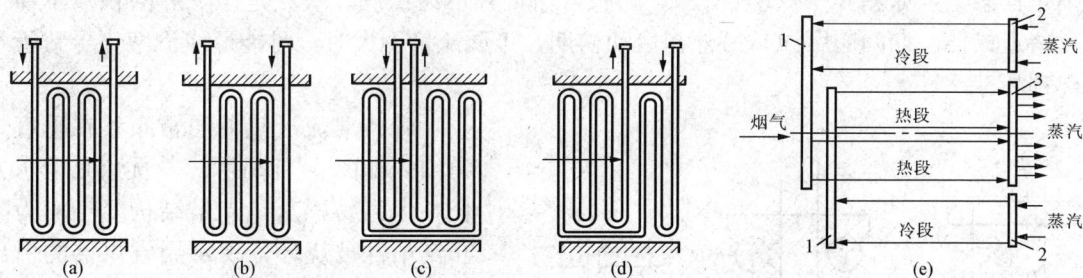

图 5-3　对流过热器按烟气与蒸汽相对流向的布置方式

（a）顺流布置；（b）逆流布置；（c）双逆流布置；（d）串联混合流布置；（e）并联混合流

1—中间联箱；2—进口联箱；3—出口联箱

　　顺流布置的对流过热器，其蒸汽温度高的一端处在烟气的低温区，故管壁温度较低，管子安全性好。但顺流布置的平均传热温差最小，传热性能较差，吸收同样的热量需要的受热面最大，不经济。因此，顺流布置常用在过热器的高温级。

　　逆流布置的对流过热器，其平均传热温差最大，传热性能最好，吸收同样的热量需要的受热面最小，经济性好。但蒸汽温度高的一端正处在烟气的高温区，故管壁温度较高，管子安全性差。因此，逆流布置常用在低温级。

　　双逆流和混合流布置的对流过热器，既利用了逆流布置传热性能好的优点，又将蒸汽温度的最高端避开了烟气的高温区，从而改善了蒸汽高温端管壁的工作条件。在现代高参数大容量锅炉中，高温对流过热器作为整个过热器系统中的最后一级，有的还采用了两侧逆流、中间顺流的并联混合流布置方式。

　　按蛇形管放置方式，对流过热器可分为立式和卧式两种型式。立式对流过热器通常布置在水平烟道内，如图 5-4 所示。其优点是支吊结构简单，可用吊钩将蛇形管的上弯头吊挂

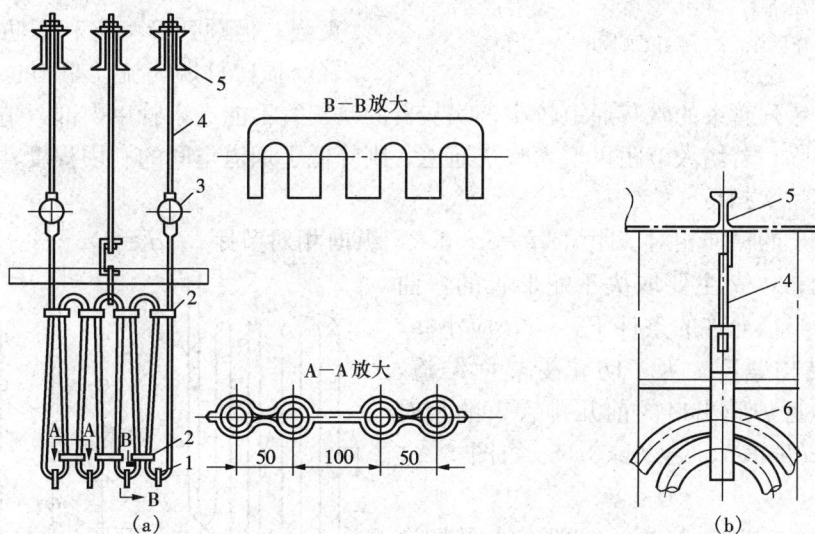

图 5-4　立式对流过热器及其支吊结构

（a）立式对流过热器；（b）立式对流过热器的支吊结构

1—梳形板；2—管夹；3—联箱；4—吊杆；5—钢梁；6—蛇形管弯头

在锅炉构架上，如图 5-4（b）所示；膨胀自由；且不易积灰。缺点是停炉后的积水不易排出，将造成停炉期间的腐蚀；另外在启动初期，工质流量不大时，可能形成汽塞，导致管子过热损坏。

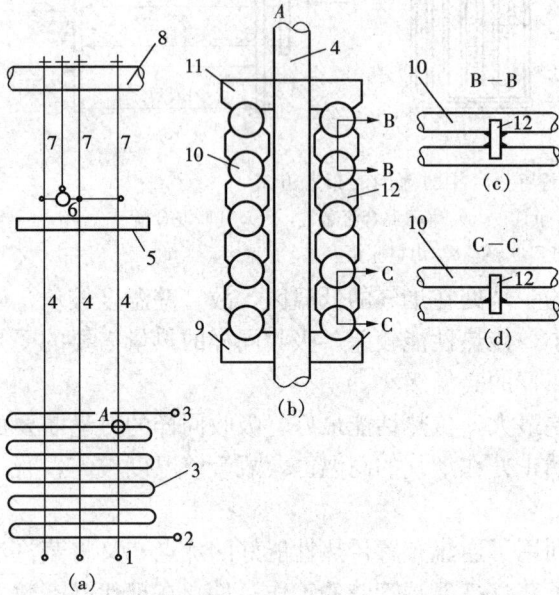

图 5-5 卧式对流过热器及其支吊结构
（a）卧式对流过热器及其支吊系统；（b）定位板支承结构；
（c）固定定位板结构；（d）活动定位板结构
1—省煤器出口联箱；2—过热器联箱；3—过热器
管子；4—悬吊管；5—炉顶墙；6—悬吊管汇集
联箱；7—吊杆；8—炉顶横梁；9—定位底板；
10—蛇形管；11—定位顶板；12—定位板

卧式对流过热器通常布置在垂直烟道内，如图 5-5 所示。其优点是疏水方便，但容易积灰，支吊结构复杂。为防止支吊件被烧坏，现常用省煤器的引出管作为它的悬吊管。蛇形管 10 支承在定位板 12 上，定位顶板 11 和定位底板 9 固定在由省煤器出口联箱 1 引出的悬吊管 4 上，悬吊管穿过炉顶墙 5 由吊杆 7 吊挂在炉顶横梁 8 上，每排悬吊管支吊两排蛇形管。定位板与蛇形管间的结构有固定式［见图 5-5（c）］和活动式［见图 5-5（b）］两种。固定式的定位板上、下部都与蛇形管焊接，不能相对滑动；而活动式仅定位板的下部与蛇形管焊接。自下而上各组定位板应交替采用活动式和定位式两种结构，以补偿其热膨胀。

对流过热器的蛇形管排列方式有顺列和错列两种。在相同条件下（如烟气流速），错列管束的传热性能比顺列管束强，但顺列管束有利于防止结渣和减轻磨损，且烟气流动阻力也比错列管束

的小。另外，错列管束的吹灰通道较小，吹灰器的吹灰管不能进入管束内部，造成管束的积灰不易吹扫清除，若增大节距以增大吹灰通道，则降低了烟道空间的利用程度；而顺列管束的积灰就较容易吹扫。

过热器管子的横向相对节距 $s_1/d=2\sim3.5$，纵向相对节距 $s_2/d=2.5\sim4$。s_1/d 主要取决于烟气流速；s_2/d 主要取决于蛇形管的弯曲半径，在弯曲半径允许的条件下，s_2/d 应小些，以使过热器结构紧凑。为了防止受热面结渣，应适当增大靠近炉膛出口的前几排管束的相对节距，使 $s_1/d\geqslant4.5$，$s_2/d\geqslant3.5$，如图 5-6 所示。

国产锅炉的对流过热器，一般在水平烟道中采用立式顺列布置，在垂直烟道中则采用卧式错列布置。在大型机组锅炉中，为了避免结渣和减轻磨损以及便于支吊，则趋向于全部采

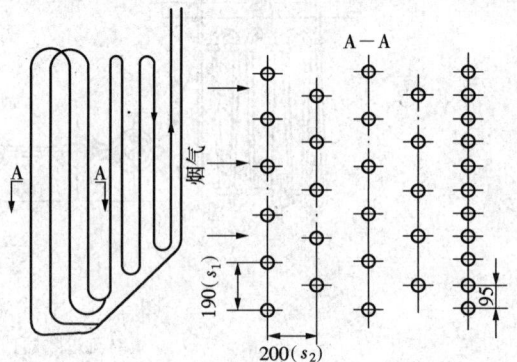

图 5-6 靠近炉膛出口处的对流过热器管束结构

用顺列布置。

在结构上，为保持蛇形管束纵向节距、横向节距固定和平整，现代锅炉常采用梳形板、管夹、汽冷定位管等固定装置。图5-7所示为一种固定装置的实例。带状管夹用于使蛇形管片平整和固定纵向节距。汽冷定位管横向穿过各蛇形管片，前后各一根，用于固定横向节距。汽冷定位管内流过低温过热蒸汽以冷却管子。

2. 辐射过热器

辐射过热器是指布置在炉膛上部，以吸收炉膛辐射热为主的过热器。根据布置方式有屏式过热器、墙式过热器、顶棚过热器和包覆墙过热器等几种形式。

(1) 屏式过热器由进、出口联箱和管屏组成，做成一片一片"屏风"形式的受热面，管屏沿炉宽相互平行地悬挂在炉膛上部靠近前墙处（所以又称为前屏过热器），如图5-8（a）所示。联箱布置在炉顶外，整个屏通过联箱吊挂在炉顶钢梁上，受热时可以自由向下膨胀。屏式过热器对炉膛上升的烟气能起到分隔和均流的作用，故也有的称之为分隔屏或大屏（屏宽度尺寸较大的）。现代大型锅炉的前屏过热器屏的片数一般较少，故屏间横向节距大（$s_1 = 2500 \sim 3500\text{mm}$）。

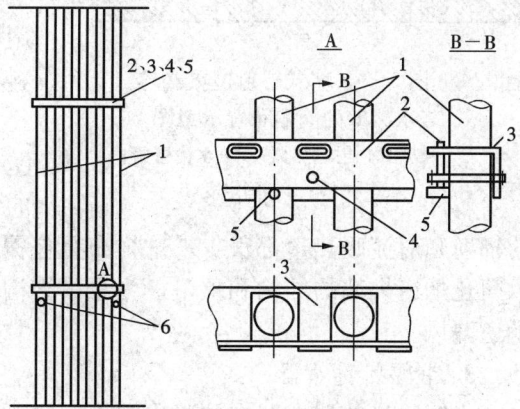

图5-7　带状管夹与汽冷定位管
1—蛇形管；2—扁钢；3—梳形弯管；
4—圆柱销；5—支承圆钢；6—汽冷定位管

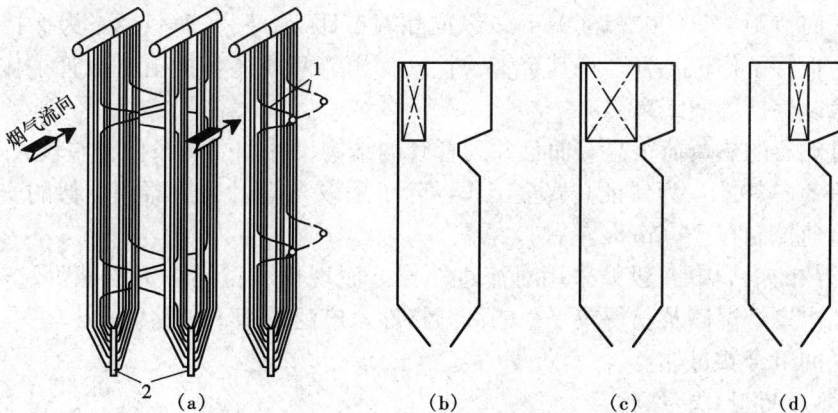

图5-8　屏式过热器
(a) 屏式过热器结构；(b) 前屏；(c) 大屏；(d) 后屏
1—定位管；2—扎紧管

(2) 墙式过热器的结构与水冷壁相似，其受热面紧靠炉墙，通常布置在炉膛上部的墙上，集中布置在某一区域或与水冷壁管间隔布置，如图5-9所示。

屏式和墙式辐射过热器所处区域的热负荷很高，为防止管壁超温，保证其安全工作，通常作为低温过热器，以较低温度的蒸汽流过；同时应采用较高的质量流速，使管壁得到足够的冷却，一般质量流速 $\rho w = 1000 \sim 1500\text{kg/(m}^2 \cdot \text{s)}$。

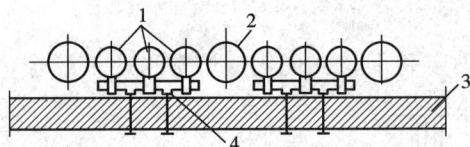

图 5-9　墙式辐射过热器与
水冷壁的间隔布置示意图

1—墙式辐射过热器；2—水冷壁管；

3—炉墙；4—固定支架

（3）顶棚过热器布置在炉膛顶部，一般采用膜式受热面结构。由于它处于炉膛顶部，热负荷较小，故吸热量较少。采用顶棚过热器的目的主要是用来构成轻型平炉顶，即在顶棚上直接敷设保温材料而构成炉顶，使炉顶结构简化。

在大型锅炉的水平烟道、转向室和垂直烟道内壁，一般都布置有包覆墙过热器。由于靠近炉墙处的烟气温度和烟气流速都较低，因此包覆墙过热器的辐射和对流吸热量都很少。这样布置包覆墙过热器的主要作用是：便于采用敷管式炉墙，以简化烟道炉墙的结构和重量，为悬吊结构创造了条件；同时提高了炉墙的严密性，减少了烟道漏风。

3. 半辐射过热器

半辐射过热器布置在炉膛出口处，它既接受炉膛的辐射热量，又吸收烟气的对流热。半辐射过热器也采用挂屏形式，又称后屏过热器。

虽然前屏过热器和后屏过热器在结构上基本相同，但它们的布置位置不同，因此传热情况不同。前屏过热器受烟气冲刷不充分，对流传热较少，而主要吸收的是炉膛的辐射热，故属于辐射过热器；而后屏过热器受烟气冲刷较好，同时由于有折焰角的遮蔽，只有部分管子吸收炉膛辐射热量，所以属于半辐射过热器。

后屏过热器每片屏由并联的 15~30 根管子弯曲而成。管子外径一般为 32~42mm，大容量锅炉也有用 51~57mm 的管子。屏的下部，根据折焰角形状可制作成三角形；若在折焰角前，一般作成方形。为了避免结渣以及便于烟气流过，屏间横向节距大，纵向节距很小。一般情况下，横向节距 $s_1 = 600 \sim 1500mm$，纵向相对节距 $s_2/d = 1.1 \sim 1.2$。为保持管屏平整，每片屏抽出一根管子作包扎管，将其余管子扎紧；相邻两屏还各抽出一根管子作为定位管，定位管扎紧后以保持屏间距离。

半辐射过热器的热负荷很高，而且并列各管的结构尺寸和受热条件相差较大，造成管间壁温可能相差 80~90℃，为保证其安全工作，除了采取与辐射过热器相类似的安全措施外，还应将烟气流速控制在 5~6m/s 左右。

在中低参数的锅炉中一般只采用对流过热器。而现代大型锅炉为了减少过热器金属用量，降低炉膛出口烟温以及获得较平稳的汽温特性，广泛采用了"辐射—半辐射—对流"等多种型式串联的组合式过热器。

（二）再热器的型式和结构

与过热器一样，再热器按照传热方式分为对流再热器、辐射再热器和半辐射再热器三种基本型式。

对流式再热器的结构与对流过热器结构相似，也是由许多并列的蛇形管和进、出口联箱组成。对流再热器布置在高温对流过热器之后的烟道中。对流再热器也有高温对流再热器和低温对流再热器两种。高温对流再热器一般采用立式、顺流布置在水平烟道内；低温对流再热器一般采用卧式、逆流布置在垂直烟道内。

辐射再热器一般采用墙式，布置在炉膛上部的前墙和两侧墙的上前侧，由于受热面热负荷较大，因此多作为低温再热器。

半辐射再热器则采用屏式，一般串联布置在后屏过热器之后。

在超高压锅炉上一般只采用对流再热器；在亚临界及以上压力的锅炉中则多采用了"墙式辐射再热器—屏式半辐射再热器—对流再热器"多级串联组合式再热器。图 5-10 所示为亚临界压力 2008t/h 汽包锅炉的过热器、再热器系统结构及布置。

再热器根据其工作特性，它的结构特点是：①为降低流速，以减小流动阻力，再热器采用大管径、多管圈结构。其管径一般为 42～63mm，管圈数为 5～9 圈，甚至更多。②尽量减少中间混合与交叉流动，以减小再热系统压降。

三、过热器、再热器的汽温特性

汽温特性是指过热器或再热器出口蒸汽温度与锅炉负荷之间的关系，即 $t = f(D)$。不同型式的过热器和再热器，其汽温特性不同。

（一）过热器的汽温特性

对流过热器的汽温特性是：出口汽温随锅炉负荷的增大而升高；反之，锅炉负荷减小则出口汽温降低，如图 5-11 曲线 a 所示。原因：当锅炉负荷增大时，一方面燃料量和空气量均增加，燃烧产生的烟气量随之增加，炉膛出口的烟气温度和烟气流速也相应升高，使对流过热器的传热温差和传热系数都增大，

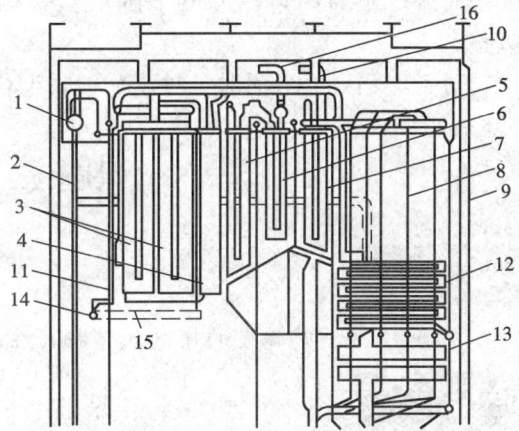

图 5-10 亚临界压力 2008t/h 汽包锅炉过热器、再热器系统结构及布置

1—汽包；2—下降管；3—分隔屏过热器；4—后屏过热器；5—后屏再热器；6—高温再热器；7—高温过热器；8—悬吊管；9—包覆管；10—过热蒸汽出口；11—墙式辐射再热器；12—低温过热器；13—省煤器；14—再热蒸汽进口；15—侧墙辐射再热器；16—再热蒸汽出口

对流传热量增加；另一方面，流经对流过热器蒸汽流量也相应增大，但对流传热量增加幅度大于蒸汽流量的增加幅度，故单位质量过热蒸汽的吸热量增大，出口汽温升高。

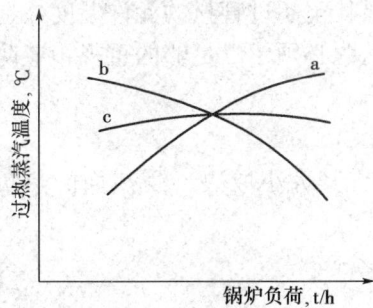

图 5-11 过热器的汽温特性
a—对流过热器；b—辐射过热器；c—半辐射和组合式过热器

辐射过热器的汽温特性与对流过热器相反，即锅炉负荷增大时，出口汽温降低；反之，锅炉负荷减小时，出口汽温升高，如图 5-11 中曲线 b 所示。原因：当锅炉负荷增大时，一方面燃料量增加后，炉膛内平均温度升高，使辐射传热量增加；另一方面，流经辐射过热器的蒸汽流量也相应增大，而且蒸汽流量增大幅度大于辐射传热量增加的幅度，使单位质量的蒸汽吸热量减小，出口汽温降低。

半辐射过热器由于兼有辐射和对流两种传热方式，因此其汽温特性比较平稳。一般情况下，半辐射过热器中对流吸热的成分稍大些，故汽温特性近似于对流特性，如图 5-11 中曲线 c 所示。

对于"辐射—半辐射—对流"组合式过热器，若配合和布置恰当可以获得比较平稳的汽温特性。其汽温特性与半辐射过热器相似。

（二）再热器的汽温特性

再热器的汽温特性与过热器的汽温特性基本相似，但再热汽温随负荷而变化的幅度比过热汽温的大。因为负荷变化时，再热器入口汽温也要发生变化。以对流再热器为例，当负荷降低时，再热器入口汽温（高压缸的排汽温度）也要降低，这就使负荷降低时再热汽温的下降比对流过热器出口汽温的下降严重。相反，辐射式再热器汽温随负荷降低而升高要平缓些。

对于"辐射—半辐射—对流"串联组合式再热器，同样可以得到平缓的汽温特性。

课题二　热　偏　差

教学目的

了解热偏差的概念，掌握产生热偏差的原因及减轻热偏差的措施。

教学内容

一、热偏差的概念

过热器与再热器都是由许多并列管子组成的管组，而各根管子由于结构和运行条件不可能完全相同，造成各管子中蒸汽的焓增量不同，这样各管的蒸汽温度和管壁温度就有高有低。这种在并列工作的管组中，部分管内蒸汽的焓增大于整个管组平均焓增的现象称为热偏差。这些焓增大、温度高的管子叫热偏差管。

偏差管中蒸汽的焓增量 Δh_p 与整个管组蒸汽的平均焓增量 Δh_{pj} 之比，称为热偏差系数 φ，即

$$\varphi = \frac{\Delta h_p}{\Delta h_{pj}} \qquad (5-1)$$

热偏差系数 φ 反映了过热器、再热器的热偏差程度。φ 越大，则热偏差程度越大，即偏差管内蒸汽温度和管壁温度越高。严重的时候，偏差管的壁温甚至超过管材的允许温度，造成高温损坏，从而严重威胁锅炉安全运行。因此，对热偏差问题必须予以足够的重视，应防止热偏差过大。

二、热偏差产生的原因

过热器、再热器内工质的焓增等于每千克蒸汽的吸热量。其大小取决于受热面的热负荷、受热面面积和管内蒸汽流量，它们之间的关系是

$$\Delta h = \frac{QA}{D} \qquad (5-2)$$

式中　Q——受热面热负荷，kJ/（$m^2 \cdot s$）；

A——每根管子的受热面面积，m^2；

D——并列管子的工质流量，kg/s。

对大多数过热器和再热器，并列工作的管子之间受热面积差异很小。因此，产生热偏差的原因主要是烟气侧的热负荷不均（受热不均）和蒸汽流量不均。显然，热负荷大的或蒸汽流量小的管子热偏差严重。

（一）烟气侧的热负荷不均

过热器、再热器并列管的热负荷不均，使各管的吸热不均，这使各管蒸汽的焓增不同而产生热偏差。造成热负荷不均有结构方面的因素，也有运行方面的因素。

（1）在炉膛中，由于火焰中心向四周水冷壁辐射传热，因此炉膛中间的温度高，靠近水冷壁的温度低。当烟气离开炉膛进入对流烟道后，仍然是烟道中间温度高，两侧温度低。这样，烟道中间的管子热负荷大，两侧的管子热负荷小。如图5-12所示。

（2）一般烟道中间的烟气流速高，两侧的烟气流速低，故中间管子的吸热量大。另外，若管间节距不等，节距大的地方将形成"烟气走廊"。此处的烟气流动阻力小，烟气流速高，对流传热增强；同时烟气的有效辐射层厚度也较大，辐射传热增强，因此靠近"烟气走廊"两侧管子的热负荷大。

（3）在锅炉运行中，燃烧调整不当，使火焰偏斜；燃烧器负荷不一致；水冷壁局部结渣或积灰；烟道再燃烧等，都会造成烟气温度分布不均匀，使热负荷不均。此外，过热器、再热器局部结渣或积灰，也会使并列各管热负荷严重不均。

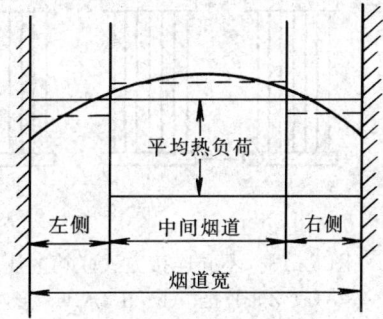

图5-12 沿烟道宽度热负荷的分布

（4）对于屏式过热器，中间屏的受热最强，两侧的屏受热较弱。对同一片屏，最外管圈由于直接接受火焰的辐射，受热最强，而越往里圈的管子由于受外圈的遮挡，受热越弱。因此，屏式过热器最外管圈是偏差管。

由上可见，只要是沿烟道截面各处的烟气温度或烟气流速分布不均时，就会造成过热器、再热器管子的热负荷不均。而且热负荷不均是不可避免的。

（二）蒸汽流量不均

在同样的热负荷下，当并列各管的蒸汽流量不均匀时，流量小的管子蒸汽焓增大，蒸汽温度和管壁温度高；而流量大的管子蒸汽焓增小，蒸汽温度和管壁温度低。所以流量不均也会产生热偏差。

除了前面所述的热负荷不均会造成流量不均外，在并列工作的管中，各管的蒸汽流量主要取决于管子进出口压差和流动阻力。

（1）并列管子进出口压差与过热器和再热器进、出口联箱的蒸汽引入、引出方式有关。连接方式不同，联箱内的压力分布就不相同，从而影响到进出口压差，如图5-13所示。压差大的管子，蒸汽流量大；压差小的管子，蒸汽流量小。

图5-13（a）为Z形连接方式。蒸汽从进口联箱的左端引入；从出口联箱的右端引出。在进口联箱中，左端的蒸汽流量最大，流速最高。从左到右，蒸汽流量逐渐减少，流速逐渐降低；到右端流量最小，流速最低。根据能量守恒原理和动、静压力的转换关系，这样从左到右沿联箱长度方向，动能逐渐减小，压能增大，即压力逐渐升高，如图5-13（a）中p_1的曲线。同理，在出口联箱中，沿联箱长度方向，从左到右，压力逐渐降低，如图5-13（a）中p_2的曲线。显然，Z形连接方式中，并列各管的进出口压差Δp相差较大，左端压差最小，蒸汽流量也就最小；右端压差最大，蒸汽流量也最大。此时，若各管热负荷相同，则左边的管子是偏差管。

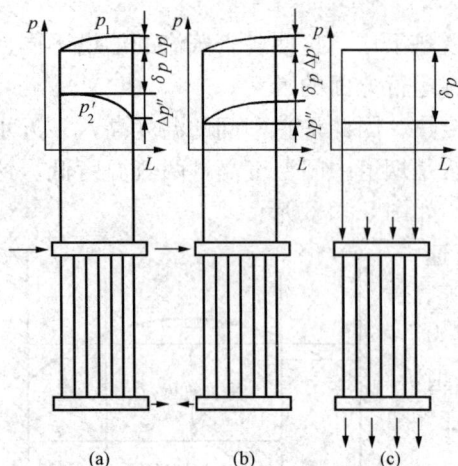

图 5 - 13　不同连接方式联箱的压力分布
(a) Z形连接；(b) Ⅱ（或 U）形连接；
(c) 多点引入、引出型连接

图 5 - 13（b）为Ⅱ（或 U）形连接方式。蒸汽从进口联箱和出口联箱的同一端引入、引出。管组中进、出口联箱的静压变化方向相同，因此各并列管的压差 Δp 相差较小，各管的蒸汽流量较均匀。

图 5 - 13（c）为多点引入、引出型连接方式。这种连接方式蒸汽在联箱长度方向上压力变化很小，因此各并列管的压差 Δp 基本相同，各管的蒸汽流量均匀。

可见，Z形连接方式并列各管的蒸汽流量不均匀性最大，应避免采用。

（2）管圈的阻力特性。管圈阻力特性常数 R 可用式 5 - 3 表示：

$$R = \left(\sum \xi + \frac{\lambda}{d}L \right) \frac{1}{2A^2} \qquad (5 - 3)$$

式中　$\sum \xi$——管圈局部阻力系数总和；
　　　λ——沿程摩擦阻力系数；
　　　d——管子内径，m；
　　　L——管子长度，m；
　　　A——管内工质流通断面积，m²。

可见管圈阻力特性常数与管子的结构尺寸和安装检修质量有关。如管子的长度、内径、粗糙度、弯曲度、弯头数目不一样，或者管内有焊瘤等。管子越长、内径越小、管内越粗糙、弯头数目越多，管子的阻力越大。阻力大的管子，蒸汽流量小；阻力小的管子，蒸汽流量大。流量小的管子是热偏差管。

对于屏式过热器最外管圈，其管子长，阻力大，蒸汽流量小。因此最外管圈既是热负荷不均的偏差管，又是蒸汽流量不均的偏差管。

（3）工质密度。工质密度越小，管内工质流量也越小。当热负荷不均匀时，还会引起蒸汽流量不均匀。因为热负荷高的管子吸热多，蒸汽温度高、密度小，蒸汽流动阻力增加，使流量减少，进一步加大了热偏差程度。

三、减轻热偏差的措施

从上述对热偏差产生的原因分析可知，要完全消除热偏差是不可能的。为了保证过热器、再热器的安全运行，应尽量减轻热偏差，把壁温控制在允许的范围内。减轻热偏差一般从设计结构和运行两方面采取措施。

（一）从设计结构方面采取减轻热偏差的措施

1. 受热面分级、级间混合

将整个过热器系统分成几级，每级都有自己的进、出口联箱。这样在各级之间利用联箱使蒸汽充分混合，以消除上级产生的热偏差，从而使每一级的热偏差都被控制在规定的范围内，保证了受热面的安全。级分的越多，每级的热偏差就越小，但系统复杂，阻力也越大。

通常中压锅炉的过热器分成两级，级间混合一次；高压锅炉将过热器分成三级或四级；超高压锅炉将过热器分成四级或五级。再热器一般分两级。

2. 两级间蒸汽进行左右交换流动

利用蒸汽连接管或中间联箱将烟道两侧的蒸汽进行左右交换，可以减小沿烟道宽度热负荷不均造成的热偏差，如图 5-14 所示。

为了减小烟道中间和烟道两侧热负荷不均而产生的热偏差，可将烟道两侧受热面与中间受热面中的蒸汽进行交换，如图 5-3（e）所示。烟道两侧的受热面组成一级（冷段），中间的受热面组成一级（热段）。冷段左侧的蒸汽送往热段右侧；冷段右侧的蒸汽被送往热段左侧。这样不仅两侧与中间的受热面进行了蒸汽的交换，而且两级间左右侧的蒸汽也进行了交换。

3. 采用较好的联箱引入、引出管的连接方式

由前面分析产生热偏差的原因可见，在进出口联箱的连接方式中，Z 形连接方式引起的并列管子的流量不均匀是最明显的，因此应避免采用此种连接方式，尽量采用流量分配均匀的 Π 形、双 Π 形以及多点均匀引入引出型等连接方式。

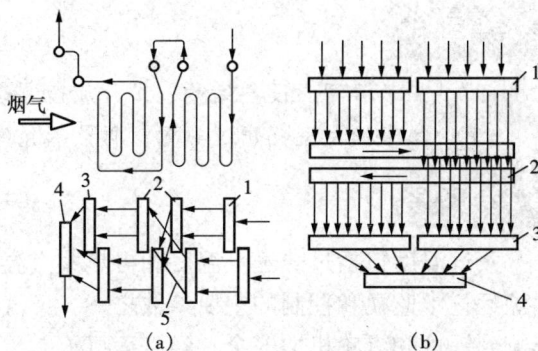

图 5-14 蒸汽左右交换流动的连接系统

（a）利用蒸汽连接管进行交换；（b）利用中间联箱进行交换

1—进口联箱；2—中间联箱；3—出口联箱；

4—集汽联箱；5—蒸汽连接管

4. 采用定距装置

采用定距装置使屏间距离及管间横向节距相等，以避免形成"烟气走廊"。

5. 减小屏式过热器的热偏差

屏式过热器除外管圈用耐高温钢材及采用中间混合和交换流动外，还可从屏本身的结构上采取如外圈管截短或短路、内外管圈管子交叉或交换位置等措施，以减小外圈管的流动阻力或改善其受热情况。如图 5-15 所示。

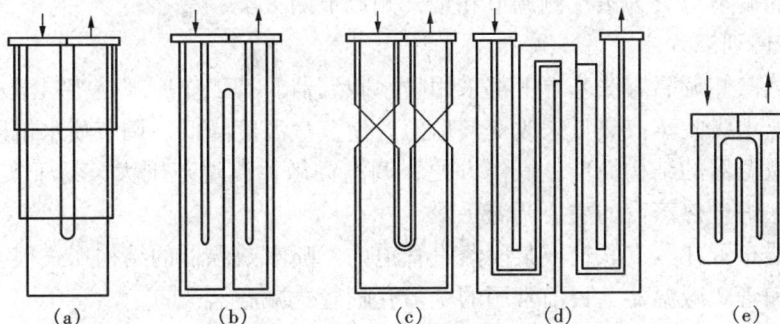

图 5-15 屏式过热器减小外圈管热偏差的方法

（a）外圈管子截短；（b）外圈管子短路；（c）内外圈管子交叉；（d）内外圈管屏交换；（e）W 形管屏

（二）从运行操作方面采取减轻热偏差的措施

（1）正确地进行燃烧调整，保证燃烧稳定，燃烧器尽量对称投入、切换合理，防止火焰

中心过分偏斜，保持良好的炉内动力工况。

（2）建立、健全吹灰制度。定时吹灰，及时打渣，减小因局部积灰或结渣引起的热负荷不均。

课题三　调温设备和过热器、再热器系统

教学目的

了解调温设备结构、工作原理及设置位置，掌握调温设备调节方法及特点，掌握大型锅炉过热器、再热器系统。

教学内容

蒸汽温度包括过热蒸汽温度和再热蒸汽温度，它是衡量蒸汽质量的重要指标之一，也是锅炉运行中监视和控制的主要参数之一。蒸汽温度偏离规定值或频繁大幅度波动，都将严重影响到锅炉和汽轮机的安全、经济运行。

当蒸汽温度过高，超过设备部件的允许工作温度时，将加速钢材的高温蠕变，使设备寿命缩短，严重超温则会导致过热器或再热器超温爆管。

当蒸汽温度过低时，将使电厂的循环热效率降低。此外，再热蒸汽温度的降低，还可能使汽轮机末几级叶片的蒸汽湿度增大，造成叶片冲蚀，影响其安全运行。

蒸汽温度频繁的大幅度波动，将造成金属部件的疲劳损坏和汽轮机的汽缸与转子间的胀差增大，严重时会使汽轮机发生剧烈的振动，威胁汽轮机的安全运行。

因此，运行中必须维持过热蒸汽温度和再热蒸汽温度的稳定。正常情况下，允许波动范围是额定汽温的$-10\sim+5℃$。

为了满足蒸汽温度的要求，锅炉必须有合理的汽温调节方法和装设性能可靠的汽温调节装置。对锅炉汽温调节装置的基本要求是：调节灵敏、时滞性小；调节装置结构简单，工作可靠，调温范围大；节约钢材以及对循环热效率影响小等。

一、蒸汽温度调节

蒸汽温度的调节可分为蒸汽侧调节和烟气侧调节两大类。

（一）蒸汽侧调温方法

现代锅炉蒸汽侧调温方法基本上都采用喷水减温器。其工作原理是将减温水直接喷入蒸汽中，通过减温水吸收蒸汽热量来改变其焓值，使蒸汽温度降低。调节喷水量即可调节蒸汽的温度。喷水减温器的结构简单、操作方便、调温灵敏，调温范围大，易于实现自动调节，因此它是电厂锅炉过热蒸汽的主要调温手段。

喷水减温器布置在蒸汽联箱或某段蒸汽管道内。喷水减温器的结构形式很多，按喷水方式分为喷头式和管式减温器。目前常用的是多孔喷管式减温器。

1. 多孔喷管式减温器

多孔喷管式减温器的结构如图5-16所示。减温器由外壳、多孔喷管、保护套管（汽水混合管）等组成，其安装在过热器联箱中或两级过热器之间的连接管道上。喷管形如"笛子"状，许多小孔（可多达120个）开在背向汽流方向的一侧。减温水从喷孔中喷出（与汽流方向一致）并雾化，再与蒸汽混合。由于其雾化质量较差，因此保护套管较长。为防止悬

臂振动，喷管采用上下两端固定。

2. 微量喷水减温器和事故喷水减温器

再热蒸汽温度的调节，一般不宜采用喷水减温器作为主要调节手段。因为喷水增加了再热蒸汽的流量，使汽轮机中、低压缸的做功量增大，若机组负荷一定，则必须减少高压缸的做功量，即用中压蒸汽做功替代部分高压蒸汽做功，电厂循环热效率将降低。一般再热器中每喷入 1% 的给水，循环热效率降低 0.1%～0.2%。

再热蒸汽温度的调节通常采用烟气侧调温方法作为主要手段；为了精确地调节再热蒸汽温度，用微量喷水减温器（辅助喷水减温器）作为辅助调节手段，进行再热汽温的细调。

微量喷水减温器也采用喷嘴式或多孔管式结构。如图 5-17 所示的是采用莫诺克型喷嘴的微量喷水减温器结构。其主要由喷水装置和混合管组成。在背向汽流方向的一侧焊接两个莫诺克型喷嘴，使喷水方向与蒸汽流向一致。为了防止悬臂振动，喷嘴采用上下两端固定。混合管的作用是防止减温水直接与外壳接触而引起的热应力。微量喷水减温器通常布置在高温再热器的连接管道内。减温水一般来自于给水泵的中间抽头。

事故喷水减温器布置在再热器进口管道上，以便在事故情况下保护再热器。当运行中发生再热汽温过高等情况时，投入事故喷水减温器，以降低再热蒸汽温度，对再热器进行保护。事故喷水减温器的结构与微量喷水减温器结构基本相同，但喷水量较大。

3. 喷水减温器的布置

喷水减温器不仅能调节蒸汽温度，还能使减温器后的受热面不超温。减温器在过热器系统中的位置不同，对调温的灵敏性和受热面的安全性影响就不同。

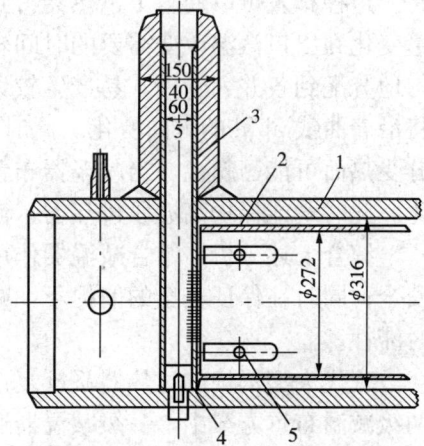

图 5-16 多孔喷管式喷水减温器结构
1—外壳；2—混合管；3—多孔喷管；
4—端盖；5—加强片

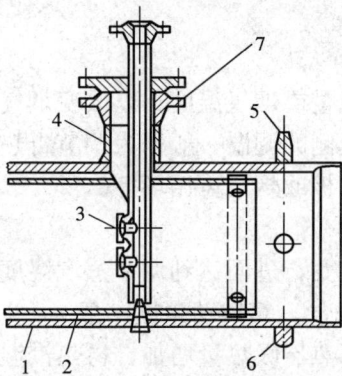

图 5-17 微量喷水减温器结构
1—外壳；2—混合管；3—莫诺
克型喷嘴；4、5、6—管接头；
7—连接法兰

减温器布置在过热器系统中的位置，对过热器工作的影响如图 5-18（a）所示。

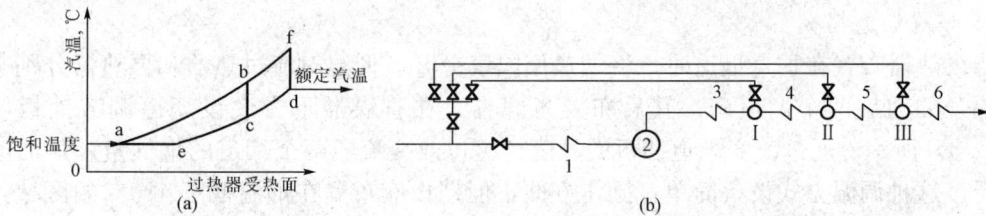

图 5-18 减温器位置
(a) 减温器位置对过热器的影响；(b) DG—1025/18.2—Ⅱ4 型锅炉过热器减温器布置情况
1—省煤器；2—汽包；3—低温对流过热器；4—前屏过热器；5—后屏过热器；6—高温对流过热器
Ⅰ——级喷水减温器；Ⅱ—二级喷水减温器；Ⅲ—三级喷水减温器

当减温器布置在过热器进口端时，过热器内的蒸汽温度将沿着曲线 aecd 的方向逐渐升高。这种布置可以使整个过热器得到保护；但由于减温器后的过热器受热面很多，从减温水量变化到出口汽温改变需要的时间较长，调温的灵敏性差。而且喷水后湿蒸汽的水滴很难均匀地分配到各并列管中，易产生较大的热偏差。当减温器布置在过热器出口端时，蒸汽温度将沿着曲线 abfd 的方向变化。此时虽然调温灵敏，但过热器却得不到保护，减温器前的部分受热面可能已超温。当减温器布置在过热器中间时，蒸汽温度将沿着曲线 abcd 的方向变化。此时既能保护高温段过热器，汽温调节也比较灵敏。

综合上述分析，结合减温器作用，减温器应布置在工作温度较高的受热面之前，以保证安全；同时在保证安全的前提下，减温器的位置应尽量靠近过热器出口，以减小汽温调节的时滞性。

现代大型锅炉的过热器系统复杂、分级较多，因此采用两级或三级减温的布置方案。在两级减温布置方案中，一级减温器通常设置在后屏过热器之前，以保护后屏安全，并对汽温进行粗调；二级减温器设置在高温对流过热器进口（或中间），作为细调，并保护高温对流过热器安全。在三级减温布置方案 [如图 5-18（b）所示] 中，第一级设置在前屏过热器进口端作为粗调，并保护前屏安全；第二级设置在前、后屏过热器之间，保护后屏安全和对汽温进行粗调；第三级设置在高温对流过热器进口，对汽温进行细调，并保护高温对流过热器安全。

（二）烟气侧调温方法

烟气侧调温原理是通过改变流经过热器、再热器的烟气流量或烟气温度，以改变烟气的放热量，从而改变蒸汽吸热量，来达到调节汽温的目的。烟气侧的调温一般作为调节再热汽温的主要手段。其方法有改变火焰中心位置、采用分隔烟道挡板或烟气再循环等。

1. 改变火焰中心位置

通过改变火焰中心沿炉膛高度的位置，使炉膛出口烟温改变，进而达到调节蒸汽温度的目的。国产大型锅炉改变火焰中心位置常采用摆动式直流燃烧器，其摆动角度一般为 ±30°。燃烧器向上摆动，火焰中心位置上移，炉膛出口烟温升高，再热器吸热量增加，再热汽温升高；反之，燃烧器向下倾斜，火焰中心下移，炉膛出口烟温减低，再热汽温降低。摆动式燃烧器的调温幅度可达 40~60℃，且受热面离炉膛出口越近，其调温效果越好。除了采用摆动式燃烧器，通过改变燃烧器的运行方式或配风情况，也可以改变火焰中心位置。这种调温方式的优点是设备简单，调节方便、灵敏，调温幅度大。缺点是将影响煤粉燃烧的经济性和稳定性，炉膛出口或冷灰斗可能产生结渣等。

2. 分隔烟道挡板

当再热器布置在垂直烟道时，将烟道用隔墙分开，低温对流过热器和再热器分别布置在相互隔开的前后两个烟道内，其后布置省煤器，在省煤器下方装设烟道调节挡板，如图 5-19（a）所示。通过改变烟道挡板的开度，可以改变流经两个烟道的烟气量，从而改变再热汽温。这种调温方式设备简单，操作方便，但挡板应布置在烟温低于 400℃ 的区域，否则挡板易烧损变形，使调节失灵，同时还应注意减少烟气对挡板的磨损。

3. 烟气再循环

烟气再循环是利用再循环风机将省煤器后的部分烟气（约 250~350℃）抽出，再从冷灰斗下部或靠近炉膛出口处送入炉膛，以改变锅炉辐射和对流受热面的吸热量，从而达到调

节汽温的目的，如图 5 - 19
(b) 所示。低负荷运行时，
烟气从炉膛下部入口送入，
起调温的作用；在高负荷运
行时，从靠近炉膛上部入口
送入，起保护受热面的作用。
这种调温方式的优点是：调
温幅度大、灵敏；能降低炉
膛热负荷，防止水冷壁传热
恶化以及抑制烟气中 NO_x 的
形成，减轻对大气的污染。
缺点是：增加了再循环风机

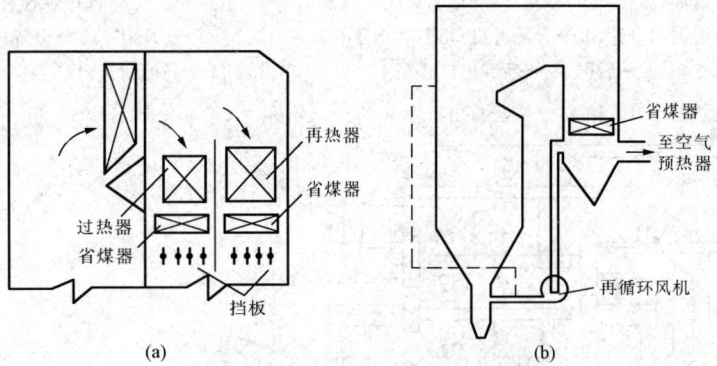

图 5 - 19　分隔烟道挡板和烟气再循环调温示意
(a) 分隔烟道挡板调温示意；(b) 烟气再循环

及相应电耗；再循环风机的工作温度高，磨损严重，可靠性差；烟气从炉膛下部送入时，将
使不完全燃烧损失增大；对流受热面磨损加剧等。

　　在实际运行中，锅炉汽温的调节应综合采用多种方法，以求调温的灵敏性、可靠性和运
行的经济性。

二、大型锅炉过热器、再热器系统举例

　　国产高压以上锅炉的过热器系统都采用了串联混合流组合方式，其基本组合模式为"顶
棚过热器→包覆墙过热器→低温对流过热器→辐射过热器→半辐射过热器→高温对流过热
器"。这种组合方式的特点是既能获得比较大的传热温差，节省过热器受热面积，又能保证
受热面安全，同时还能获得较平稳的汽温特性。

　　再热器系统有两种布置方式，一种是采用纯对流再热器，另一种是采用"墙式辐射再热
器→半辐射屏式再热器→高温对流再热器"组合模式。

　　图 5 - 20 所示为 SG—1025/18.3 型锅炉过热器系统。整个系统采用了上述过热器系统的
基本模式。

　　过热器系统的蒸汽流程如下：

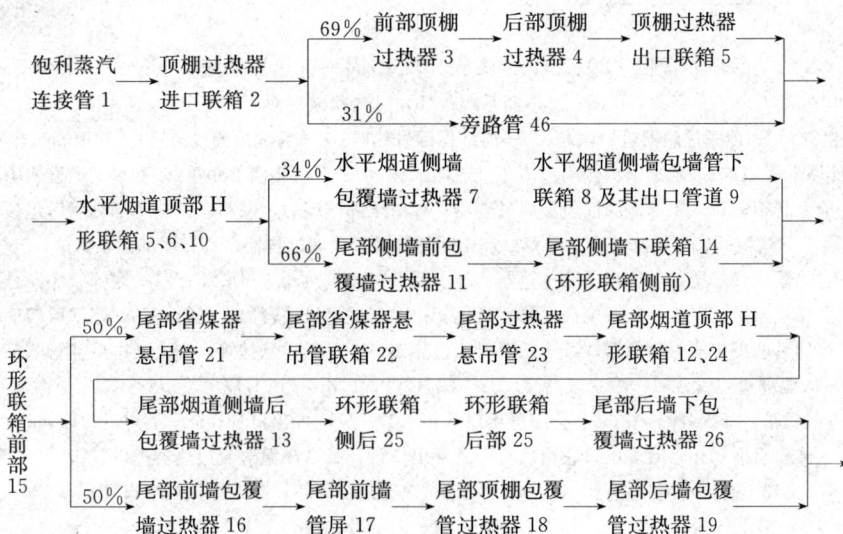

→低温过热器进口联箱 20→低温对流过热器 27→低过悬挂管 28→低过悬挂管联箱 29→减温器进口管 30→减温器 31→减温器出口管 32→分隔屏进口管 33→分隔屏进口联箱 34→分隔屏 35→分隔屏出口联箱 36→分隔屏出口管 37→后屏进口联箱 38→后屏 39→后屏出口联箱 40→后屏出口管 41→高温对流过热器进口联箱 42→高温对流过热器 43→高温对流过热器出口联箱 44→主蒸汽出口管道 45→汽轮机。

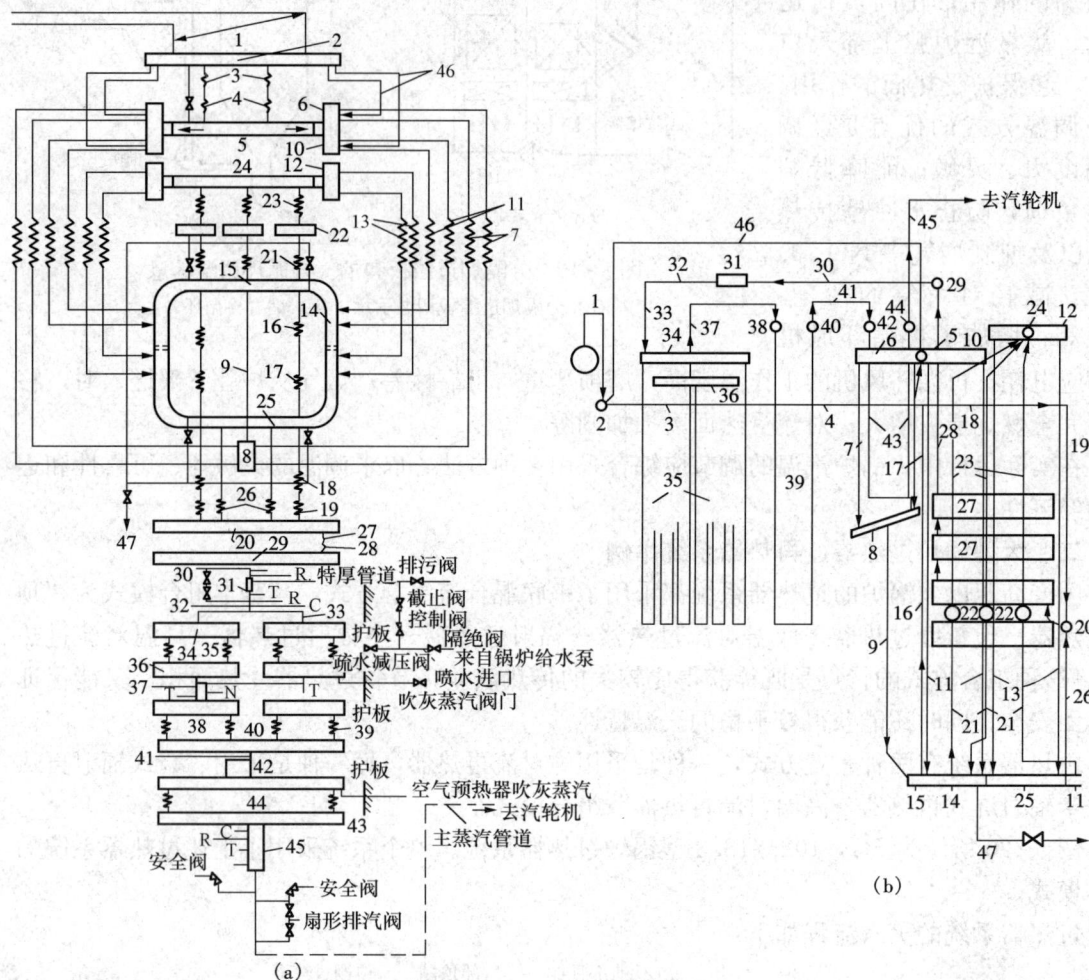

图 5-20 SG—1025/18.3 型锅炉过热器系统

(a) 过热器系统；(b) 过热器纵剖面

1—饱和蒸汽连接管；2—顶棚过热器进口联箱；3—前部顶棚过热器；4—后部顶棚过热器；5—顶棚过热器出口联箱；
6—水平烟道侧墙上联箱；7—水平烟道侧墙包覆墙过热器；8—水平烟道侧墙下联箱；9—水平烟道侧墙下出口管；
10—尾部侧墙前上联箱；11—尾部侧墙前包覆墙过热器；12—尾部侧墙后上联箱；13—尾部侧墙后包覆墙过热器；
14—尾部侧墙前下联箱；15—尾部前墙下联箱；16—尾部前墙包覆墙过热器；17—尾部前墙管屏；18—尾部顶棚包覆管过热器；19—尾部后墙包覆墙过热器；20—低温对流过热器进口联箱；21—尾部省煤器悬吊管；
22—尾部省煤器悬吊管联箱；23—尾部过热器悬吊管；24—尾部悬吊管出口联箱；25—尾部后墙下联箱；
26—尾部后墙下包覆墙过热器；27—低温对流过热器；28—低过悬挂管；29—低过悬挂管联箱；
30—减温器进口管；31—喷水减温器；32—减温器出口管；33—分隔屏进口管；34—分隔屏进口联箱；35—分隔屏；36—分隔屏出口联箱；37—分隔屏出口管；38—后屏进口联箱；
39—后屏；40—后屏出口联箱；41—后屏出口管；42—高温对流过热器进口联箱；
43—高温对流过热器；44—高温对流过热器出口联箱；45—主蒸汽出口管；
46—旁路管；47—5%启动旁路

低温对流过热器采用卧式布置，5 管圈结构；分隔屏共 8 片；后屏共 20 片；高温对流过热器采用立式布置，4 管圈结构。

过热器管材除分隔屏、后屏外圈及屏的定位管采用少量不锈钢（TP−304H，TP−347）外，其余均采用珠光体耐热合金钢，如钢研 102、12CrMoV、15CrMo 等。

系统中只在低温对流过热器与分隔屏之间布置了一级多孔喷管式喷水减温器，作为过热器正常调温手段。此过热器系统的主要特点是：

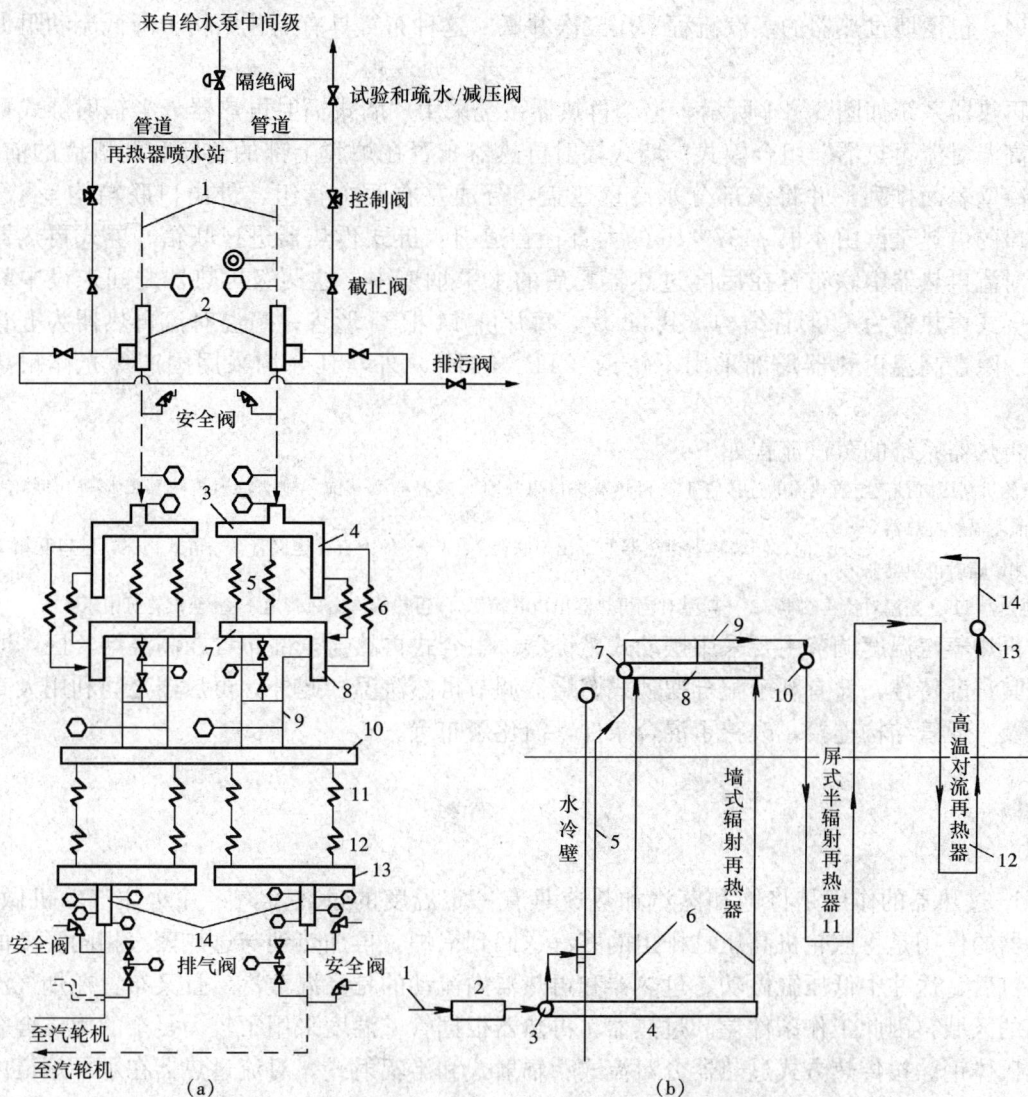

图 5-21　SG—1025/18.3 型锅炉再热器系统

（a）再热器系统；（b）再热器纵剖面俯视图

1—汽轮机高压缸出口至再热气的连接管；2—事故喷水减温器；3—前墙辐射再热器进口联箱；
4—侧墙辐射再热器进口联箱；5—前墙辐射再热器；6—侧墙辐射再热器；7—前墙辐射再热器出口联箱；8—侧墙辐射再热器出口联箱；9—辐射再热器出口大直径连接管；
10—屏式再热器进口联箱；11—屏式再热器；12—高温对流再热器；
13—高温对流再热器出口联箱；14—再热蒸汽出口管

(1) 设置了容量为 5% 锅炉最大蒸发量的启动旁路系统。启动过程中，旁路全开，直至汽轮机并网后关闭。这样，锅炉采用较高的燃烧率，在提高温升速度的同时又可限制压力上升速度，即控制汽温和汽压匹配上升，蒸汽参数能较快地达到汽轮机冲转要求，缩短了启动时间。

(2) 过热器全部为顺列布置，并采用较大的管径和大直径连接管，以降低过热器阻力。

(3) 分隔屏、后屏及悬吊管等采用蒸汽冷却的夹持定位管。

(4) 包覆墙过热器的蒸汽流程采用三次并联。这种布置具有简化结构、降低流动阻力等优点。

再热器系统如图 5-21 所示。整个再热器系统采用"墙式辐射再热器→半辐射屏式再热器→高温对流再热器"组合模式。墙式辐射再热器布置在炉膛上部的前墙和两侧墙的前侧，沿水冷壁表面排列，并将该部分水冷壁遮盖，分成左右两个管组，进出口联箱均呈 L 形，其出口的再热蒸汽由 4 根 $\phi457×16$ 的大直径管道引入屏式再热器进口联箱。屏式再热器与高温对流再热器串联布置在后屏过热器之后的水平烟道中，这两级再热器之间未设中间联箱。屏式再热器为 U 形管结构，共 30 片，每片屏 14 根 U 形管；高温对流再热器为七管圈结构。除在高温再热器局部采用不锈钢（TP-304H）外，其余均采用国产珠光体耐热合金钢。

再热器系统的蒸汽流程如下：

汽轮机高压缸排汽至再热器的连接管 1→再热器进口事故喷水减温器 2→前、侧墙辐射再热器 L 形进口联箱 3、4

┌→前墙辐射过热器 5┐
└→侧墙辐射再热器 6┘ → 前、侧墙辐射再热器 L 形出口联箱 7、8→4 根大直径连接管 9→屏式再热器进口联箱 10→

屏式再热器 11→高温对流再热器 12→高温对流再热器出口联箱 13→再热蒸汽出口管道 14→至汽轮机中压缸

再热蒸汽温度调节主要采用摆动式燃烧器。组合式再热器全部布置在高温烟气区，既改善了其汽温特性，又有利于配合摆动式燃烧器调节再热汽温。此外，再热器之间利用大直径管道及三通管结构连接，改善了混合条件，简化了布置。

小 结

1. 过热器的作用是将饱和蒸汽加热成具有一定温度的过热蒸汽，并送往汽轮机做功。再热器的作用是将汽轮机高压缸排出的蒸汽送回到锅炉，再加热到与过热蒸汽相同温度的再热蒸汽后，送往中低压缸做功。过热器和再热器内流动的是高温蒸汽，且又布置在烟气温度较高的区域，因此工作条件差。过热器、再热器根据管壁温度采用了较为复杂的优质合金钢和奥氏体钢。按传热方式过热器分对流式、辐射式和半辐射式。对流过热器在水平烟道内采用立式顺列布置，在垂直烟道内采用卧式错列布置。辐射过热器有顶棚式、墙式和屏式三种。半辐射过热器采用屏式。大型锅炉过热器采用"辐射—半辐射—对流"串联组合式。

2. 超高压锅炉再热器多采用对流式，大型锅炉则采用"墙式辐射再热器—屏式半辐射再热器—高温对流再热器"串联组合式。再热器结构上多采用大管径、多管圈结构，以减小流动阻力。

3. 汽温特性是指蒸汽温度与锅炉负荷之间的关系。对流过热器的蒸汽温度随锅炉负荷的增大而升高，随锅炉负荷的减小而降低；辐射过热器汽温特性与对流过热器相反；半辐射和组合式过热器的蒸汽温度随锅炉负荷的变化不大。再热器汽温特性与过热器相似，但比过热器变化明显。

4. 在并列工作的管组中，个别管子的焓增超过整个管组平均焓增的现象称为热偏差。热偏差程度可用热偏差系数反映，热偏差系数越大，热偏差程度越严重。产生热偏差的原因主要是并列管的热负荷不均和蒸汽流量不均。减少热偏差的措施可从结构布置方面和运行两方面进行。结构布置上的措施有：受热面分级、级间混合，两级间蒸汽进行左右交换流动，采用较好的联箱引入、引出管的连接方式，采用定距装置，屏式过热器外圈管子截短或短路，采用双 U 型屏，内外圈管子交叉或内外圈管屏交换等。从运行操作方面采取的措施有：正确地进行燃烧调整，保证燃烧稳定，燃烧器尽量对称投入、切换合理，防止火焰中心过分偏斜，保持良好的炉内动力工况；建立、健全吹灰制度。

5. 蒸汽温度是锅炉重要运行参数之一，蒸汽温度过高或过低对锅炉汽轮机组的安全经济运行有重大影响。正常情况下，允许波动范围是额定汽温的 $-10\sim+5℃$。蒸汽温度的调节有蒸汽侧调节（喷水减温器、微量喷水减温器和事故喷水减温器）和烟气侧调节（改变火焰中心位置、分隔烟道挡板和烟气再循环）。过热汽温调节以蒸汽侧的喷水减温为主要手段，烟气侧调节为辅助手段；再热汽温调节以烟气侧的调节为主要手段，蒸汽侧的微量喷水减温为细调。喷水减温器设置时既要保证安全，又要调节灵敏。大型锅炉一般设置采用两级或三级喷水减温器。

6. 大型锅炉过热器系统基本模式：饱和蒸汽→顶棚过热器→包覆墙过热器→低温对流过热器→辐射过热器→半辐射过热器→高温对流过热器。

再热器系统可采用纯对流再热器系统和"墙式辐射再热器→半辐射屏式再热器→高温对流再热器"串联组合式系统。

复 习 思 考 题

5-1　过热器和再热器的作用是什么？它们的工作条件如何？

5-2　过热器、再热器有哪几种形式？各类型过热器的结构和布置特点有哪些？

5-3　分析高参数大容量锅炉为什么采用组合式过热器？

5-4　试分析过热器、再热器的汽温特性。

5-5　什么是热偏差？产生热偏差的原因以及减轻热偏差的措施有哪些？

5-6　为什么要调节蒸汽温度？调节汽温的方法和特点有哪些？

5-7　再热蒸汽为什么一般不采用喷水减温作主要调节手段？

5-8　简述大型锅炉过热器、再热器系统流程。

省煤器和空气预热器

内容提要

省煤器、空气预热器的结构和布置，受热面的积灰、磨损和低温腐蚀，锅炉受热面整体布置。

省煤器和空气预热器是现代电厂锅炉不可缺少的受热面。由于它们一般布置在过热器或再热器受热面之后的尾部对流烟道中，因而常称为尾部受热面。

课题一 省 煤 器

教学目的

了解省煤器的作用、种类、结构、工作原理，掌握大型锅炉省煤器的布置特点。

教学内容

一、省煤器的作用和分类

（一）省煤器的作用

省煤器是利用锅炉尾部烟气热量加热锅炉给水的热交换设备。省煤器是汽水系统中的承压部件。其主要作用是：

（1）节省燃料消耗量。省煤器吸收烟气热量加热给水后，降低了锅炉排烟温度，减少了排烟热损失，提高了锅炉效率，因而节省燃料。

（2）降低了锅炉造价。以管径较小、管壁较薄、传热温差较大、价格较低的省煤器加热受热面代替了部分造价较高的对流蒸发受热面。

（3）改善了汽包的工作条件，延长其使用寿命。由于采用省煤器，提高了进入汽包的给水温度，因而减小了给水管与汽包壁之间的温度差，也就减小了因温差而产生的热应力，从而改善了汽包的工作条件。

（二）省煤器的分类

省煤器按出口工质状态分为沸腾式和非沸腾式两类。若省煤器出口水温不仅达到饱和温度，并有部分水汽化时，称为沸腾式省煤器。汽化水量占给水量的百分数称为省煤器的沸腾率（或沸腾度），沸腾率一般为 $10\%\sim15\%$，最多不超过 20%，以免因工质容积流量过大使流动阻力过大，同时也为了避免发生汽水分层。当省煤器出口水温低于其压力下的饱和温度时，则称为非沸腾式省煤器。省煤器出口温度一般比饱和温度低 $20\sim25℃$。

中低压锅炉多采用沸腾式省煤器。因中低压锅炉需要加热水的热量少，而水的汽化潜热大，需要的蒸发热大，故将一部分蒸发任务由水冷壁转移到省煤器中完成。这样既可以防止因炉膛温度低引起燃烧不稳定，又可以防止因炉膛出口烟温过低造成过热器等受热面金属用量增加，同时也能充分发挥省煤器的作用。随着蒸汽参数的提高，水的加热热增大，汽化热减小。为了防止因炉膛温度和炉膛出口温度过高，而引起的炉内及炉膛出口处受热面的结渣，故将部分加热水的任务由省煤器转移到水冷壁来完成。因此，现代超高压及以上压力锅炉普遍采用非沸腾式省煤器。

省煤器按所使用的材料分为铸铁管式和钢管式两类。铸铁管式省煤器耐磨损、耐腐蚀，但笨重且不能承受高压及较大的水击，故多用于中低压小容量工业锅炉的非沸腾式省煤器。电厂锅炉则广泛采用钢管式省煤器，其优点是：强度高，能承受高压和较大的冲击，工作可靠；同时其传热性能好，且体积小，重量轻，价格低。缺点是耐腐蚀性和耐磨损性差，因现代锅炉给水都经过严格处理，管内腐蚀的问题已基本解决。

二、省煤器的结构和工作原理

（一）省煤器的结构和工作原理

钢管省煤器的结构如图 6-1 所示。它是由许多并列的蛇形管和进、出口联箱组成。蛇形管多用焊接的方法与联箱连接在一起。蛇形管一般用管径 $\phi28\sim42$，壁厚为 $3\sim5mm$ 的无缝钢管（有的大型锅炉采用 $\phi51\times6.5$ 的无缝钢管）弯制而成。管子的横向相对节距为 $S_1/d=2\sim3$，纵向相对节距为 $S_2/d\geqslant1.5\sim2$。若省煤器受热面较多，总高度较高，则将其分成几段，每段高度约 $1\sim1.5m$，段与段之间留出 $0.6\sim0.8m$ 的检修空间。此外，省煤器与其相邻的空气预热器也应留出 $0.8\sim1m$ 的空间，以便进行检修和清除受热面上的积灰。

省煤器一般采用卧式（水平）布置在尾部垂直烟道中，其工作原理是烟气在管外自上而下横向冲刷管束，将热量传递给管壁；水在管内自下而上流动，吸收管壁放出的热量，使水的温度升高。这种逆流传热方式，能获得较大的传热温差，增大传热效果，节约金属用量；也便于疏水和排气，以减轻腐蚀；另外，烟气自上而下流动，还有利于自吹灰。

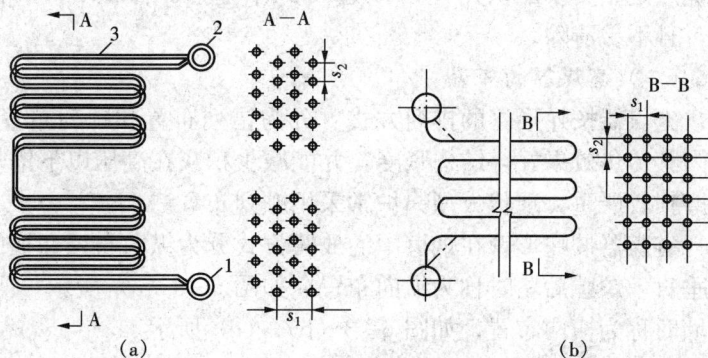

图 6-1 省煤器的结构

（a）错列布置结构；（b）顺列布置结构

1—进口联箱；2—出口联箱；3—蛇形管；S_1—横向节距；S_2—纵向节距

钢管省煤器通常采用光管。为了增强传热并提高结构的紧凑性，近年有的锅炉采用了鳍片管式、膜式、肋片式省煤器，如图 6-2 所示。

图 6-2（a）所示为在省煤器蛇管上焊接矩形鳍片的鳍片管式省煤器。在金属用量、通风电耗相同的情况下，其体积要比光管受热面的体积小 $25\%\sim30\%$，且传热量有所增加。而采用轧制鳍片管省煤器如图 6-2（b）所示，它的外形尺寸可缩小 $40\%\sim50\%$。

膜式省煤器如图 6-2（c）所示。它是在蛇形管直段部分加焊扁钢制作而成，扁钢条的厚度为 $2\sim3mm$。其优点与鳍片管省煤器相同。鳍片管式和膜式省煤器因其体积较小，在烟道截面不变的情况下，可采用较大的横向节距，从而增大了烟气流通截面，使烟气速度降低，从而减轻了磨损。

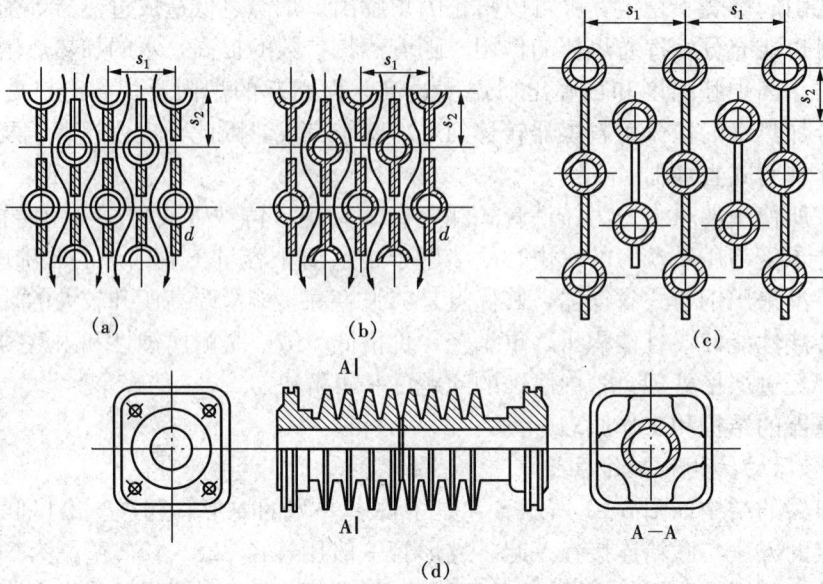

图 6-2 鳍片管式、膜式、肋片式省煤器

(a) 焊接鳍片省煤器；(b) 轧制鳍片管省煤器；(c) 膜式省煤器；(d) 肋片式省煤器

肋片式省煤器如图 6-2（d）所示。它是用带横向肋片（环状或螺旋状）的管子制成。其优点是热交换面积大（可增大 4~5 倍以上），体积小，节省金属。其主要缺点是积灰较严重，且不易清除。

（二）省煤器的布置

省煤器按蛇形管的排列方式可分为错列布置和顺列布置两种，如图 6-1 所示。错列布置因其传热效果好，结构紧凑，并能减少积灰在高压以下锅炉得到广泛应用。但由于错列布置磨损较严重，现代大型锅炉常采用顺列布置。

省煤器按蛇形管在烟道中的放置方式分为纵向布置和横向布置两种。当蛇形管的放置方向垂直于炉膛后墙时称为纵向布置，如图 6-3（a）所示。当蛇形管的放置方向平行于炉膛后墙时称为横向布置，如图 6-3（b）、（c）所示。

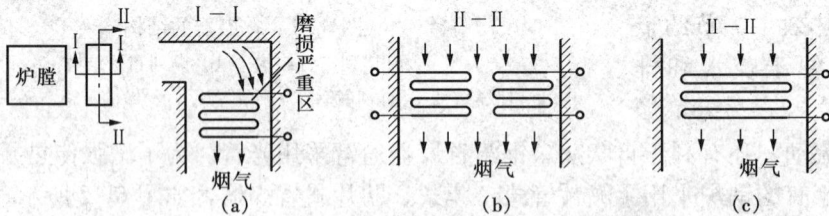

图 6-3 省煤器蛇形管在烟道中的布置方式

(a) 纵向布置；(b) 横向布置双面进水；(c) 横向布置单面进水

纵向布置的特点是：由于尾部烟道的宽度大于深度，管子较短，这样只需在管子两端的弯头附近支吊即可，故支吊较简单；又由于并列管子数目较多，故水的流速较低，流动阻力较小。但这种布置方式会造成全部蛇形管的局部飞灰磨损很严重。因为当烟气从水平烟道流入尾部烟道时由于离心力作用，使烟气中灰粒多集中在靠近后墙的一侧，而造成了全部蛇形管严重的局部磨损，检修时需更换全部磨损管段。

横向布置的特点是：磨损影响较轻，因为磨损的只是靠近后墙的少数几根蛇形管；但并列工作的管数少，所以水速较高，流动阻力较大；且管子较长，支吊比较复杂。为改善这种布置方式的缺点，可采用双管圈或双面进水的布置方案。

从安全经济考虑，省煤器中的水速应保持在一定的范围内。若水速过高，使流动阻力过大，造成省煤器的压降过大，给水泵的电耗增大，运行不经济。一般规定中压锅炉的压降不超过汽包压力的 8%，高压锅炉的压降不超过汽包压力的 5%。若水速过低，不仅管壁得不到良好的冷却，而且给水受热后析出的残余氧气不能被水流带走，它们将附着在管内壁上造成局部氧化腐蚀，另外沸腾式省煤器还可能出现汽水分层。根据运行实践，沸腾式省煤器中水流速度应大于 1m/s，非沸腾式省煤器中水流速度应大于 0.5m/s。

随着锅炉容量的增大，给水量成比例的增加，而烟道截面尺寸却不是按比例增加。综合横向布置和纵向布置的特点及对水速的要求，单管圈、单面进水横向布置仅适合于中小容量锅炉。大容量锅炉则需采用双管圈、双面进水横向布置或纵向布置方案。

省煤器在烟道中的布置可分为单级布置和双级布置两种。单级布置是指沿烟气流向省煤器只布置了一级，它既可以布置在空气预热器之前，也可以布置在两级空气预热器之间。双级布置是指沿烟气流向省煤器布置了两级，它们与空气预热器是交叉布置，即沿烟气流向分别布置高温省煤器、高温空气预热器、低温省煤器、低温空气预热器。省煤器采用单级或双级布置主要决定于其吸热量的大小。沸腾式省煤器沿烟气流向可布置一级或两级，非沸腾式省煤器一般采用单级布置方式。

（三）省煤器的支吊方式

省煤器的支吊方式有支承结构与悬吊结构。支承结构如图 6-4 所示。省煤器蛇形管通过固定支架（又叫支杆）支承在支持梁上，支持梁再支承在锅炉钢架上。支持梁布置在烟道内，为防止其变形和烧坏，支持梁内部是空心，中间通冷空气冷却，外部用绝热保温材料包裹。

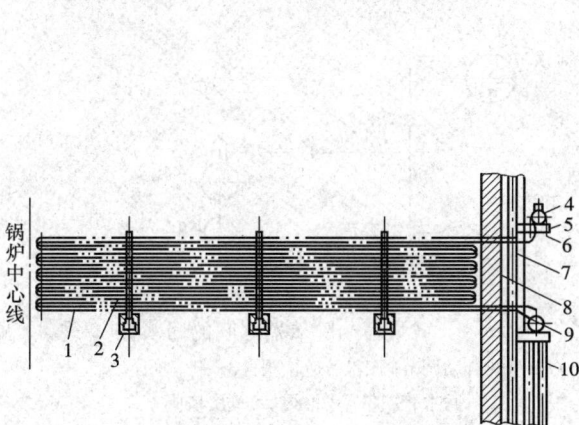

图 6-4　省煤器的支承结构

1—蛇形管；2—固定支架；3—支持梁；
4—省煤器出口联箱；5—托架；6—U 形螺栓；
7—立柱；8—烟道侧墙；9—省煤器进口联箱；
10—进口联箱连接管

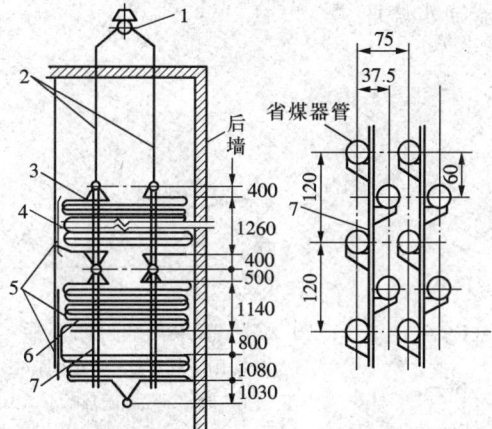

图 6-5　省煤器的悬吊结构

1—出口联箱；2—省煤器悬吊管；
3、6—省煤器；4、7—吊架；
5—防磨装置

现代大型电厂锅炉省煤器的支吊通常采用悬吊结构，如图 6-5 所示。此时省煤器的联箱放置于烟道中间，用于吊挂或支架省煤器。一般省煤器出口联箱的引出管就是悬吊管，而且省煤器的悬吊管同时也是垂直烟道中再热器和低温对流过热器的悬吊管，从而使锅炉的悬吊结构得以简化。省煤器的联箱放在烟道内的最大优点是大大减少了因蛇形管穿墙造成的漏风，但这也给检修带来了不便。

（四）省煤器的出水管与汽包的连接

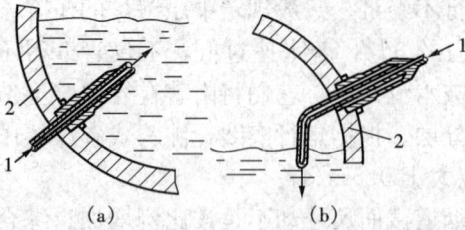

图 6-6　省煤器出水管与汽包的连接
(a) 给水引入汽包水空间时的内部套管；
(b) 给水引入汽包汽空间时的外部套管
1—给水；2—汽包壁

由于省煤器的出口水温低于汽包中的饱和温度，以及在锅炉工况变动时，省煤器出口水温可能发生剧烈变化。若省煤器的出水管直接与汽包连接，就会在连接处产生温差热应力或金属疲劳，长时间将导致汽包壁产生裂纹，危及汽包安全。为此在省煤器出水管与汽包连接处加装了保护套管，如图 6-6 所示。这样在汽包壁与进水管之间有饱和水或饱和蒸汽作中间介质，从而改善了汽包的工作条件。

三、省煤器的启动保护

锅炉在启动初期，常常是间断进水，当停止进水时，省煤器中的水不流动。由于不流动的水对管壁的冷却能力很差；以及高温烟气的不断加热，会使部分水汽化，生成的蒸汽会附着在管壁上或集结在省煤器上段，这些可能造成局部管壁超温而损坏。因而应对省煤器进行保护。

主要保护的方法是在省煤器进口与汽包下部或下降管之间装设不受热的再循环管，其上装有再循环门，如图 6-7 所示。当锅炉在启动期间停止上水时，开启再循环门，使汽包、再循环管、省煤器之间形成自然水循环回路，连续流动的工质对省煤器进行了保护。在锅炉上水或正常运行时，应关闭省煤器再循环门，以免给水经再循环管短路进入汽包，导致省煤器缺水烧坏。

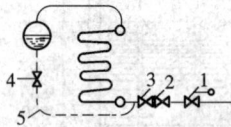

图 6-7　省煤器的再循环管
1—自动调节阀；2—逆止阀；
3—进口阀；4—再循环门；
5—再循环管

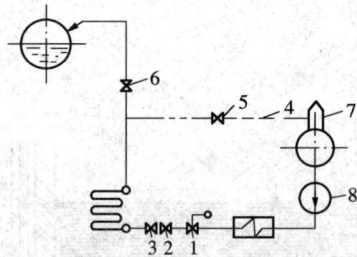

图 6-8　省煤器与除氧器之间的回水管
1—自动调节阀；2—逆止阀；3—进口阀；
4—回水管；5—截止阀；6—出口阀；
7—除氧器；8—给水泵

有的锅炉采用了在省煤器出口与除氧器或疏水箱之间装一根带有阀门的回水管的保护方法，如图 6-8 所示。当汽包不进水时，用阀门切换，使流经省煤器的水通过回水管回到除氧器或疏水箱。这样在整个启动过程中，省煤器中水的流动都是不间断的受迫流动，以达到保护省煤器的作用。

现代电厂大容量锅炉在启动过程中采用了不间断的连续小流量进水，同样可以达到保护省煤器安全的目的。

课题二　空气预热器

教学目的

　　了解空气预热器的作用、种类、结构及工作原理，掌握大型锅炉空气预热器的布置特点。

教学内容

　　空气预热器是利用锅炉尾部烟气热量加热空气的热交换设备。它是锅炉沿烟气流程的最末一级受热面，其主要作用有：

　　（1）利用空气吸收烟气热量，进一步降低排烟温度，提高锅炉效率，节省燃料。在现代发电厂中因采用了回热循环，给水经各级加热器加热后，省煤器进口给水已达到了较高的温度（150～270℃左右）。这时省煤器的出口烟温还比较高，排烟还不能冷却到合乎经济要求的温度。装设空气预热器后，利用烟气的热量加热冷空气，可进一步降低排烟温度，减小排烟热损失，提高锅炉效率。排烟温度每降低15℃，可使锅炉热效率提高约1％。

　　（2）提高了炉膛的温度水平，改善了燃料的着火与燃烧条件，减少了不完全燃烧损失，进一步提高了锅炉热效率。空气温度每升高100℃，可使理论燃烧温度上升约35～40℃。

　　（3）节省金属，降低锅炉的造价。由于炉膛温度的提高，使炉内辐射换热加强，在锅炉容量一定时，水冷壁可以布置得少一些。

　　（4）用热空气干燥煤粉，有利于制粉系统工作。

　　（5）改善了引风机的工作条件。排烟温度的降低使引风机的工作温度和电耗降低，提高了引风机工作的可靠性和经济性。

　　现代电厂锅炉的空气预热器型式有管式、回转式及热管式三种。

　　一、管式空气预热器

　　（一）管式空气预热器结构和工作过程

　　管式空气预热器由若干个标准尺寸的立方形管箱、连通风罩以及密封装置组成，其结构如图6-9所示。管箱一般由许多平行直立的有缝薄壁钢管和上、下管板组成。管子两端分别焊接在上、下管板上。管子外径通常为40和51mm（以 ϕ40 的管子用的最多），壁厚为1.5mm。为使结构紧凑和增强传热，管子常采用小节距错列布置，其横向相对节距 S_1/d =1.5～1.75，纵向相对节距 S_2/d =1～1.25。管板的厚度根据强度要求确定，上管板为10～20mm；下管板由于承重，通常为

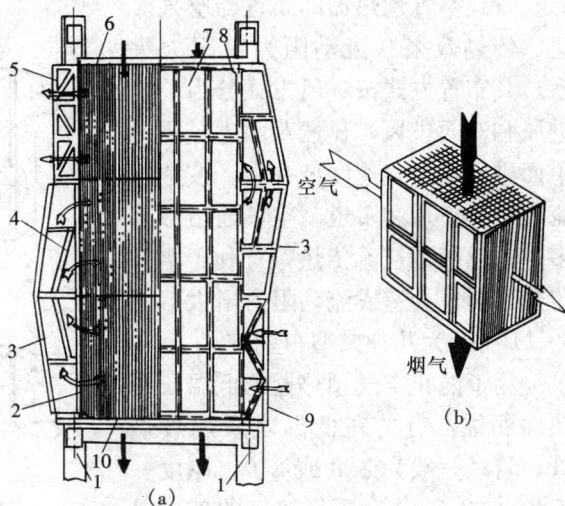

图6-9　管式空气预热器

(a) 空气预热器纵剖面图；(b) 管箱

1—锅炉钢架；2—预热器管子；3—空气连通罩；4—导流板；
5—热风道的连接法兰；6—上管板；7—预热器墙板；
8—膨胀节；9—冷风道连接法兰；10—下管板

20～30mm。在安装时把管箱拼在一起焊牢并在其外面装上密封墙板和连通风罩，就组成了一个整体的空气预热器。

管式空气预热器的工作过程是：烟气自上而下在管内纵向流过，空气在管外横向冲刷，烟气的热量通过管壁连续地传给空气。为了能使空气多次交叉流动，在管箱内可加装中间管板（厚度在 10mm 以下）。若管箱沿高度方向分几层布置，相邻管箱上下管板形成一体，则同样能起到中间管板的作用。

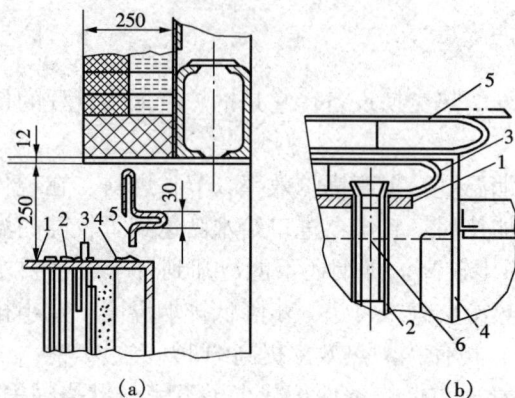

图 6-10　膨胀补偿器

(a) 波形膨胀补偿器；(b) 双波形膨胀补偿器

1—上管板；2—管子；3—上管板与外壳之间的膨胀节；

4—外壳；5—外壳与锅炉钢架之间的膨胀节；

6—防磨套管

（二）管式空气预热器的布置

管式空气预热器的布置与空气流速、传热效果和流动阻力有很大关系。其布置方式按进风方式分为单面进风和双面进风，显然双面进风要比单面进风的空气速度低一半。按空气流程分为单道和多道。空气通道数越多，就越接近逆流传热，有利于增强传热，但也会造成流动阻力增大。图 6-11 所示为几种典型布置方式。

为了防止空气预热器的低温段受热面腐蚀，有的在低温段采用玻璃管，管径一般为 $\phi 38$ 或 $\phi 40$，厚度一般为 2～2.5mm（质量较好的玻璃管也可采用 1.5mm），管群中一般有 10% 的钢管作为支撑。玻璃管预热器的主要特点是玻璃管的耐腐蚀性能较钢管好，积灰也较轻，但其强度较

空气预热器的重量通过下管板支承在框架上，框架支承在锅炉钢架上。在锅炉运行时，空气预热器的管箱、外壳及锅炉钢架由于温度和材料等不同，膨胀量亦不相同。管箱的膨胀量最大，外壳次之，锅炉钢架最小。为了保证各部件能相对移动和防止在连接处漏风，在上管板与外壳之间，外壳与锅炉钢架之间都装有用薄钢板制成的波形膨胀节，如图 6-10 所示。

管式空气预热器由于烟气在管内是纵向冲刷管壁，故传热效果较差。为了增强传热和防止堵灰，烟气流速一般为 10～14m/s。而空气在管外横向冲刷错列管束，传热效果较好，但流动阻力大。为了减小阻力，一般空气流速为烟气流速的 45%～55%。

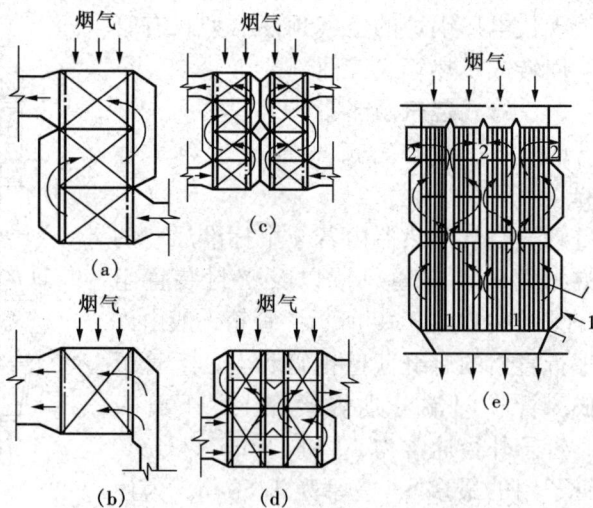

图 6-11　管式空气预热器的布置方式

(a) 多道单面进风；(b) 单道单面进风；(c) 多道双面进风；

(d) 多道单面双股平行进风；(e) 多道多面进风

1—空气进口；2—空气出口

差，热阻较大。

管式空气预热器除了采用上述立式管子（又称立管式空气预热器）外，还可以将管子水平放置，即采用横管式空气预热器。横管式空气预热器空气在管内纵向流动，烟气在管外横向冲刷管子。烟气侧的对流放热增强，管壁温度升高（同样条件下比立管式空气预热器高10~20℃），有利于减轻低温腐蚀，但横管式空气预热器的缺点是积灰严重，结构尺寸大，布置困难等，因此在煤粉炉中很少采用。

管式空气预热器具有结构简单，制造、安装、检修方便，工作可靠，漏风小等优点；但其结构尺寸大，金属用量大，给大型锅炉尾部受热面的布置带来困难。因此管式空气预热器一般用在中、小容量的锅炉上。

二、回转式空气预热器

由于锅炉参数的提高和容量的增大，管式空气预热器的受热面也随之显著增大，这给尾部受热面布置带来了困难。因此，现代大型锅炉多采用结构紧凑、重量较轻的回转式空气预热器。回转式空气预热器是利用烟气和空气交替地流过受热面时，受热面蓄热和放热的方法加热空气。回转式空气预热器分受热面回转式（常称容克式）和风罩回转式（又称谬勒式）两种类型。

（一）受热面回转式空气预热器

1. 结构

受热面回转式空气预热器的结构如图 6-12 所示。它由圆柱形受热面转子、固定的圆筒形外壳、轴、传动装置、密封装置等几部分组成。

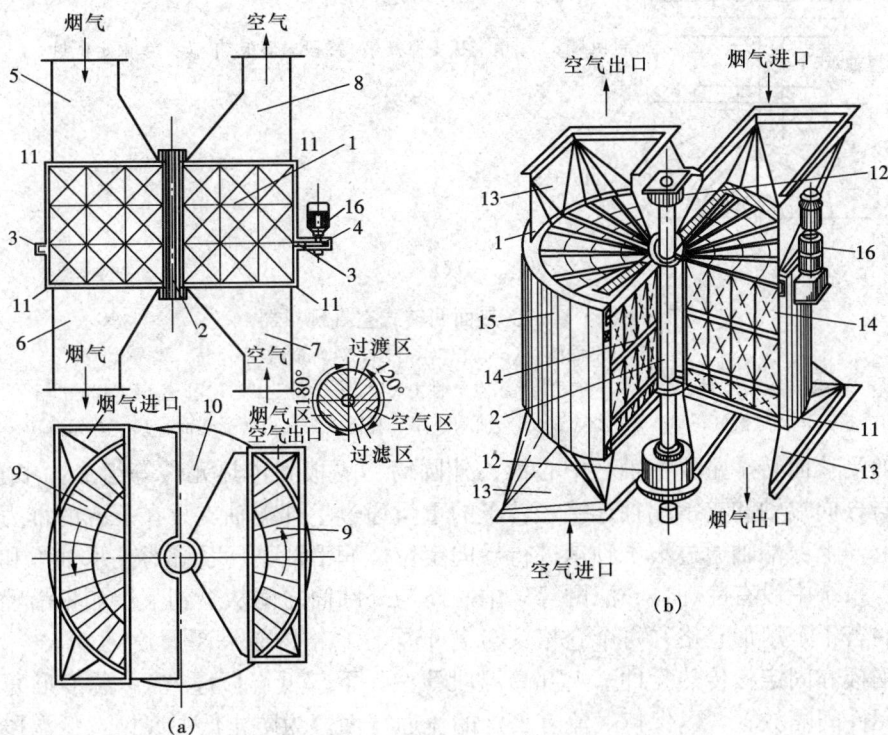

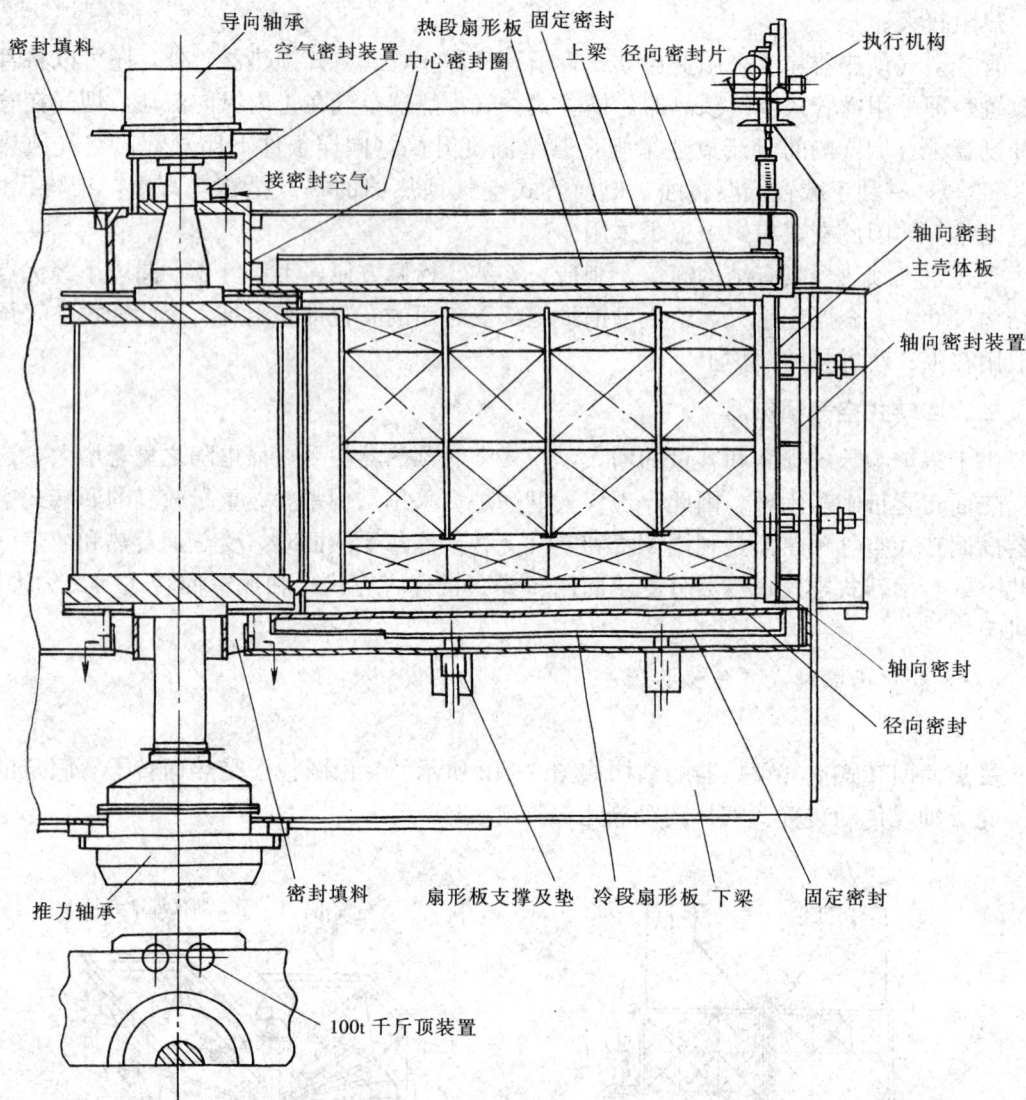

(c)

图 6-12 受热面回转式空气预热器

(a) 剖面图；(b) 立体示意图；(c) 横截面

1—转子；2—轴；3—环形长齿条；4—主动齿轮；5—烟气入口；6—烟气出口；7—空气入口；8—空气出口；
9—径向隔板；10—过渡区；11—密封装置；12—轴承；13—管道接头；14—受热面；15—外壳；16—电动机

　　圆柱形受热面转子主要由轴、中心筒、外圆筒、隔板和传热元件等组成。中心筒的上、下端分别与导向端轴和支承端轴连接，转子的重量通过下部端轴支承在下方的推力向心球面滚子轴承上，上部端轴通过滚子轴承进行导向定位。润滑油循环系统对支承轴承和导向轴承进行润滑，系统中设有冷却器、滤网等。中心筒与外圆筒之间从上到下用隔板沿径向分隔成互不相通的若干个扇形仓格，每个仓格又分若干层。仓格内装满了厚度为 0.5～1.25mm 的波浪形薄钢板和固定板传热元件（上部高温段薄些，下部低温段厚些）。波浪形薄钢板和固定板传热元件间隔放置，以保持气流有一定的流通截面。为防止低温腐蚀，低温段受热面可采用耐腐蚀的合金钢板或陶瓷作材料。转子横截面被扇形板分隔成烟气和空气两个流通区，

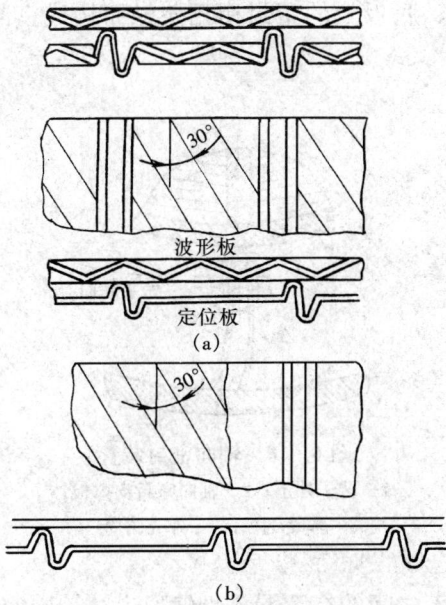

图 6-13　空气预热器波形板传热元件
(a) 高温段波形板；(b) 低温段波形板

两个流通区用过渡区（或称密封区）隔开，烟气区和空气区分别与进出口烟道、风道相连。由于烟气的容积流量比空气大，因而烟气区占 50% 左右，空气区占 30%～40% 左右，其余为过渡区（密封区）。为了防止低温段积灰或堵灰，还可将波形板的波形放大，定位板则采用平板结构，如图 6-13 (b) 所示。

传动装置包括主电动机、辅助电动机、液力耦合器、减速器、传动齿轮等。受热面回转式空气预热器采用外圆传动方式，即由外置的主电动机带动减速箱输出轴端的小齿轮，小齿轮与装在转子外圆筒圆周上的环形齿条相互啮合，从而使转子转动。辅助电动机用于空气预热器的盘车，以及主传动故障时的备用传动和更换密封件及传动元件时转动转子等。

为了防止正压的空气通过转子与静止的外壳之间的间隙漏入烟气侧，回转式空气预热器装置了径向、环向和轴向密封。

径向密封的作用是防止空气穿过过渡区漏入烟气通道。径向密封方法一般在每个仓格径向隔板的上下两端装设带密封头或不带密封头的弹簧钢片，弹簧钢片与过渡区的扇形板间留有微量间隙，如图 6-14 所示。当任一仓格经过过渡区时，弹簧钢片就与外壳上的扇形板构成密封。

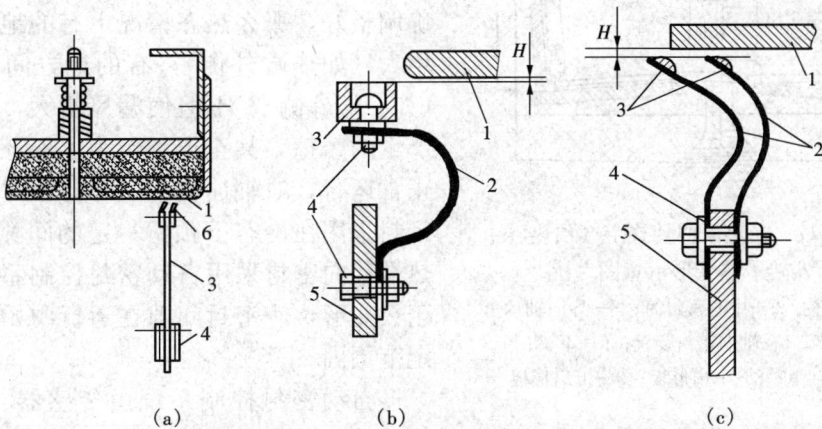

图 6-14　径向密封装置
(a) 无密封头的折角板结构；(b) 单密封头弧形板结构；(c) 双密封头弧形板结构
1—扇形板；2—弧形密封板；3—密封头；4—螺栓；5—径向隔板；6—折角密封板

环向密封分外环向密封和内环向密封两种。外环向密封的作用是防止空气通过转子外圆筒的上下端面漏入外圆筒与外壳之间的间隙，再漏入烟气通道；内环向密封的作用是防止空气通过轴的上下端面漏入烟气通道。外环向密封元件装在转子的外圆周的上下端，其结构如

图 6-15 所示。它是借助弹簧钢片的自由端与外壳顶、底板上的密封槽相接触而构成密封。内环向密封元件装在中心筒或中心轴圆周的上下端。

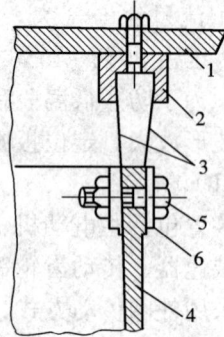

图 6-15 外环向密封装置
1—顶（底）板；2—密封槽；
3—弹簧钢片；4—转子外圆筒；
5—螺栓；6—压板

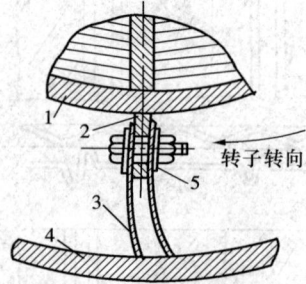

图 6-16 轴向密封装置
1—转子外围；2—轴向密封支撑板；
3—弹簧钢板；4—外壳圆筒；
5—压板

轴向密封的作用是防止空气通过转子外圆筒和外壳之间的空隙漏入烟气通道。轴向密封的方法是在转子外圆筒与外壳之间沿转子整个高度设置密封元件，其结构如图 6-16 所示。轴向密封片被固定在转子外围对应于每个径向隔板的位置上，其自由端与外壳圆筒接触构成密封。轴向密封片也可以固定在外壳圆周上。

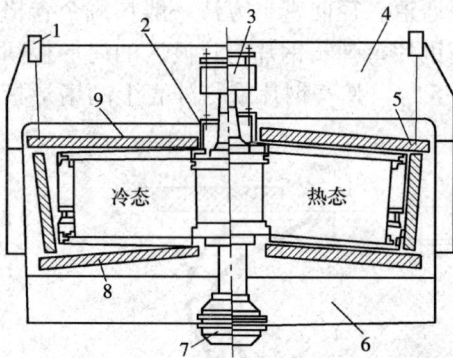

图 6-17 受热面回转式空气预热
器转子热变形示意图
1—执行机构；2—中心密封筒；3—导向轴承；
4—上梁；5—轴向密封装置；6—下梁；
7—推力轴承；8—下扇形板；9—上扇形板

运行中，由于空气预热器转子受热不同，其上端的径向膨胀比下端大，转子将产生"蘑菇状"变形。此外，转子还会产生轴向膨胀等，如图 6-17 所示。如果冷态时密封间隙没有正确调整好，那么热态情况下有的地方间隙就会增大（如热端外侧），有的地方间隙就会减小（如冷端外侧），不但使漏风增大，而且会发生严重的摩擦，甚至卡涩。为了保证空气预热器正常运行，对轴向密封、环向密封及冷端径向密封采用在冷态下预留一定的间隙的方法。对热端径向密封采用自动密封控制系统来跟踪转子热变形，使密封间隙在运行中始终维持在规定范围内。

自动密封控制系统由传感器、接触开关、执行机构、转子停转报警器和密封间隙自动控制装置等主要部件组成。空气预热器在运行中，热端扇形板外侧与转子法兰平面的间隙，可由传感器连续不断地测出，并发出信号。自动控制装置将由传感器送来的信号与原整定值进行比较，然后发出信号操纵执行机构进行相应的调整，以使得密封间隙始终维持在一定的范围内。

受热面回转式空气预热器的传热元件布置较紧密，气流通道狭窄而又曲折，因而容易积灰甚至堵灰，使气流阻力和风机电耗增大，传热面积减小，热风温度降低，另外积灰还会加剧受热面腐蚀，影响预热器工作。为了减轻积灰，在预热器烟气侧上、下端一般均装设有吹灰器和清洗装置。吹灰器在运行中定期投入吹灰，常用的吹灰介质为过热蒸汽或压缩空气。在不带负荷时，可用清洗装置冲洗，冲洗介质为水。

上述空气预热器的转子截面分为烟气、空气两个流通区，故又称为二分仓受热面回转式空气预热器。为了配合采用冷一次风机制粉系统，空气预热器采用了三分仓或四分仓结构。即将转子横截面分成烟气、一次风和二次风三个或四个（两个二次风）流通区，它们之间仍用过渡区隔开，如图 6-18 所示。其结构与二分仓式的基本相同。

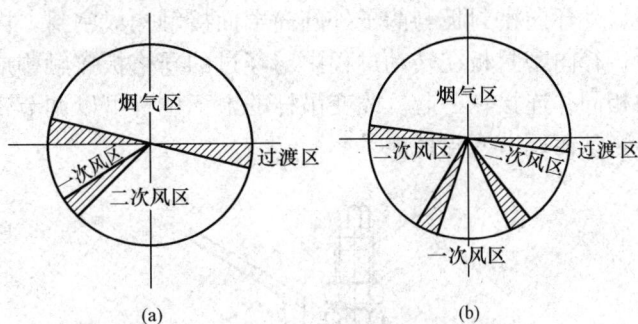

图 6-18 三分仓、四分仓受热面回转式
空气预热器各流通区的分布
(a) 三分仓式；(b) 四分仓式

2. 工作过程

电动机通过传动装置带动受热面转子以 1~4r/min 的转速旋转，转子受热面交替地经过烟气区和空气区，烟气自上而下流动将热量传递给受热面，当这部分受热面转动到空气区时，又将蓄积的热量传给自下而上流动的空气。受热面每旋转一周，完成一个热交换过程。

(二) 风罩回转式空气预热器

为了避免转动笨重的受热面，便产生了风罩回转式空气预热器。

1. 结构

风罩回转式空气预热器的结构如图 6-19 所示。受热面固定不动，称为静子。静子外壳与上、下烟道相连。在烟道内装有"8"字形上、下风罩，通过中心轴将它们连成一体。在下风罩外圈上装有环形齿条，传动机构通过齿条带动上、下风罩以 1~2r/min 的转速同步旋转。受热面圆形截面被分为两个烟气流通区、两个空气流通区。它们之间被过渡区隔开。一般烟气流通截面占 50%~60%，空气流通截面占 35%~45%，过渡区（密封区）占 5%~10%。空气自下而上由固定风道进入旋转风罩，分成两股进入受热面，加热后的热风经上风罩汇集后由热风道引出。烟气自上而下分成两股流过风罩以外的受热面加热传热元件。这样，风罩每旋转一圈进行两次热交换。因此，风罩回转式空气预热器的转速相对较低。

为了减少漏风，在回转风罩与受热面静子端面和

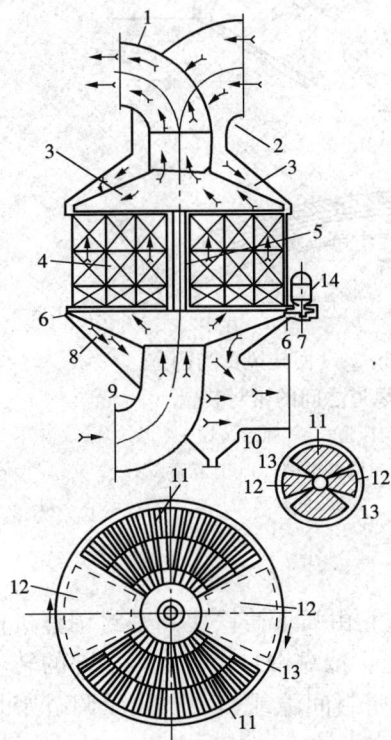

图 6-19 风罩回转式空气预热器
1—上风道；2—上烟道；3—上回转风罩；
4—受热面静子；5—中心轴；6—齿条；
7—齿轮；8—下回转风罩；9—下风道；
10—下烟道；11—烟气流通截面；
12—空气流通截面；13—过渡区；
14—电动机

固定风道之间均装有可调式密封装置。图 6-20 所示为回转风罩与受热面静子端面之间的密封装置。密封装置由膨胀节、密封框架和铸铁密封板等组成。密封分为环向密封和径向密封。外环向密封板与静子外圆筒端面接触构成密封，内环向密封板与中心筒端面接触构成密封；径向密封板在转动过程中与经过的仓格板接触构成密封。径向密封和内、外环向密封结构相同并连接在一起。改变吊杆的上下位置可以调节密封板与静子端面的接触程度或间隙大小，从而调节密封性能。

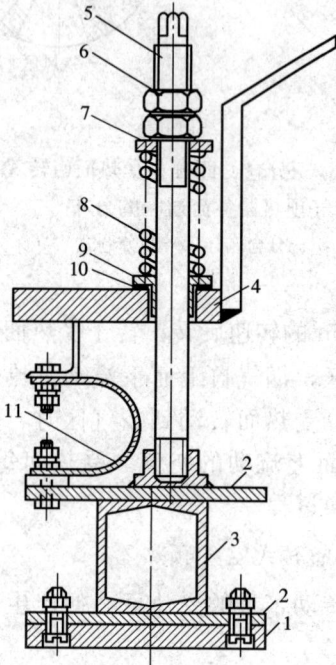

图 6-20　回转风罩与受热面静子
之间的密封装置

1—铸铁密封板；2—钢板；3—密封框架；

4—8 字形风罩端板；5—吊杆；

6—调节螺母；7—弹簧压板；

8—弹簧；9—密封套；

10—石棉垫板；11—U 形膨胀节

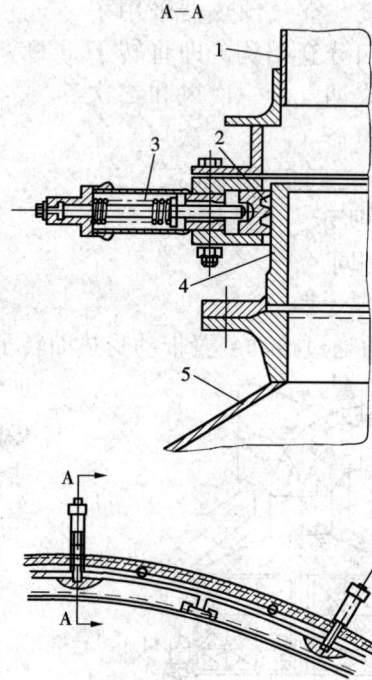

图 6-21　回转风罩与固定
风道之间的密封装置

1—固定风道；2—弧形铸铁密封块；

3—密封调整机构；4—连接套筒；

5—回转风罩

图 6-21 所示为回转风罩与固定风道之间的密封装置。它由弧形铸铁块和密封调整机构组成。由图可见，弧形铸铁密封块分成多段装在固定风道上，依靠密封块与风罩上部的转动连接套管接触进行密封。利用调整机构中的弹簧可以调节密封间隙或紧力，从而调节密封性能。

为了配合采用冷一次风机制粉系统，出现了双流道风罩回转式空气预热器，其结构如图 6-22 所示。它的结构与风罩回转式空气预热器结构相似，不同之处是其风罩采用了双层结构，内层为一次风，外层为二次风，使一、二次风具有相互独立的通道。下部烟罩也是双层结构，内层为一次烟道，外层为二次烟道。在一次烟道中装有挡板，以调节烟气流量，控制一次风温度。

2. 工作过程

上下风罩通过减速装置由电动机带动以 $1\sim2r/min$ 的转速旋转，烟气自上而下流过风罩外面区域的受热面静子，烟气放热，受热面蓄热；冷空气在风罩内自下而上流过受热面静子，受热面放热，加热空气。风罩每旋转一圈，进行两次热交换。因此，风罩回转式空气预热器的转速相对较低。

（三）回转式与管式空气预热器比较

与管式空气预热器比较，回转式空气预热器具有以下主要优点：

（1）节省钢材。可以节省钢材约 1/3。

（2）结构紧凑，占地面积较小，而且可以和锅炉尾部其他受热面分开布置，因此布置较灵活。

（3）传热元件的温度较高，低温腐蚀的危险性减小。

（4）传热元件的腐蚀、磨损对漏风影响较小，故受热面更换周期较长。

其主要缺点有：

（1）漏风严重。管式空气预热器的漏风率一般不超过 5%，而回转式空气预热器在密封不好时可达 30% 或更高。由于空气压力高，故漏风主要是指空气漏入烟气中。漏风不仅增加了排烟热损失，而且还增大了送引风机的出力，严重时可因送引风机出力不足而迫使锅炉降负荷运行。减少漏风的主要措施在于装设性能良好的密封装置并不断提高回转式空气预热器的制造、安装技术水平和工艺。质量良好的回转式空气预热器其漏风率控制在 7%~10%。

（2）结构较复杂，制造、安装工艺要求高，检修维护工作量较大。

（3）蓄热板间烟气通道狭窄，容易积灰和堵灰。

由于回转式空气预热器的优点突出，因此，广泛应用在大型锅炉上。

三、热管空气预热器

热管空气预热器是由热管作为传热元件组成的，其结构如图 6-23 所示。

热管是一个装有中间介质的封闭管子，如图 6-23（a）所示。热管空气预热器一般以碳钢为管材，内部中间介质是凝结水。烟气从热管空气预热器的蒸发段流过时，烟气把热量传给管内凝结水并使其汽化，汽化后的蒸汽流向凝结段；空气流过凝结段时，吸收其热量使管内蒸汽凝结成液体，并沿管壁流回蒸发段。这样热管空气预热器工作时，不断地重复上述过程，进行传热。热管空气预热器可以垂直布置，也可以倾斜布置，烟气和空气用隔板隔开。

热管空气预热器的特点是：因热管具有良好的导热性能，其热导率比良好的导热材料要高出

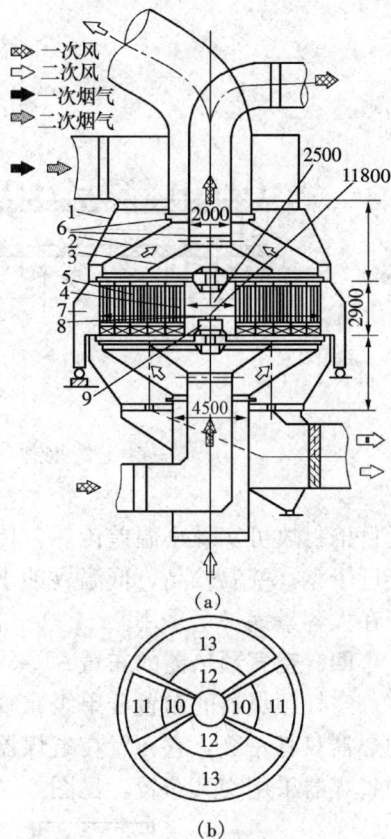

图 6-22 双流道风罩回转式空气预热器

(a) 剖面图；(b) 下风罩与静子结合面

1—烟罩；2——二次风风罩；3———次风风罩；

4——一次风蓄热板；5——二次风蓄热板；

6—密封环；7—支座；8—轴；

9—轴承；10——一次风；

11——二次风；12———次烟气；

13——二次烟气

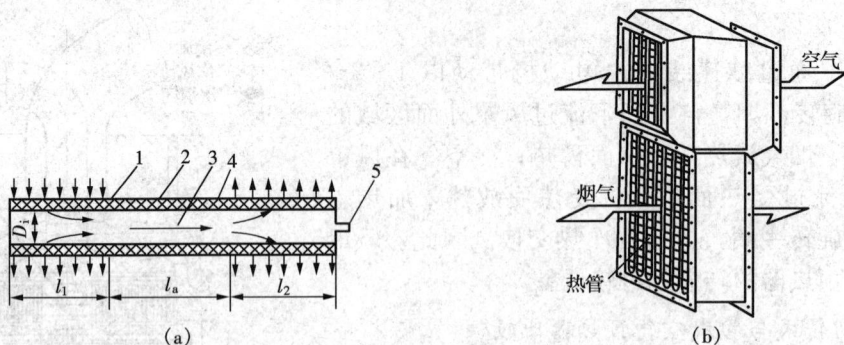

图 6 - 23　热管空气预热器

(a) 热管的工作原理；(b) 热管空气预热器

1—壳体；2—液体；3—蒸汽；4—吸液芯；5—充液封口管；L_1—加热段

(蒸发段)；L_a—绝热段（传热段）；L_2—冷却段（凝结段）

近百倍，故可实现小温差传热，传热效率高；结构紧凑，流动阻力小；密封性好，漏风系数接近于零；壁温较高，低温腐蚀小等。由此可见，热管空气预热器的优点较突出，因而目前已在大容量锅炉上采用。

四、空气预热器的布置

空气预热器的布置分单级布置和双级布置两种方式，如图 6 - 24 所示。单级布置即空气预热器只有一级，它布置在省煤器之后，见图 6 - 24（a）；双级布置空气预热器有两级，它和省煤器采用交叉布置，见图 6 - 24（b）。

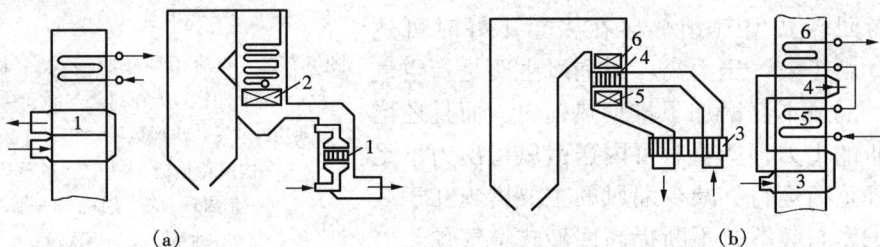

图 6 - 24　空气预热器的布置

(a) 单级布置；(b) 双级布置

1—空气预热器；2—省煤器；3—低温空气预热器；4—高温空气预热器；5—低温省煤器；6—高温省煤器

空气预热器单级或双级布置主要决定于需要加热的空气温度。一般情况下，对管式空气预热器，当要加热的热空气温度超过 260～280℃时应采用双级布置；对回转式空气预热器，当要加热的热空气温度超过 320～350℃时应采用双级布置。

课题三　尾部受热面积灰、磨损和低温腐蚀

教学目的

　　了解尾部受热面积灰与磨损的概念、影响因素及相应措施，了解尾部受热面低温腐蚀的机理、影响因素及防止方法。

教学内容

一、尾部受热面积灰

(一) 积灰及其危害

当携带飞灰的烟气流经受热面时，部分灰粒沉积在受热面上的现象称为积灰。受热面积灰时，由于灰的传热系数很小，使受热面的热阻增大，吸热量减少，以致排烟温度升高，排烟热损失增加，锅炉热效率降低。积灰严重而堵塞部分烟气通道时，将使烟气流动阻力增大，导致引风机电耗增大甚至出力不足，造成锅炉出力降低或被迫停炉清灰。由于积灰使烟气温度升高，还会影响以后受热面的安全运行。

尾部受热面积灰包括松散性积灰和低温黏结性积灰两种。低温黏结灰往往会加速低温腐蚀，以下讨论松散性积灰。

烟气中的飞灰颗粒一般都小于 $200\mu m$，其中多数为 $10\sim30\mu m$。当携带飞灰的烟气横向冲刷管束时，在管子背风面产生旋涡区。小于 $30\mu m$ 的灰粒会被卷入旋涡区，在分子间引力和静电力的作用下，一些细灰被吸附在管壁上造成积灰。积灰是微小灰粒积聚与粗灰粒冲击同时作用的过程。开始积灰速度较快，随后逐渐降低，当积聚的灰与被粗灰冲掉的灰相等即处于动态平衡状态时，积灰程度相对稳定在一定厚度，不再增加。应该说明的是积灰程度与飞灰浓度关系不大，飞灰浓度大，只能加速达到动态平衡。

(二) 影响积灰的因素

受热面积灰程度与烟气流速、飞灰颗粒度、管束结构特性等因素有关。

1. 烟气流速

烟气流速越高，灰粒的冲击作用就越大，积灰程度越轻；反之则积灰越多，如图 6-25 所示。当烟气流速大于 $8\sim10m/s$ 时，背风面积灰较轻，迎风面则一般不积灰；当烟气流速为 $2.5\sim3m/s$ 时，不仅背风面积灰较重，而且在迎风面也会积灰，甚至会发生堵灰。

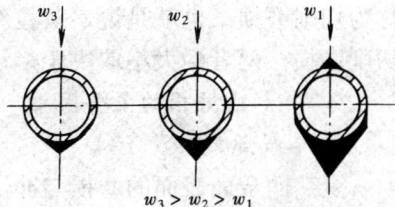

图 6-25　烟气流速对积灰的影响

2. 飞灰颗粒度

烟气中粗灰多细灰少时，冲刷作用大，则积灰减少；反之细灰多粗灰少时，则积灰增多。

3. 管束结构特性

错列布置管束比顺列布置管束积灰少。因为错列布置的管束不仅迎风面受到冲刷，而且背风面也较容易受到冲刷，故积灰较轻。而顺列布置的管束除第一排管子外，其余的管子不仅背风面受冲刷少，而且迎风面也不能直接受冲刷，所以积灰较重。烟气纵向冲刷管子因冲刷作用强，故比横向冲刷管子的积灰轻。管径较小时，飞灰冲击机会增加，积灰减轻。

(三) 减轻积灰的措施

为减轻受热面积灰，在结构、布置及运行上可采取以下措施。

1. 选择合理的烟气速度

在额定负荷时，烟气速度不应低于 $6m/s$，一般可保持在 $8\sim10m/s$，过大则会加剧磨损。

2. 布置高效吹灰装置，制定合理的吹灰制度

运行人员应按要求定期吹灰，以减轻受热面的积灰。

3. 正确设计和布置对流受热面,采用小管径、小节距、错列布置

采用小管径、小节距、错列布置,可以增强冲刷和扰动,使积灰减轻。对省煤器可采用直径为 $\Phi 25 \sim 32$ 的管子,管束相对节距为 $S_1/d = 2 \sim 2.5$,$S_2/d = 1 \sim 1.5$。但应注意,对易结渣或易结黏性灰的受热面这是不适用的。

二、尾部受热面磨损

(一) 磨损及其危害

燃煤锅炉尾部受热面飞灰磨损是一种常发生的现象。当携带大量固态飞灰的烟气以一定速度流过受热面时,灰粒撞击受热面,在冲击力的作用下会削去微小金属屑而造成磨损。磨损使受热面管壁逐渐减薄,强度降低,最终将导致泄漏或爆管事故,直接威胁锅炉安全运行,使设备的可用率降低。停炉更换磨损部件还要耗费大量的工时和钢材,造成经济损失。锅炉的过热器、再热器、省煤器和空气预热器都会发生磨损,尤其以省煤器最为严重。

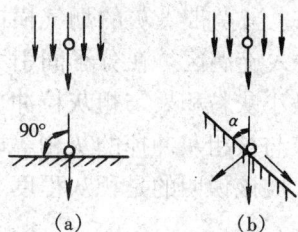

图 6-26 灰粒对管子表面的冲击
(a) 垂直冲击;(b) 斜向冲击

烟气对管子表面的冲击有垂直冲击和斜向冲击两种。当冲击角(气流方向与管子表面切线之间夹角)为 90°时为垂直冲击,如图 6-26(a)所示;冲击角小于 90°时为斜向冲击,如图 6-26(b)所示。垂直冲击引起的磨损叫冲击磨损,垂直冲击时,灰粒对管子作用力的方向是管子表面的法线方向,因此其现象是在正对气流方向管子表面有明显的麻点。斜向冲击时,灰粒对管子的作用力可分解为切向分力和法向分力。法向分力产生冲击磨损;切向分力对管壁起切削作用,称为切削磨损。也就是说,灰粒斜向冲击受热面管子时,管子表面既受到冲击磨损,又受到切削磨损,两者的大小取决于烟气对管子的冲击角度。

(二) 影响磨损的主要因素

1. 烟气速度

受热面金属表面的磨损与冲击管壁的灰粒动能和冲击次数成正比。研究表明,金属磨损与烟气速度的 3~3.5 次方成正比。可见烟气速度对受热面磨损的影响很大。在"烟气走廊"区域,因烟气流速大,管子的磨损严重。

2. 飞灰浓度

飞灰浓度大,则灰粒冲击受热面次数多,因而磨损量大。如锅炉中烟气由水平烟道转向竖井烟道时,烟道外侧的飞灰浓度大,该处管子的磨损严重。对燃用高灰分煤的锅炉,烟气中的飞灰浓度大,磨损严重。

3. 灰粒特性

灰粒越粗、越硬,冲击与切削作用越强,磨损越严重。另外灰粒形状对磨损也有影响,具有锐利棱角的灰粒比球形灰粒磨损严重。如沿烟气流向,烟气温度逐渐降低,灰粒变硬,磨损加重。又如燃烧工况恶化,灰中未燃烬的残碳增多,由于焦炭的硬度大,故磨损严重。

4. 管束的结构特性

烟气纵向冲刷时,因灰粒运动与管子平行,冲击管子的机会少,故比横向冲刷磨损轻。烟气横向冲刷时,错列管束因烟气扰动强烈,灰粒对管子的冲击机会多,则比顺列管束磨损重。在错列管束中,第二、三排的管子磨损最严重,这是因为烟气进入管束后,流速增加,动能增大的缘故。经过第二、三排管子以后,由于动能被消耗,磨损又轻了。在顺列管束中,第五排

及以后的管子的磨损严重，因为烟气进入管束后有加速过程，到第五排管子时达到全速。

5. 飞灰撞击率

飞灰撞击率与多种因素有关。研究表明，飞灰粒径大，飞灰密度大，烟气流速高，烟气黏性小，则飞灰撞击率大。这是因为含灰烟气绕过管子流动时，粒径大、密度大、速度高的灰粒产生的惯性力大于烟气的黏性力，使灰粒容易从烟气中分离出来，而撞击在管壁上。

综合磨损产生的原因和影响因素，受热面磨损是不均匀的，不仅烟道截面不同部位受热面的磨损不均匀，而且沿管子周界的磨损也是不均匀的。磨损最严重的部位有：当烟气横向冲刷时，错列布置的管束是管子迎风面两侧 $30° \sim 50°$ 内，如图 6-27（a）所示，顺列布置的管束是在 $60°$ 处；当烟气纵向冲刷时（如管式空气预热器），是发生在管子进口约 $150 \sim 200mm$ 长的一段管子内，如图 6-27（b）所示；邻近或穿过"烟气走廊"的受热面，如管子的弯头，省煤器引入、引出管。省煤器靠近后墙处的管子或部位等。

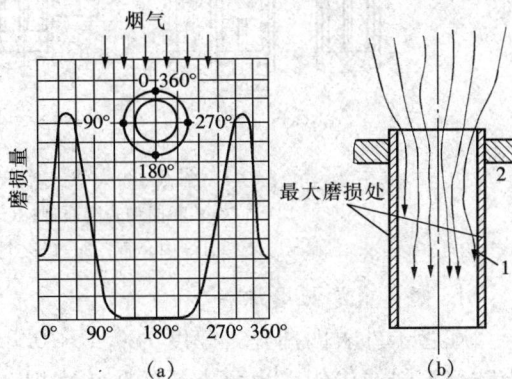

图 6-27　受热面管子的磨损情况

(a) 烟气在管外横向冲刷；(b) 烟气在管内纵向冲刷
1—空气预热器管子；2—上管板

（三）减轻磨损的措施

1. 合理的选择烟气流速

降低烟气流速是减轻磨损的最有效方法。但烟气流速的降低，不仅会影响传热，同时还会增加积灰和堵灰，因此，应合理的选择烟气流速。省煤器中烟气流速最大不宜超过 $9m/s$。

2. 采用合理的结构和布置

避免管间节距不均匀，减小受热面与炉墙之间的间隙，避免产生"烟气走廊"。

3. 加装防磨装置

在受热面管子易发生磨损的部位加装防磨装置，这样被磨损的不是管子，而是保护部件，检修时只需更换这些部件即可。省煤器的防磨装置如图 6-28 所示。

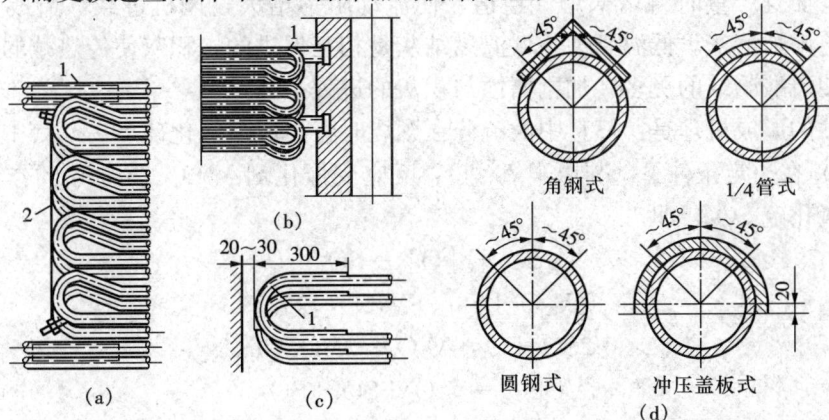

图 6-28　省煤器的防磨装置

(a) 弯头处的护瓦和护帘；(b) 穿过烟气走廊区的护瓦；(c) 弯头护瓦；(d) 局部防磨装置

1—护瓦；2—护帘

管式空气预热器的防磨装置如图 6-29 所示。

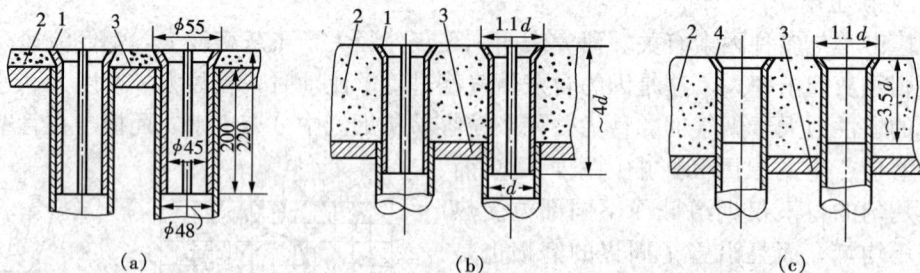

图 6-29 管式空气预热器加装防磨短管装置
(a) 磨损和防磨原理；(b) 内部套管；(c) 外部焊接短管
1—内套管；2—耐火混凝土；3—管板；4—焊接短管

4. 搪瓷或涂防磨涂料

在管子外表面搪瓷，厚度为 0.15~0.3mm，一般可延长寿命 1~2 倍。在管子外表面上涂防磨涂料或渗铝，也可有效的防止磨损。

5. 采用膜式省煤器

由于管子和扁钢条的绕流作用，使灰粒向气流中心集中，因此减轻了磨损和积灰。

三、尾部受热面的低温腐蚀

(一) 低温腐蚀及其危害

受热面壁温低于酸露点时，烟气中的硫酸蒸气在受热面上凝结下来，从而对受热面金属产生强烈的腐蚀作用，这种由于金属壁温低于酸露点而引起的腐蚀称为低温腐蚀。低温腐蚀常发生在低温空气预热器的冷段（冷空气进口段），甚至会扩展到烟道、除尘器和引风机。其主要危害有：导致空气预热器穿孔，使大量空气漏入烟气，一方面引风机的负荷增大，电耗增加；另一方面炉内空气不足，燃烧恶化，锅炉效率降低。腐蚀严重时，将导致大量受热面更换，造成经济损失。在低温腐蚀的同时，烟气中的灰粒黏附在潮湿的受热面上，并与硫酸发生化学反应积灰硬化生成硬质灰层称低温黏结性积灰，低温黏结灰不仅影响传热，使排烟温度升高，而且严重时将堵塞烟气通道，使流动阻力增大，风机过载，造成锅炉出力降低，甚至被迫停炉清灰。低温腐蚀与低温黏结灰是相互促进的，积灰使传热减弱，受热面壁温降低，促使硫酸凝结的更多，加剧腐蚀与积灰的进程。

低温腐蚀的形成机理是：燃料中的硫分在燃烧时将生成二氧化硫 SO_2，其中少部分 SO_2（0.5%~5%）在一定条件下（与原子氧 [O] 反应或催化剂 V_2O_5、Fe_2O_3 的作用）会进一步氧化成三氧化硫 SO_3，即

$$SO_2 + [O] \rightarrow SO_3;$$
$$V_2O_5 + SO_2 \rightarrow V_2O_4 + SO_3$$
$$2SO_2 + O_2 + V_2O_4 \rightarrow 2VOSO_4$$
$$VOSO_4 \rightarrow V_2O_5 + SO_3 + SO_2$$

三氧化硫与烟气中的水蒸气 H_2O 结合成硫酸蒸气，即：$SO_3 + H_2O \rightarrow H_2SO_4$。当受热面壁温低于烟气露点（硫酸蒸气开始凝结的温度）时，硫酸蒸气则会凝结在受热面上造成酸腐蚀。

（二）影响低温腐蚀的因素

从低温腐蚀发生的过程来看，发生低温腐蚀条件是管壁温度低于烟气露点。若烟气露点很低，则不易发生腐蚀；若烟气露点很高，则腐蚀严重。而烟气露点高低又与烟气中三氧化硫的含量有很大的关系。烟气中即使只有极少量的三氧化硫，也会使烟气露点提高到很高的程度。如硫酸蒸气的含量为 0.005％，烟气露点可达 130～150℃。另外，烟气中三氧化硫还直接影响生成的硫酸蒸气含量。可见，影响低温腐蚀的主要因素是烟气中三氧化硫的含量。

（三）减轻低温腐蚀的措施

防止或减轻低温腐蚀的主要途径是：减少烟气中三氧化硫生成量；提高空气预热器冷段壁温，使之高于烟气露点温度；采用耐腐蚀材料。具体措施如下。

1. 减少烟气中三氧化硫的生成量

（1）燃料脱硫。燃料脱硫是减少三氧化硫的最根本办法。煤中的黄铁矿可利用重力分离方法分离出一部分，但去除有机硫目前尚无经济合理的技术方案。

（2）降低过量空气系数和减少漏风。在尽量减少炉膛漏风并保证完全燃烧的条件下，降低过量空气系数，以减少烟气中的剩余氧，从而减少三氧化硫的生成量。

2. 提高空气预热器冷段壁温

（1）采用暖风器。采用暖风器可提高空气预热器进口冷空气的温度，从而提高了其冷段壁温。暖风器装在送风机与空气预热器之间，如图 6-30（a）所示。其结构是一个管式热交换器，它是利用汽轮机 180℃ 左右的低压抽汽来加热空气。蒸汽在管内流过，空气在管外横向冲刷管束。一般暖风器可将冷空气加热到 70～80℃。

（2）热风再循环。热风再循环是指将空气预热器出口的部分热空气送回其入口进行再循环，以提高其入口风温，从而提高了预热器冷段壁温。实现热风再循环有两种方式，一是利用送风机再循环〔见图 6-30（b）〕；二是利用再循环风机再循环〔见图6-30（c）〕。热风再循环

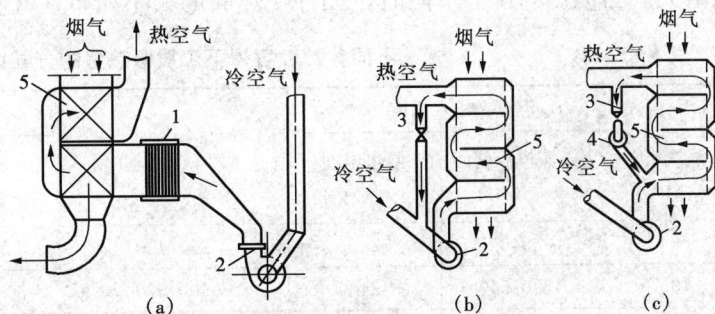

图 6-30　加装暖风器和热风再循环系统

（a）加装暖风器；（b）利用送风机再循环；（c）利用再循环风机再循环
1—蒸汽暖风器；2—送风机；3—调节挡板；4—再循环风机；5—空气预热器

的方法只适合于将冷空气温度加热到 50～65℃ 时，否则锅炉排烟温度增高过多，锅炉热效率降低太多。

（3）采用回转式空气预热器。在相同条件下，回转式比管式预热器壁温高 10～15℃。

3. 空气预热器冷段采用耐腐蚀材料

用于管式空气预热器的耐腐蚀材料有玻璃管、搪瓷管、09 铜钢管等。用于回转式空气预热器的有搪瓷波形板、蜂窝陶瓷砖等。

课题四 锅炉整体布置

教学目的

了解锅炉容量、蒸汽参数、燃料性质等对锅炉布置的影响，熟悉 1025T/H、2008T/H 锅炉整体布置的特点。

教学内容

锅炉的整体布置是指炉膛、对流烟道以及各受热面之间的相互关系和相对位置。随着锅炉参数和容量的增大，形成了锅炉的各种布置型式。而影响锅炉整体布置的主要因素有蒸汽参数、锅炉容量和燃料性质。此外，蒸汽温度的调节方法、管道布置等也对锅炉整体布置有影响。

一、影响锅炉整体布置的因素

（一）蒸汽压力、锅炉容量对锅炉整体布置的影响

给水在锅炉内吸收的总热量由三部分组成：加热热、蒸发热（汽化潜热）和过热热。给水进入锅炉后吸收热量，最后变成过热蒸汽。其中加热热主要在省煤器内吸收，蒸发热主要在水冷壁内吸收，过热热则在过热器内吸收。如表 6-1 所示。当压力升高时，蒸发热减少，加热热和过热热增大。因此，锅炉的蒸发受热面应该减少，而加热受热面和过热受热面就应该增大。当锅炉的压力不同时，三种受热面的大小和布置就应该有所不同。

表 6-1　　　　　　　　不同参数、容量下工质吸热量的分配比例

蒸汽压力、温度及给水温度			锅炉容量 (t/h)	吸热量比例（%）		
蒸汽压力 (MPa)	蒸汽温度 (℃)	给水温度 (℃)		加热 Q_{sm}	蒸发 Q_{zf}	过热 Q_{gq}
9.81	540	215	220/410	20.4	49.5	30.1
13.72	540/540	240	400/670	21.2	33.8	29.8/15.2
16.69	540/540	270	670/1000	23.5	23.7	36.4/16.4
18.2	540/540	280	2008	19.9	29.2	34.3/16.6

对高压锅炉，加热热和过热热的分配比例有所增加，蒸发热的比例有所减少。水冷壁的吸热量可能大于蒸发热，过热汽温有所提高，为了能得到较高的温差，需要将部分过热器移到炉膛内。因此，高压锅炉炉膛内常布置屏式过热器和顶棚过热器，采用非沸腾式省煤器。

我国生产的超高压以上锅炉均为再热锅炉。蒸发热的分配比例趋小，而加热和过热热（包括再热热）的分配比例趋大，易造成炉膛出口温度过高，甚至导致结渣。为了能得到较高的温差，需要将更多的加热和过热、再热受热面移到炉膛内。除炉膛出口处的屏式过热器和顶棚过热器外，还布置前屏过热器或墙式过热器、再热器，省煤器采用非沸腾式省煤器。当压力超临界时，作为受热工质的汽、水之间已经失去了界限，因此也就没有汽包设备，且各类受热面没有明显区别。所以只能采用直流锅炉。

锅炉容量增大时，锅炉的燃料消耗量相应增加，炉膛容积和炉膛内壁表面积均增大，但增大的幅度不同，为防止结渣，需要把部分过热器、再热器受热面移入炉膛内，即采用辐射式的过热器、再热器，或采用双面爆光水冷壁，以增加炉内受热面。且受热面结构多采用多管圈结构，省煤器采用双面进水以保证正常水速，空热器采用回转式空预器。

（二）燃料性质对锅炉布置的影响

燃料种类和性质对锅炉的布置也有影响。对于不同燃料（固体燃料、液体燃料或气体燃料），锅炉的布置方式有很大差别。就固体燃料而言，其成分和性质的不同对锅炉布置有很大的影响，其中以挥发分、水分、灰分、发热量、硫分的含量和灰分的性质的影响较为显著。

（1）挥发分低的煤，不容易着火和燃烬。要保证燃料在炉内稳定着火和足够的燃烧时间。要求炉膛断面较小，高度较大。

（2）燃料的水分增多，将引起炉温下降，使炉内辐射传热量减少，对流受热面的吸热量增大，这就要求较高的热空气温度，因此，对流的受热面要多布置些。

（3）燃料的灰分增多，将加剧对流受热面的磨损，在设计对流受热面时，应采用较低的烟速或其他减轻磨损的措施。此外，灰分的性质，如灰熔点和灰的成分，对锅炉的布置主要影响炉膛出口温度的选择。

（4）发热量的高低将影响锅炉辐射吸热量和对流吸热量的比例，从而影响受热面的布置。

（5）煤的硫分会造成锅炉高温受热面烟气侧的高温腐蚀、低温受热面烟气侧的低温腐蚀以及积灰等。

二、锅炉整体的典型布置

随着锅炉容量、参数和燃料性质等具体条件的不同，锅炉整体布置的型式很多。图6-31示出了几种国内外采用的比较典型的大中型锅炉的布置方案。其中Π型和塔型布置采用最多，故下面介绍这两种布置型式的一些特点。

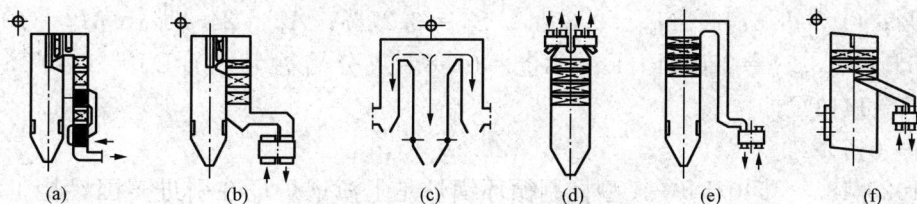

图6-31 锅炉整体的典型布置

（a）Π型；（b）Γ型；（c）T型；（d）塔型；（e）半塔型；（f）箱型

（一）Π型布置

Π型布置如图6-31（a）所示。Π型布置的锅炉整体是由炉膛、水平烟道和垂直对流烟道三部分组成。其主要优点是锅炉排烟口在下部，送、吸风机和除尘器等设备均可在地面布置，锅炉结构和厂房都较低，减轻了厂房和锅炉构架的负载；烟气在垂直烟道中向下流动，便于清除积灰，并有自行吹灰作用；下行对流竖井烟道中的受热面易于布置成逆流传热方式，可加强对流传热；水平烟道中受热面可以采用比较简便的悬吊方式。另外尾部受热面的检修比较方便。Π型布置的主要缺点是占地面积较大，烟气从炉膛进入对流烟道时要改变流动方向（转弯），从而造成烟气速度和飞灰浓度的分布的不均匀性，影响传热性能并造成受热面的局部磨损。

（二）塔型布置

塔型布置如图 6-31（d）所示。塔型布置是由下部炉膛和上部炉膛、烟道组成，适用于多灰分燃料，锅炉烟气在对流受热面中不改变流动方向至烟囱排出。受热面全部布置在炉膛上方的对流烟道内。其优点是取消了不宜布置受热面的转弯室，锅炉占地面积小，锅炉对流烟道具有自身通风作用，烟气阻力有所降低（和 Π 型布置相比）。缺点是锅炉高度很大，过热器、再热器和省煤器都布置得很高，汽、水管道较长，在这种布置中，尤其是空气预热器、送吸风机、除尘器要置于炉顶，使其高度增加。加重了锅炉构架和厂房的负载，使造价、检修成本提高。

为了解决转动机械和笨重设备装在锅炉顶部存在的问题，将塔型布置作些改动，把空气预热器布置在较低位置，送风机和引风机、除尘器、烟囱等布置在地面，再用烟道连通塔体上部的省煤器和低温空气预热器，这种布置称为半塔型锅炉，如图 6-31（e）所示。半塔型锅炉中烟气从炉膛出口垂直向上，依次流过过热器、再热器、省煤器后，转弯在烟道内垂直向下流过低位布置的空气预热器，再流过布置在地面的除尘器等，经引风机送往烟囱，最后排入大气。

三、典型锅炉介绍

（一）SG—1025/18.3—540/540—1 型控制循环锅炉

1. 主要参数和整体布置

SG—1025/18.3—540/540—1 型控制循环锅炉的整体布置如图 6-32 所示。主要参数为：汽轮发电机组额定功率 P_e = 300MW；P_{zd} = 326.5MW；MCR = 1025.7t/h；ECR = 922.3t/h；（以下均为 MCR 下的参数）过热蒸汽压力 p_{gq} = 18.3MPa；过热蒸汽温度 t_{gq} = 540.6℃；再热蒸汽流量（进/出）D_{zq} = 828t/h；再热蒸汽温度（进/出）t'_{zq}/t''_{zq} = 324/540.6℃；再热蒸汽压力（进/出）p'_{zq}/p''_{zq} = 3.83/3.62MPa；给水温度 t_{gs} = 278℃；排烟温度 ϑ_{py} = 134℃；锅炉计算效率 η = 87.01%。锅炉设计煤种：烟煤。煤质特性：C_{ar} = 52.22%；H_{ar} = 3.51%；O_{ar} = 5.67%；N_{ar} = 0.89%；S_{ar} = 3.27%；A_{ar} = 24.44%；M_{ar} = 10.00%；V_{daf} = 29.25%；$Q_{ar,net,p}$ = 22039kJ/kg；K_{km}^{Ha} = 61.8。灰分熔融特性：DT = 1210℃；ST = 1358℃；FT = 1413℃。

2. 锅炉总图介绍

SG—1025/18.3—540/540—1 型控制循环锅炉是上海锅炉厂在引进美国燃烧工程公司技术的基础上设计制造的，为亚临界压力一次中间再热、直流燃烧器四角切圆燃烧、固态排渣煤粉炉。

锅炉整体采用典型 Π 型露天布置、单炉膛、全钢架悬吊结构。炉膛上部沿烟气流程依此布置有分隔屏过热器、后屏过热器、高温对流过热器、低温对流过热器、省煤器和空气预热器。炉前下降管上布置 3 台循环泵，锅炉受热面具有水冷壁管径小，过热器、再热器、省煤器管径大的特点。空热器采用两台三分仓受热面回转式空气预热器。一、二次风机为轴流式，各两台。锅炉燃用烟煤，采用摆动式直流燃烧器、四角布置切圆燃烧方式。制粉系统为冷一次风机正压直吹式。炉顶大钣梁低标高为 66.39m，汽包中心标高为 59.44m。为了保证安全经济运行，锅炉采用了炉膛安全监视系统和机炉协调控制系统。

给水由锅炉右侧单路经过止回阀和电动闸阀后进入省煤器进口集箱，流进省煤器蛇形管组、中间连接集箱和悬吊管，然后汇集在省煤器出口集箱，再由 3 根 $\varphi219\times25$ 的锅炉给水

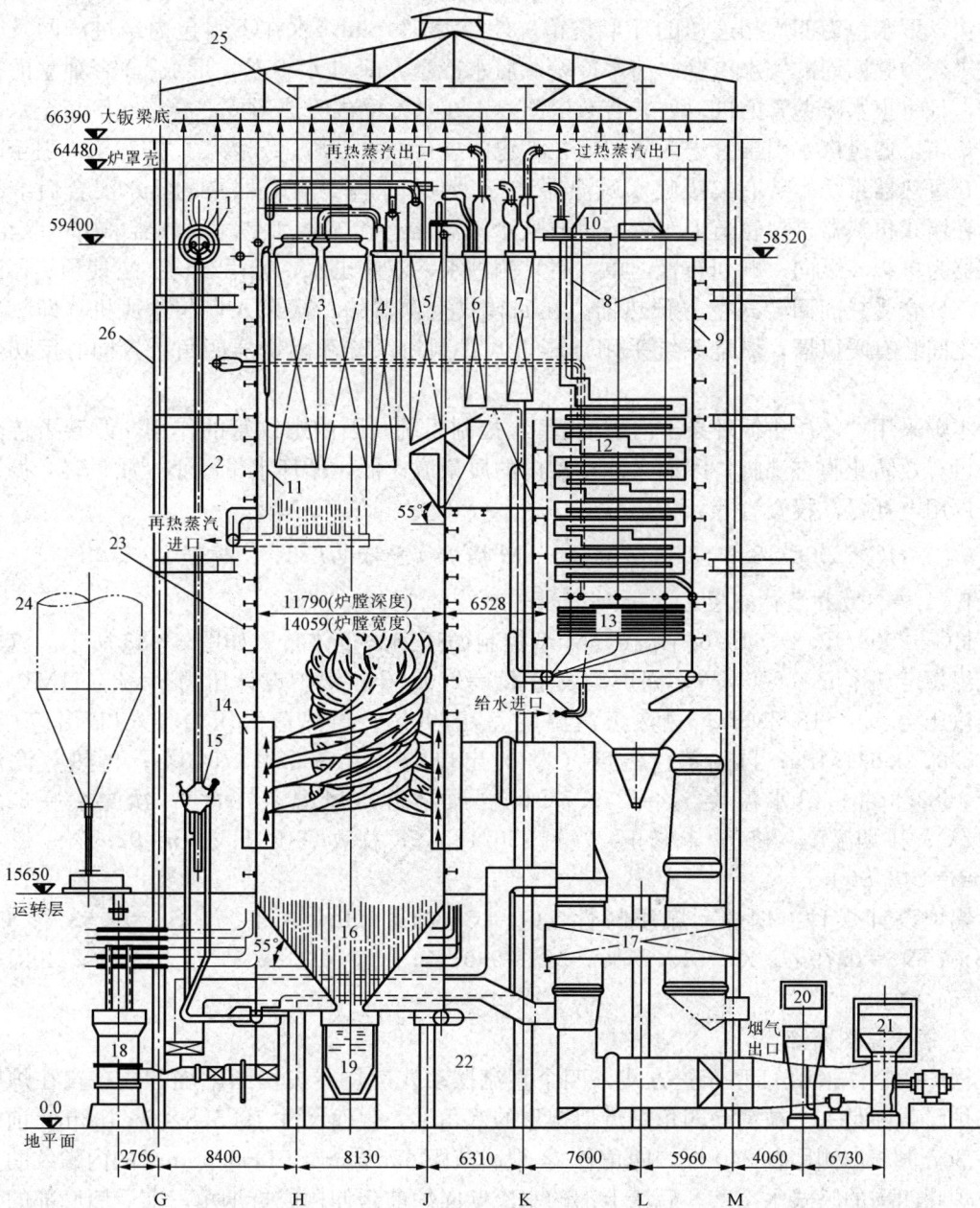

图 6-32 SG—1025/18.3—540/540—1 型控制循环锅炉结构总图

1—汽包；2—下降管；3—分隔屏过热器；4—后屏过热器；5—屏式再热器；

6—高温对流再热器；7—高温对流过热器；8—悬吊管；9—烟道后墙包覆管过热器；

10—后部顶棚管过热器；11—墙式辐射再热器；12—低温对流过热器；13—省煤器；

14—燃烧器；15—循环泵；16—水冷壁；17—回转式空气预热器；18—磨煤机；19—除渣装置；

20——次风机；21—二次风机；22—水冷壁环行联箱（下水包）；23—水冷壁钢性梁；

24—煤斗；25—大钣梁；26—钢立柱

管道从省煤器出口集箱引入汽包，并与汽包内锅水混合，混合后的水沿汽包底部长度方向布置的 4 根大直径下降管流至汇合集箱。随后由连接管分别引入 3 台 KSB 循环泵，每台循环泵出口有二只出口阀,循环泵将来自汇合集箱的水增压后打出,经过出口阀及出口管道进入下水包,下水包为四周相连通的环形集箱,外径为914mm,水在下水包内经过滤网及节流孔板进入炉膛四周的侧水冷壁、前水冷壁、后水冷壁及延伸水冷壁,形成53个独立的循环回路,且每根水冷壁管的进口处装有节流圈,水在水冷壁内吸热形成混合物,汇集至水冷壁上部集箱,通过汽水引出管进入汽包,在汽包内进行汽水分离。分离后的饱和蒸汽引至过热器,在过热器系统中装有二级喷水减温器装置。饱和水侧与省煤器来的给水混合后继续循环。在墙式再热器进口管道上布置有事故喷水减温器。省煤器和空气预热器采用单级布置。省煤器为单级、纵向、顺列布置,单(右)侧进水,双侧出水,悬吊结构。空气预热器采用两台三分仓受热面回转式空气预热器。在回转式空预器的二次风入口与送风机(即二次风机)之间装有暖风器,燃烧系统采用正压直吹式制粉系统和燃烧器四角布置同心反切燃烧方式。

本炉采用"低压头循环泵+内螺纹管",控制系统,因内螺纹管的作用,改善了传热效果,可有效防止膜态沸腾,因而水冷壁管内的质量流速低,循环水量减小,质量轻,循环可靠,厂用电耗低,投资省等。

(二)HG-2008/18.3-540.6/540.6—M 锅炉(平圩电厂 1#、2# 炉)

1. 主要参数和整体布置

HG-2008/18.3-540.6/540.6—M 型控制循环锅炉整体布置如图 6-33 所示。汽轮发电机组额定功率 P_e=600MW;锅炉蒸发量 D_e=2008t/h;锅炉设计压力 p=20.41MPa;过热蒸汽压力 p_{gq}=18.2MPa;过热蒸汽温度 t_{gq}=540℃;再热蒸汽压力(入口/出口)p'_{zq}/p''_{zq}=3.82/3.641MPa;再热蒸汽温度(入口/出口)t'_{zq}/t''_{zq}=324.4/540℃;再热蒸汽流量 D_{zq}=1683.3t/h;给水温度 t_{gs}=279.7℃;空预器出口风温(二次/一次)t_{kq}=322.2/312.2℃;排烟温度(修正/未修正)ϑ_{py}=130/135℃;总效率(LHV)η=92.8%;燃料消耗量 B=248.8t/h。

锅炉设计煤种:烟煤。煤质特性:C_{ar}=58.6%;H_{ar}=3.36%;S_{ar}=0.63%;O_{ar}=7.28%;N_{ar}=0.79%;A_{ar}=19.77%;M_{ar}=9.61%;V_{daf}=22.82%;$Q_{ar,net,p}$=22440kJ/kg;K_{km}^{Ha}=54.81。

2. 锅炉总图介绍

锅炉的整体采用 Π 型布置方式。四个直流摆动式燃烧器按切圆燃烧方式布置在炉膛四角。炉膛截面是一个被消除四角呈近似矩形的八角形。截面尺寸 19.558×16.432m。前、后墙各 307 根,二侧墙各 240 根,四角各 24 根、节距 63.5mm、51×5.59mm 的内螺纹肋片管构成炉膛四周的膜式水冷壁。后墙上部的水冷壁向炉前延伸构成折烟角。前后墙底部的水冷壁向炉内延伸构成冷灰斗,为固态排渣炉。

在炉前标高 67.055m 处布置了汽包。封头呈半球形,长 27.9m、内径 1778mm,采用不同壁厚,上部厚 198.4mm,下部厚 146.7mm,材质为 SA-299C。汽包内部用 108 个轴向旋流式汽水分离器以及波纹板分离器为汽水分离装置。6 根大直径的下降管从汽包二端引出,与被称为下水包的大直径环形下联箱连接,并经下水包与所有水冷壁相通。锅炉采用控制循环的汽水流动方式。3 台再循环泵接于 6 根下降管的中部,以增加循环的推动力。锅炉所有的承压受热面都通过自身支吊、吊挂件由钢架支承,膨胀方向向下。顺烟气下行方向的锅炉尾部烟道内布置着对流低温过热器、省煤器以及空气预热器。

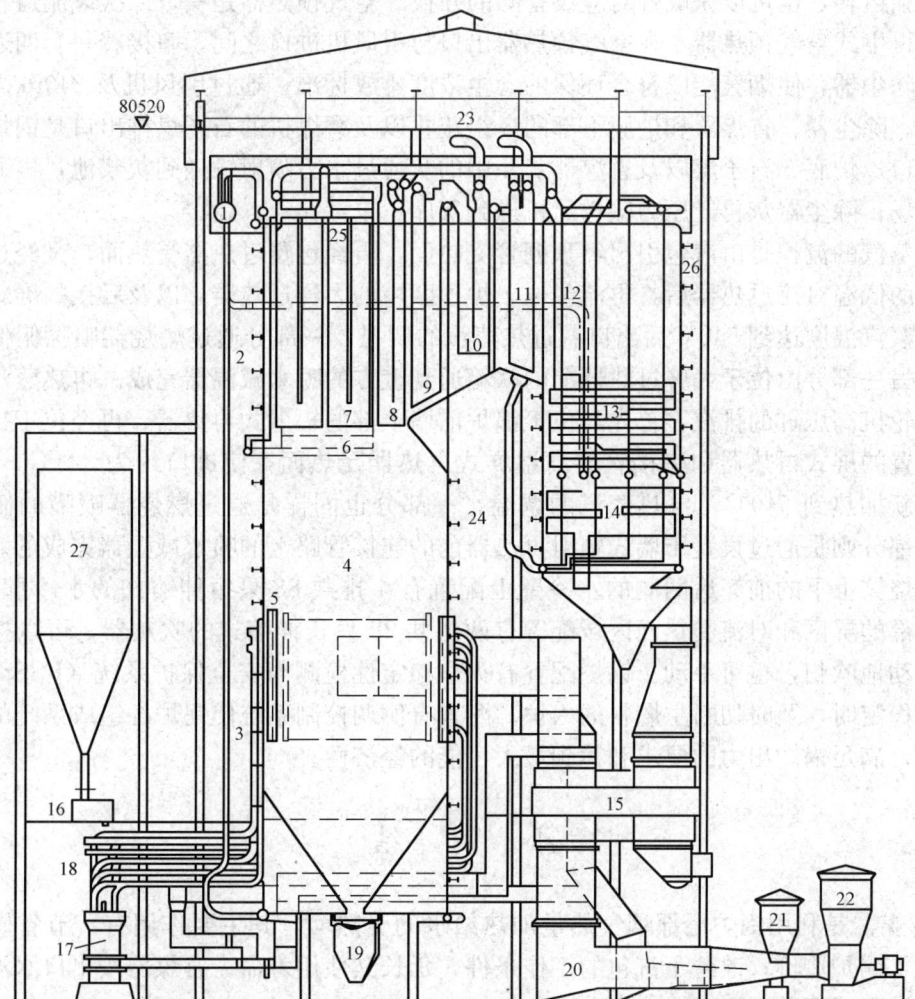

图 6-33 HG—2008/18.3—540.6/540.6—M 型控制循环锅炉结构总图
1—汽包；2—下降管；3—循环泵；4—水冷壁；5—燃烧器；6—墙式辐射再热器；
7—分隔屏过热器；8—后屏过热器；9—屏式再热器；10—高温对流再热器；
11—高温对流过热器；12—立式低温过热器；13—水平低温过热器；
14—省煤器；15—回转式空气预热器；16—给煤机；
17—磨煤机；18——次风煤粉管道；19—除渣装置；
20—风道；21——次风机；22—送风机；
23—大板梁；24—水冷壁钢性梁；
25—顶棚管；26—包覆管；27—原煤仓

锅炉顶棚标高 66.14mm，燃烧器最上层喷嘴标高 32.61mm，相距屏式受热面的下缘约 16.7m，炉膛总容积 15500m³。燃烧器分 6 层，每一同层燃烧器的 4 个煤粉喷嘴与同一台磨煤机连接、供粉，投则同投、停则同停。6 台磨煤机各自构成基本独立的 6 个制粉子系统与 6 层燃烧器相应。5 层燃烧器的投运已能满足锅炉最大连续出力的需要。

以 2 台轴流式一次送风机和 2 台轴流式二次送风机，2 台离心式引风机和 2 台再生式空气预热器为主体，构成两个基本独立的烟风系统，通过烟风管路与挡板的交叉连接，既可以并列或单独运转，也可以完成各对应设备间的互换。空气预热器是一、二次风流道相互分隔的三分仓再生式空气预热器，在空气预热器出口与引风机进口之间，串接着一套四通道五电场的静电除尘器，使烟气能以符合环保的含尘浓度排放标准，通过引风机及 240m 高的烟囱排入大气。除尘器、省煤器和炉膛下部的 3 组灰斗以及磨煤机的石子煤排出口是锅炉的 4 组灰渣收集口。炉底、石子煤以及省煤器灰斗中的灰通过水力喷射输送到灰浆池，再通过灰浆泵送达灰场；除尘器灰再经压力输送风机送到灰库。

过热蒸汽的流程是由汽包引出经顶棚管受热面，再经包覆过热器受热面，又经过位于尾部烟道中的低温对流过热器后，再流经位于炉顶区域的大屏过热器，以及后接的屏式高温过热器，使蒸汽温度达到 540℃后出口。过热蒸汽的调温，一部分通过燃烧器喷嘴俯仰角的改变达到，另一部分由位于大屏过热器前的联箱通到上方的喷水减温器完成。再热蒸汽的流程是来自汽轮机高压缸的排汽，首先经位于锅炉前墙上部的辐射式再热器，再经位于折烟角上方稍后位置的屏式再热器和串接着的高温屏式再热器受热面，使进口约为 324℃、3.7MPa 的蒸汽重新加热到 540℃。再热蒸汽的调温，一部分也同样是通过燃烧器喷嘴的俯仰角进行，另一部分则是通过设置于墙式辐射再热器前的连接管路上的喷水减温器完成的。

在燃烧器上下的前、后两侧的水冷壁上配置有 4 排共 88 只短伸缩式的水冷壁吹灰器，在炉膛上部的屏区和对流受热面区域配置有两侧共 28 只长伸缩式的吹灰器，可以按设定程序进行自动地吹扫，也可手动。锅炉配置有火焰稳定性检测与安全保护系统（FSSS），能在火焰失去稳定时，及时切断主燃料的入炉。配置有协调控制系统使锅炉各组成系统的运作能相互配合，满足锅炉出力的要求和达到最大可能的经济性。

小　　结

1. 省煤器是利用锅炉尾部烟气热量加热给水的受热面。其主要作用有：节省燃料消耗量；降低了锅炉造价；改善了汽包的工作条件，延长其使用寿命。省煤器按出口水温分为沸腾式和非沸腾式两种。

省煤器的工作原理是：烟气在管外自上而下横向冲刷管束，将热量传递给管壁；水在管内自下而上流动，吸收管壁放出的热量，使水的温度升高。

省煤器布置分为错列布置和顺列布置，纵向布置和横向布置，单级布置和双级布置。

为了防止汽包损伤，在省煤器出水管与汽包连接处应加装保护套管，使汽包壁与进水管之间有饱和水或饱和蒸汽作中间介质，从而改善了汽包的工作条件。

为了保证省煤器在锅炉启动时安全，可采用在省煤器进口与汽包下部之间装设不受热、带有阀门的再循环管，或采用在省煤器出口与除氧器或疏水箱之间装一根带有阀门的回水管，或启动过程中采用不间断的连续小流量进水的方法达到保护省煤器安全的目的。

现代大型锅炉一般采用钢管非沸腾式省煤器，卧式、单级布置在尾部烟道中，悬吊式支承。由于鳍片管式、膜式和肋片式省煤器的传热性能好，能节省金属材料，因而也有较好的应用前景。

2. 空气预热器是利用锅炉尾部烟气热量加热空气的热交换器。其主要作用有：①进一步降低排烟温度，提高锅炉效率，节省燃料。②提高了炉膛的温度水平，改善了燃料的着火与燃烧条件，减少了不完全燃烧损失。③强化了炉内传热，节省金属，降低锅炉的造价。

④用热空气干燥煤粉，有利于制粉系统工作。⑤改善了引风机的工作条件，提高了其工作的可靠性和经济性。

空气预热器有管式、回转式和热管式三种类型。大型锅炉多采用回转式空气预热器。

管式空气预热器的工作原理是：烟气自上而下在管内纵向流过，空气在管外横向冲刷，烟气的热量通过管壁连续地传给空气。

回转式空气预热器的工作原理：烟气和空气交替的流过传热元件，烟气放热，传热元件蓄热；传热元件放热，空气吸热温度升高。

热管式空气预热器的工作原理：烟气从热管空气预热器的蒸发段流过时，烟气把热量传给管内凝结水并使其汽化，汽化后的蒸汽流向凝结段；空气流过凝结段时，吸收其热量使管内蒸汽凝结成液体，并沿管壁流回蒸发段，工作中不断地重复上述过程，进行传热。

回转式空气预热器有受热面回转式和风罩回转式两种。受热面回转式又分为二分仓、三分仓和四分仓结构；风罩回转式分为单流道和双流道结构。其中三分仓、四分仓和双流道回转式空气预热器主要应用于带冷一次风机的正压直吹式制粉系统。

为减轻回转式空气预热器的漏风，在受热面回转式空气预热器上装设了径向、轴向和环向密封装置及自动密封控制系统；在风罩回转式空气预热器上装设了端面密封和环形密封装置。

空气预热器可单级或双级布置，其取决于要加热的空气温度。

3. 受热面积灰、磨损和低温腐蚀将严重影响锅炉的安全及经济运行。

积灰是指当携带飞灰的烟气流经受热面时，部分灰粒沉积在受热面上的现象。尾部受热面积灰包括松散性积灰和低温黏结性积灰两种。影响积灰的因素有：烟气流速、飞灰颗粒度、管束结构特性等。减轻积灰的措施有：选择合理的烟气速度，布置高效吹灰装置，制定合理的吹灰制度，采用小管径、小节距、错列布置等。

磨损是指当携带大量固态飞灰的烟气以一定速度流过受热面时，灰粒撞击受热面，在冲击力的作用下会削去微小金属屑的现象。磨损分冲击磨损和切削磨损。影响磨损的主要因素有：烟气速度、飞灰浓度、灰粒特性、管束的结构特性、飞灰撞击率等。综合磨损产生的原因和影响因素，受热面磨损具有局部性。减轻磨损的措施有：选择合理的烟气流速，采用合理的结构布置，在易磨损处加装防磨装置等。

低温腐蚀是指烟气中的硫酸蒸气凝结在尾部低温受热面上而发生的酸腐蚀。发生低温腐蚀的同时伴随着发生低温黏积灰。低温腐蚀与低温黏积灰是相互促进的，积灰使传热减弱，受热面壁温降低，促使硫酸凝结得更多，加剧腐蚀与积灰的进程。低温腐蚀常发生在空气预热器的冷段。影响低温腐蚀的因素是烟气中三氧化硫的含量。减轻低温腐蚀的主要途径是：减少烟气中三氧化硫生成量，提高空气预热器冷段壁温，采用耐腐蚀材料等。

复 习 思 考 题

6-1　省煤器和空气预热器的作用有何相同点和不同点？

6-2　大型锅炉常用什么型式的省煤器？为什么？

6-3　锅炉启动时，保护省煤器的方法有哪几种？

6-4　空气预热器有几种型式？大型锅炉常用什么型式的空气预热器？为什么？

6-5 试述回转式空气预热器工作原理。回转式空气预热器有何特点?

6-6 带冷一次风机的正压直吹式制粉系统应采用何种型式的回转式空气预热器?为什么?

6-7 叙述各类空气预热器的密封方法。

6-8 受热面的积灰和磨损有何危害?主要影响因素有哪些?如何减轻或防止积灰和磨损?

6-9 为什么受热面的磨损具有局部性?哪些部位磨损严重?

6-10 受热面低温腐蚀有何危害?减轻低温腐蚀的措施有哪些?

6-11 影响锅炉整体布置的因素有哪些?锅炉在结构上是如何考虑这些因素的影响?

6-12 电厂锅炉的典型布置型式有哪些?说明Π型、塔型布置的优缺点。

6-13 说明 1025t/h,2008t/h 锅炉整体布置的结构特点。

除尘、除灰设备及系统

内容提要

燃煤锅炉烟尘的排放标准，电气除尘器的基本原理及结构；锅炉炉底除渣系统、水力除灰系统、气力除灰系统及各系统中的主要设备，水力、气力、机械联合除灰渣系统。

课题一　除　尘　设　备

教学目的

掌握电气除尘器的基本原理及结构特点。

教学内容

一、除尘的意义

煤中灰分是不可燃的物质，煤在燃烧过程中经过一系列的物理化学变化，灰分颗粒在高温下部分或全部熔化，熔化的灰粒相互黏结形成灰渣。被烟气从燃烧室带出去凝固的细灰及尚未完全燃烧的固体可燃物就是飞灰。一座 600MW 的燃煤电厂，每天排放数千吨的灰渣以及相当数量的二氧化硫、氮氧化物等气态污染物。其中粉尘、烟雾和二氧化硫（SO_2）、氮氧化物（NO_x）构成了燃料燃烧时对环境的四大污染。

燃烧产物中的粉尘和 SO_2、NO_x 等有害气体，首先对锅炉本身产生不利影响。粉尘会使锅炉受热面积灰，影响热交换；烟气中含有微小颗粒对锅炉受热面、烟道、引风机造成磨损，缩短其使用寿命，增加维修工作量。烟气中大量的有害气体（如 SO_2）还会限制排烟温度，增加排烟损失，降低锅炉效率。

粉尘落入周围工矿企业不但会加速机件磨损，而且还可能导致产品质量下降，尤其对炼油、食品、造纸、纺织和电子元件等工业产品影响更大；粉尘落到电气设备上，可能发生短路，引起事故。

燃煤产生的 SO_2、NO_x 在一定物化条件下形成酸雨，造成金属腐蚀和房屋建筑结构破坏；大气中的 NO_x，则会产生光化学烟雾，危害人体健康和动植物生长，对大气环境及生态平衡造成严重影响。

为保护我们的生存环境，实现电力工业的可持续发展，就必须对燃煤电厂和其他工业企业的烟气和粉尘等污染物进行处理，以达到排放标准。目前对烟气的处理方法主要是除尘、脱硫和发电机组低 NO_x 燃烧技术。而除尘是指在炉外加装各类除尘设备，净化烟气，减少排放到大气的粉尘，它是当前控制排尘量达到允许程度的主要方法。

二、电气除尘器

除尘器的作用是将飞灰从烟气中分离并除去。按工作原理分为机械除尘器和电气除尘器。

电气除尘器是利用高压直流电在两极间产生一个不均匀电场，使含尘气体中的粉尘微粒荷电，荷电粉尘在电场力的作用下向极性相反的电极运动，并被吸附到极板表面上，再经振打力的作用，使成片状的粉尘落入储灰装置中，从而实现气固分离的设备。

（一）电气除尘器的基本结构

以图 7-1 所示 S3F-220 型电气除尘器为例介绍，其主要技术参数和性能见表 7-1 所示。

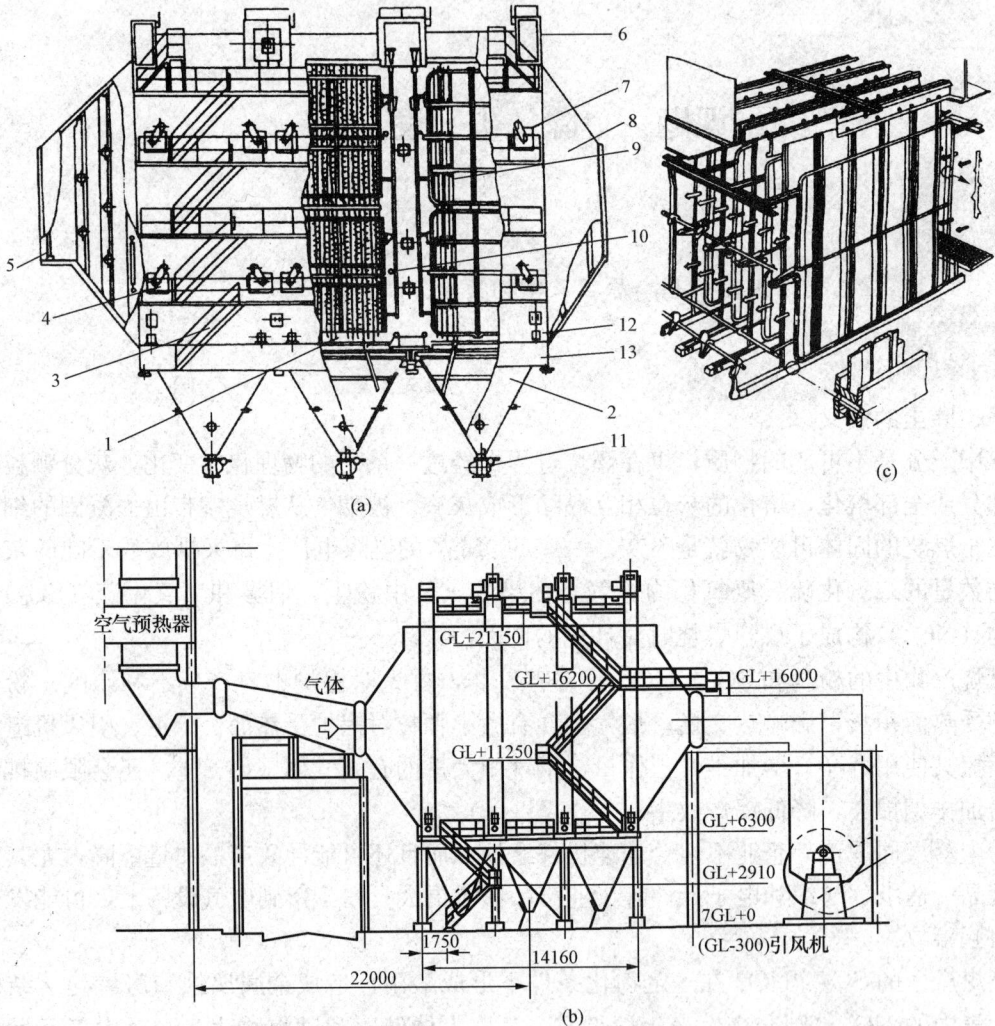

图 7-1　S3F-220 电气除尘器的结构总图

（a）电气除尘器的简图；（b）电气除尘器布置图；（c）工作原理示意图

1—正极板（集尘极板）；2—灰斗；3—梯子平台；4—正极振打装置；

5—进气烟箱；6—顶盖；7—负极振打传动装置；8—出气烟箱；

9—星形负极线；10—负极振打装置；11—卸灰装置；

12—正极振打传动装置；13—底盘

表 7-1　　　　　　　　　　　　**S3F-220 电气除尘器主要技术参数和性能**

1	型号	2FAA4×35-2×88-125	9	有效电场高度	12500mm
2	台数	2台/炉	10	有效电场长度	3500×4mm
3	电场型式	双室四电场	11	同极间距	400mm
4	处理烟气量	852206m³/h	12	阳极板型式	480c
5	工作温度	~140℃	13	阴极板型式	新 RS 管形芒刺线
6	电气除尘器最大负压	-5000Pa	14	总收尘面积	15400m²
7	电气除尘器漏风率	≤3%	15	入口含尘量	
8	阻力损失	≤200Pa	16	除尘效率	99.2%

电气除尘器由两部分构成：一部分是电气除尘器本体，烟气通过这一装置完成净化过程，主要由放电极（电晕极、负极或阴极）、集尘极（正极或阳极）、槽板、清灰设备、外壳、进出口烟箱、贮灰系统等部件组成；另一部分是产生高压直流电装置和低压控制装置。将 380V、50Hz 的交流电转换成 60kV 的直流电供除尘器使用。它包括高压变压器、绝缘子和绝缘子室、整流装置、控制装置等。

1. 集尘极系统（阳极系统）

集尘极系统由集尘极板、悬吊装置和极板振打装置等组成。其作用是捕捉荷电尘粒，并在振打力的作用下使集尘极板捕捉的尘粒成片状脱离极板落入灰斗中。

对集尘极板的要求是：较好的电气性能，运行时异极间的火花电压高，极板面上的电场强度和电流密度分布均匀；集尘效果好，结构形状应使集尘板振打时能有效防止尘粒的二次飞扬；振打传递性能好，不易变形；金属消耗小，加工、运输、安装和检修方便；表面积要大，容易清灰等。

因为运输、安装不便，且使用中由于热胀冷缩易产生弯曲变形，因此集尘极板不能用整块钢板制成，而是制成细长条形。材料一般是普通碳素钢，烟气具有腐蚀性时需用不锈钢。目前多采用 1.2~2mm 厚的卷板制成。卧式电气除尘器的极板截面形式很多，常见的形状有：WF（波浪）形、Z 形、CS 形、C 形和板式槽形等，如图 7-2 所示。这些均属型板式电极，其上具有形状各异的沟槽（为防风沟），中间平直部分的凹凸槽为加强筋，一方面当气流流经型板时，板面上的沟槽能避免主气流的直接冲刷，有效防止二次扬尘，同时也

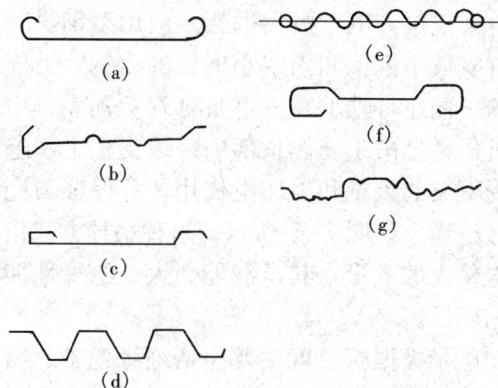

图 7-2　常见型板集尘电极示意图
(a) C 形板；(b) Z 形板；(c) 反 C 形板；(d) 板式槽形；
(e) 波浪形板；(f) 改良 C 形板；(g) CS 形板

使得极板的电气性能和振打性能更好，另一方面可增加极板的刚度。集尘极板的悬吊装置采用紧固连接型，即极板的上、下两端均用高强度螺栓紧固。其优点是：位移量小，振打加速

度大，固有频率高等。

集尘极板振打装置是利用振打力，使集尘极板上一定厚度的尘粒层脱离极板表面。目前采用较多的是下部机械切向振打装置，它由传动装置、振打轴、锤头和轴承等组成。

2. 放电极系统（阴极系统）

放电极系统是电气除尘器的心脏，其作用是建立不均匀电场，产生电晕使烟气中的尘粒荷电。它主要由电晕线、电晕线框架、框架吊挂装置和放电极振打装置等组成。

电晕线是电气除尘器的放电极，它决定了放电的强弱和尘粒的荷电，直接关系到除尘器的除尘效率。此外，电晕线的可靠性也影响到除尘器的安全运行。因此，对电晕线的要求是：电气性能好，起晕电压低，电晕电流大；机械强度高，经长期振打不易断裂；热应力小，运行中变形小，能准确保持极间距不变；利于振打和清灰；对烟气变化的适应性好等。电气除尘器的电晕线形状很多，如图 7-3 所示。每一种电晕线各有其特点，应根据不同的烟气性质和除尘器结构来选择不同形式的电晕线。由

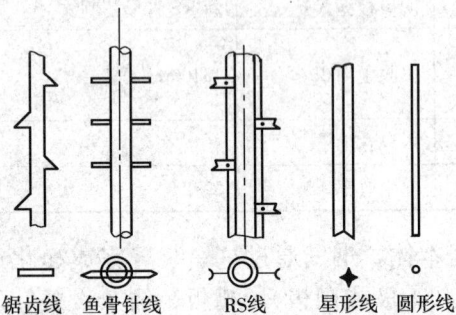

图 7-3 电晕线形状

锯齿线　鱼骨针线　RS线　星形线　圆形线

于 RS 芒刺形电晕线具有起晕电压低、机械强度高、不易断线和变形、除尘效率高等优点，其综合优势更明显。

电晕线框架包括电晕极（阴极）小框架和大框架。小框架作用是固定电晕线，并对电晕线进行振打清灰。图 7-4 为电晕极小框架示意图，它由电晕线和钢管框架组成。大框架的作用是：①承担电晕极小框架、电晕线以及电晕极振打锤、轴的荷重，并通过电晕极吊杆将荷重传到绝缘支柱上；②按要求对电晕极小框架定位。电晕极大框架一般用型钢拼装而成，上面有安放小框架和固定小框架的角钢，另外在有振打轴的一侧还有轴承底座，如图 7-5 所示。电晕极框架通过吊杆悬吊于壳体顶部的绝缘支柱上，绝缘支柱要承受框架的重量和高压电作用，并保证与壳体之间的良好绝缘，如图 7-6 所示。这种吊挂方式由瓷支柱承担电晕极的重量，其承载能力大、绝缘性能好，因此应用广泛。

电晕极振打装置主要包括绝缘瓷轴、密封板、减速机、保险片、叉式轴承和拨叉等。其作用是为电晕极清灰提供动力。

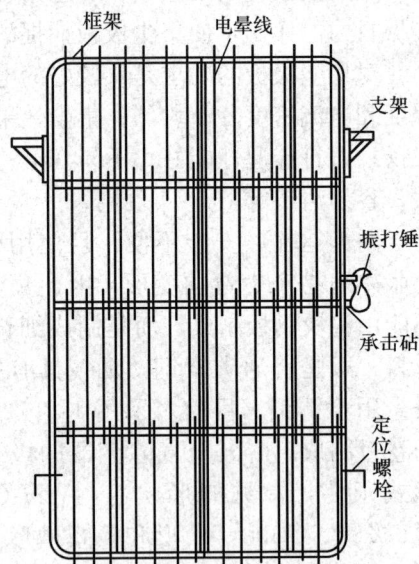

框架　电晕线　支架　振打锤　承击砧　定位螺栓

图 7-4 电晕极小框架

3. 烟箱系统及气流均布装置

烟箱系统包括进气烟箱和出气烟箱。通常烟气在除尘器前、后烟道中的流速为 8~10m/s，但为保证电气除尘器的除尘效率，烟气在除尘器电场内的流速应控制在 0.8~1.5m/s 的范围内。进口是通过渐扩截面将前部烟道与除尘器外壳连接起来，使烟气较

为均匀地扩散在壳体内整个流通截面上。小口以法兰型式与烟道相连，大口则以焊接的方式与本体框架（外壳）连接。在烟道入口处设小、中、大三道分布板，其主要作用是对烟气流进一步疏理，提高电场中气流分布的均匀性，防止产生涡流等现象。气流分布板有多种形式，如格板、多孔板、垂直偏转板及锯齿形板等。

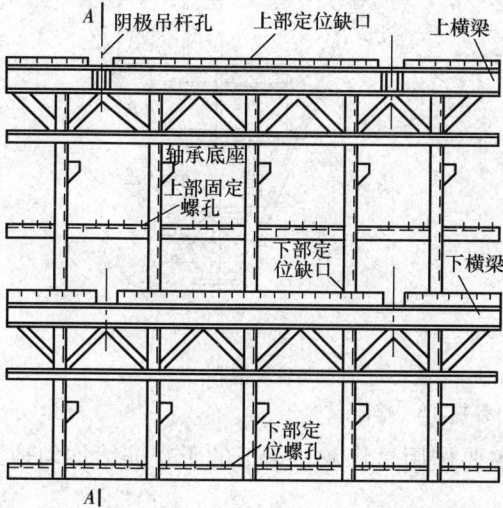

图 7-5　电晕极大框架

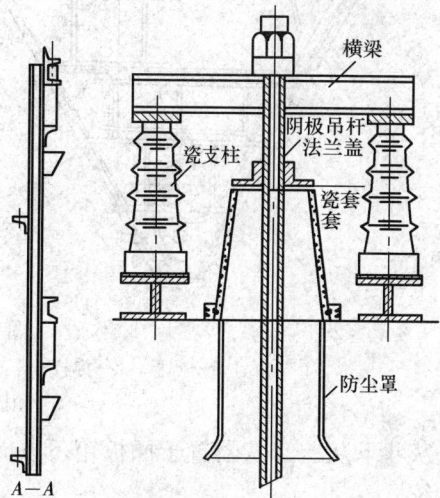

图 7-6　电晕极绝缘支柱

出口烟道是通过渐缩截面将除尘器壳体与后部烟道相连。大口与壳体相焊接，小口以法兰与烟道相连接。由于出口烟道的下壁经常发生积灰现象，故将下壁制成较陡的斜面，以利于粉尘的滑落。有些制造厂家在出口烟道内装设槽形极板装置对部分荷电尘粒进行收集。槽形极板是用厚度为 1.5～2mm 钢板轧制而成槽状的收尘电极，如图 7-7 所示。在电气除尘器的电场内，由于烟气的涡流作用以及尘粒的二次飞扬，使这部分尘粒不能被集尘极捕获，而随气流离开电场，导致除尘效率降低。为此，在出口烟箱前加装槽形极板装置，利用尘粒较大的惯性力将其从烟气中分离并捕捉下来。因槽形极板收尘效果好，所以积灰较多，故必须

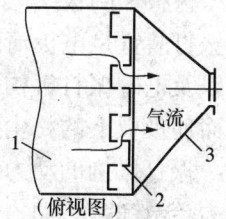

图 7-7　电气除尘器槽
形极板装置

1—电气除尘器；2—槽形板；
3—出气烟箱

设置振打装置以清除极板上的积灰。槽形极板装置提高了收尘效率，防止二次扬尘，同时对烟气流作进一步疏理，改善了引风机的工作环境。

4. 储排灰系统

储排灰系统包括灰斗、插板箱和卸灰器等。灰斗为漏斗形，其作用是收集和储存从极板上振打落下的干灰，形状为一倒四棱锥，由钢板焊接而成，如图 7-8 所示。灰斗上部大口与本体底梁焊接相连，下部连接有排灰阀。为确保灰斗内不积灰，灰斗内壁与水平面夹角一般为 60°～65°，甚至更大。

灰斗上部设有阻流板，以防烟气冲刷而造成二次飞扬。在高、低料位处设有料位检测装置，排放料位信号控制排灰系统（排灰阀等）工作。灰斗外壁焊有螺旋状蒸汽加热管，其作用是维持灰斗内温度，防止粉尘受潮结块而造成堵灰。

插板箱位于灰斗下口，用来取出意外落入灰斗的物体，或卸灰器故障时关闭灰斗下口以

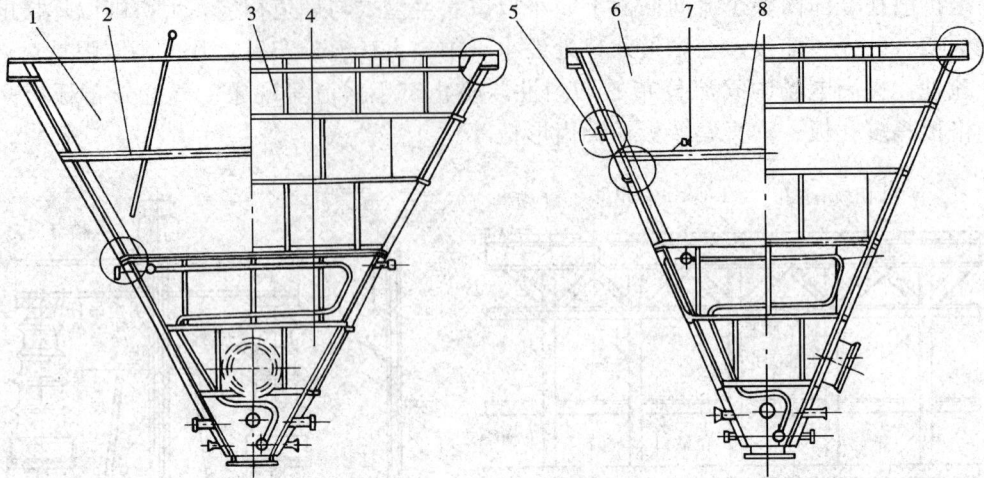

图 7-8 灰斗简图
1—侧板；2—撑杆；3—侧板；4—斗底；5—音叉料位发信器；
6—侧板；7—撑板；8—撑杆

阻止灰斗下灰。卸灰器置于插板箱下方。其主要作用是将灰斗落下的干灰连续均匀地卸入输灰系统。

5. 振打装置

极板和阴极线上聚集的粉尘，必须定期予以清除，才能保证电气除尘器正常工作。良好的振打装置是电极清灰的有力手段。振打机构的型式很多，主要有挠臂锤击、弹簧—凸轮机构以及电磁振打机构等，振打过程是周期性的，每一个周期锤头打击集尘板下部的撞击杆，从而使极板上的粉尘抖落。

振打机构的动力装置一般布置在电气除尘器壳体外的侧面，通过传动轴伸入壳体内，将动力传给锤头。动力装置主要由电动机和减速器组成。

(二) 电气除尘器工作原理

电气除尘器是利用高压电场产生静电力，使粉尘从烟气中分离出来，根据集尘极形式不同，电气除尘器可分为板式和管式两种，如图 7-9 所示。

图 7-10 为板式电气除尘器原理图，中间是被固定的金属导线，作为放电极（电晕极），放电极接高压直流电源的负极，两边平板为集尘极，接电源正极。在电场力作用下，气体中自由离子要向两极移动，且电压愈高，电场强度愈大，离子运动愈快。由于离子运动，极间形成了电流。开始时，气体中自由离子少，电流较小。当电压升高到一定数值（几万伏或十几万伏）后，电晕极附近离子获得了较高的能量和速度，去撞击气体中的中性原子，使中性原子分解成正负离子，这种现象称为气体电离。气体电离后，由于连锁反应，极间运动的离子数大大增加，表现为极间电流（也称电晕电流）急剧增加，气体便成了导体。电晕极周围的气体全部被电离后，在电晕极周围可以看见一圈淡蓝色的光环，这个光环称为电晕。因此，这个放电的导线称为电晕极。电晕极周围（电晕区）负离子和电子在电场力的作用下被吸向正极，途中与烟气中的飞灰尘粒互相撞击，并吸附在飞灰尘粒上，使飞灰尘粒带负电荷。带负电荷的飞灰尘粒在静电场力的作用下移向正极（集尘极），并在此中和后，沉积在集尘极上。在放电极上也会积聚少量获得正电荷的灰粒，它会导致放电极线肥大而影响除尘

效果，所以需定期给以振打清除。

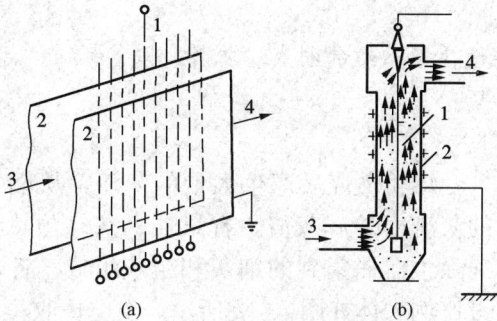

图 7-9　电气除尘器示意图
（a）板式；（b）管式
1—放电极；2—集尘极；3—烟气入口；4—烟气出口

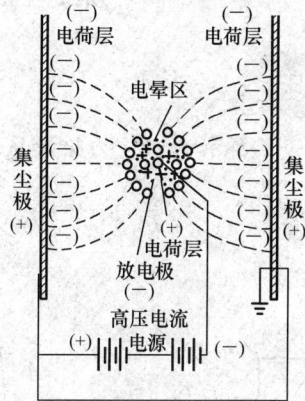

图 7-10　板式电气除尘器原理图

当集尘极上的灰粒达到一定厚度时，通过振打装置进行周期性振打，使灰尘落入灰斗中排出，完成除灰过程。

每台锅炉装有 2～4 组电气除尘器，各组有单独的烟气通道。在入口处设有导流板装置，使烟气均匀进入并起前置除尘作用。在出口处装有挡板，以便进行清灰和交替运行。

电气除尘器的适应性强，可置于 300℃ 以上的烟气中，处理飞灰粒度为 0.05～20μm，除尘效率高达 90%～99%，且基本不受负荷变化的影响。电气除尘器阻力小，烟气处理量大，寿命长。但它的一次性投资大，控制系统复杂，对安装、检修和运行维护要求高。随着环保对除尘要求的不断提高，大型火电厂都毫不例外地采用了电气除尘器。而且正在加速对中、低效率除尘器进行改造。

电气除尘器除尘效率与粉尘的比电阻有很大关系，如图 7-11。粉尘比电阻是指用面积为 $1cm^2$ 的圆盘将粉尘自然堆至 1cm 高，沿高度方向测得的电阻值，单位：$\Omega \cdot cm$。烟气中的粉尘到达集尘极后，依靠静电力和黏性附着在集尘极上，形成一定厚度的粉尘。粉尘在集尘极上的附着力与粉尘的比电阻有关。粉尘比电阻小，说明粉尘的导电性好。若比电阻 $R_b \leqslant 10^4 \Omega \cdot cm$ 时，粉尘不易黏附在集尘极板上，重新被烟气带走，使除尘效率降低。若比电阻 $R_b = 10^5 \sim 10^{10} \Omega \cdot cm$ 时，粉尘沉积到集尘极板上，带电粉尘中和速度适当，除尘效果最好。当比电阻

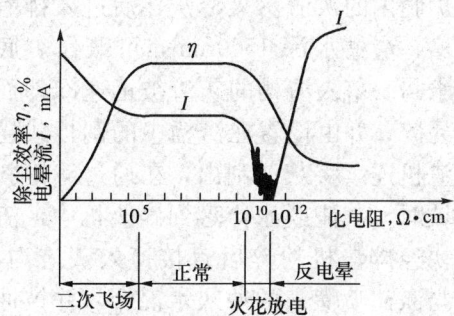

图 7-11　除尘效率与粉尘
的比电阻的关系

$R_b \geqslant 10^{11} \Omega \cdot cm$ 时，粉尘荷电不易逸出，黏附力较大，要清除极板上的粉尘需加大振打力，容易引起粉尘二次飞扬，导致除尘效率下降。

此外，运行中电晕极的积灰、极线肥大、烟气温度、烟气流速、烟尘浓度、气流分布及漏风等，对电气除尘器性能也有一定影响。

课题二 除灰系统及设备

教学目的

了解水力、气力除灰系统中主要设备及系统的组成、工作特点。

教学内容

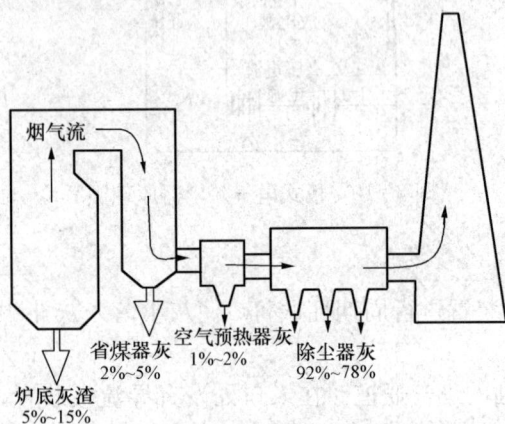

图 7-12 燃煤锅炉灰渣分布概况

煤粉燃烧后产生大量的灰渣，从锅炉排出的灰渣由炉底灰渣，省煤器、空气预热器、电气除尘器捕集到的细灰和粗灰组成，各部分所占比例大体如图 7-12 所示。发电厂收集、处理和输送灰渣的设备、管道及其附件构成发电厂的除灰系统。除灰方式有三种：水力、气力和机械除灰。具体选择何种除灰方式，一般是根据灰渣综合利用的要求、水量多少以及贮灰场的距离来确定，如采用一种方式不能满足除灰要求时，就需要采用两种除灰方式联合的除灰系统。

一、锅炉除渣系统

（一）连续除渣

现代大型锅炉多采用连续除渣方式，如图 7-13 所示。其工作过程是：炉膛内的灰渣落入冷灰斗后进入排渣槽，渣槽水深 1500mm，可兼作炉底水封。落入渣槽的灰渣被迅速冷却而易碎，并由设置在渣槽中的刮板式捞渣机连续将灰渣刮出，在通过渣槽斜坡时，灰渣脱水，落到碎渣机中，渣块经碎渣机粉碎后直接掉入灰渣沟，与激流喷嘴来的冲灰水混合，并被冲至灰渣泵的缓冲池内，再由灰渣泵通过灰管送至贮渣场或综合利用系统。这种除渣方式能连续运行，消耗水量少，可根据炉渣量的多少决定链条转速，电耗低，适用于远距离输送。但炉底结构复杂，维护工作量大。其流程是：

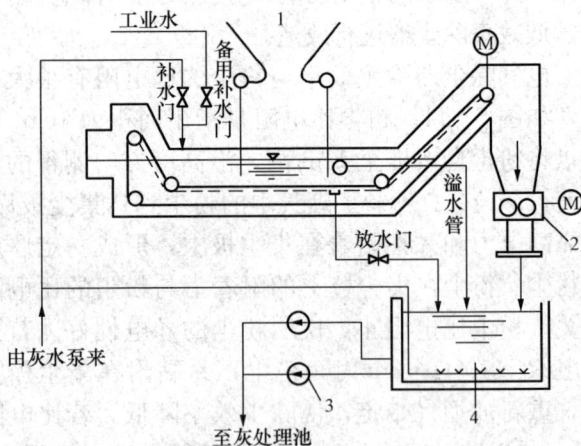

图 7-13 连续除渣排渣槽装置
1—炉底渣口；2—碎渣机；3—灰渣泵；4—炉底灰渣池

沪渣→排渣槽→刮板式捞渣机→碎渣机 → 灰渣池→灰渣泵→灰场
└—冲灰水

1. 排渣槽

排渣槽安放在炉膛灰渣斗的下方，用来排除炉膛中的炉渣。单边排渣槽结构如图 7-14 所示。排渣槽内壁由耐火材料砌成，槽底由 15° 左右的铸铁板铺成。渣斗中的灰渣落入排渣槽内时，由湿灰喷嘴喷出的水将灰渣浇灭、冷却。当灰渣堆积到一定数量时，开启冲灰喷嘴和灰渣闸门定期排出，再经碎渣机破碎后排入灰渣沟中。排渣槽上设有人孔门和灰渣门。排渣槽与灰渣斗之间设有水封，以防漏风，并起到自由伸缩的补偿作用。

2. 刮板捞渣机

刮板捞渣机是保证锅炉连续除渣的机械设备，如图 7-15 所示。刮板装在两根环形链条之间，是刮灰部件。壳体由上底板分隔成上、下两仓。上仓为水仓（即水槽），炉渣掉入水槽内急剧粒化，变成多孔性沙状颗粒，通过链条刮板沿上底板及其斜坡刮走。下仓为干仓，供链条刮板回程用。壳体两侧有溢水口，采用连续进水和溢流形式，使水位恒定，作为水封，以防冷风漏入炉内。水温（受炉膛辐射）一般控制在 55～60℃，在此温度下，渣块粒化效果好，且耗水量小。上底板及其斜坡部分铺设铸石提高了耐磨性，减小了刮板与底板的摩擦力。

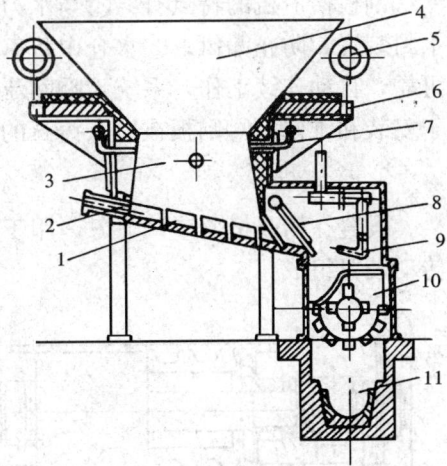

图 7-14　排渣槽

1—铸铁槽底；2—激流喷嘴；3—排渣槽；
4—灰渣斗；5—联箱；6—水封；7—湿灰喷嘴；
8—灰渣闸门；9—冲灰喷嘴；10—碎渣机；
11—灰沟

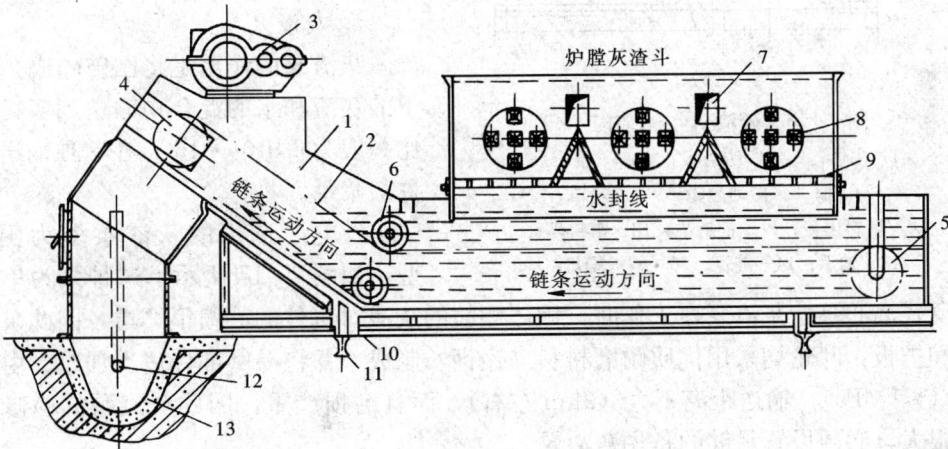

图 7-15　刮板捞渣机

1—渣槽；2—链条刮板；3—传动装置；4—主动齿轮；5—从动齿轮；
6—链条压轮；7—检查孔；8—碎渣机；9—格栅；10—槽底滚轮；
11—槽底移动用轨道；12—激流喷嘴；13—灰渣沟

水封导轮与下底板是链条的导向机构，也是链条的限位机构，由于水封导轮与水接触，故在导轮的轴中开有小孔通入低压水，开成轴封以防脏水进入轴承。

驱动装置主要由电动机、齿轮箱和滚子链传动机构组成。电动机驱动齿轮箱和滚子链，带动主轴，再由主轴上的链轮牵引链条刮板。链条刮板的移动速度可以根据渣量进行调节。

刮板捞渣机的特点有：①与水力除渣比较，能节约除灰用电、用水和投资；②有良好的水封装置，防止漏风；③水仓中备有足够的冷却水，能充分满足炉渣粒化要求；④运行平稳可靠，自动连续工作，系统无瞬间流量变化，便于管理；⑤容量大，构造简单，可移动，便于安装和维修；⑥刮板在衬有铸石的槽内滑动，寿命长，功耗较少。

3. 碎渣机

设置在捞渣机落渣口下方，用于破碎大颗粒渣块，以便灰渣泵的输送。碎渣机由本体和传动装置组成。

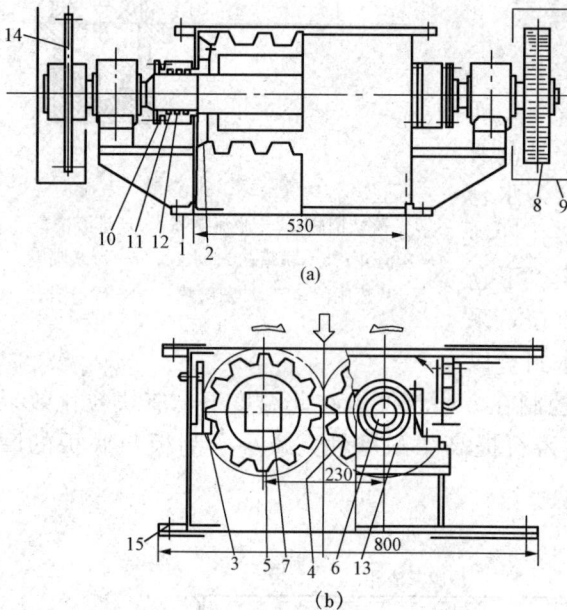

图 7-16 碎渣机本体结构

1—主体；2、3—防磨板；4、5—辊；
6、7—轴；8—传动齿轮；9—齿轮罩；
10—填料压盖；11—密封垫；12—密封环；
13—轴承；14—链轮；15—螺栓螺母

以双滚筒型碎渣机为例，其结构如图7-16所示。碎渣机本体包括主体、双辊、轴及轴承等。主体由钢板和配置在各部的加固及支撑材料构成，其结构牢固。内表面加装了防磨衬板。双辊采用高镍铬合金钢铸成，在辊的外圈上有排列整齐的滚齿，转动时两滚筒上的齿彼此交错，将灰渣破碎。因碎渣时冲击力较大，滚筒内圈采用方形孔，牢固地装配在轴上，主动轴和从动轴平行安装在壳体上，轴的中间为方块形，以与滚筒内孔配合，轴承安装在壳体外面的主、从动轴的两端，并采用承载能力较大的滚柱轴承。

4. 灰渣泵

灰渣泵的作用是将已破碎成25mm以下的灰渣和水的混合物输送到灰场，灰水比一般为1:10～15。在单独输送细灰时称灰浆泵。

发电厂选用的灰渣泵多为国产PH型，如图7-17所示。这种泵为单吸、单级、悬臂式离心泵。灰渣泵在工作时，固体颗粒的灰渣对机件的磨损很严重，因此泵壳内装有护套和护板，叶轮均采用优质耐磨材料（锰钢）制成，并将易磨部件适当加厚。由于其压头较低（≤1MPa），输送距离不大（2km左右），而且磨损严重，因此灰渣泵的检修和维护工作量很大，必须设置足够的备用灰渣泵。

5. 激流喷嘴

喷射高速水流，扰动沉积在灰渣池底部的灰渣，以保证灰渣沟内流动畅通。

（二）高压水力喷射器除渣系统

高压水力喷射器除渣系统的主要设备是高压水力喷射器，如图7-18所示。它由冲渣水管、喷嘴、受渣斗及扩散管等组成。当灰渣沿灰沟进入受渣斗，压力为3.0～6.0MPa的高压水从喷射器一端进入，经喷嘴降压增速；高速水流将灰渣粉碎，并在灰渣斗底部产生真空，不断吸入受渣斗内的灰渣，形成高速灰水混合物；灰水混合物在扩散管内流速减小、压力升高后，经输灰管输送至贮灰场。这种除灰方式也属于低浓度水力除灰。

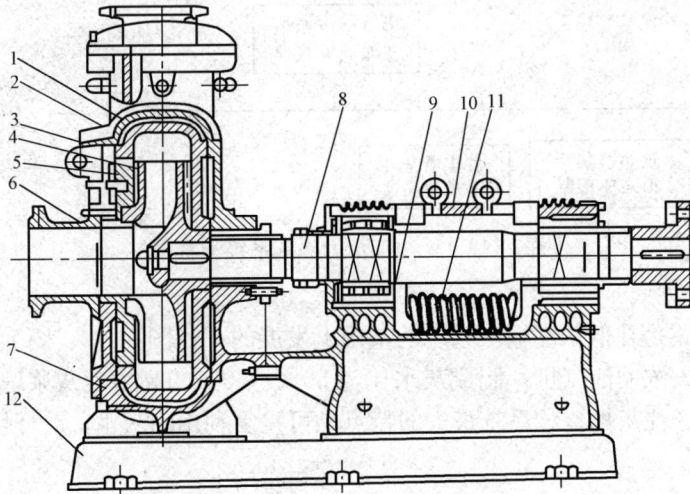

图 7-17　PH 型灰渣泵结构

1—泵体；2—上泵体；3—泵盖；4—叶轮；5—护板；6—进水管；
7—护套；8—轴；9—托架；10—托架盖；11—蛇形管；12—底座

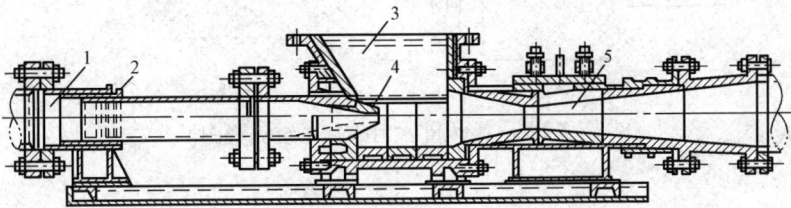

图 7-18　高压水力喷射器

1—冲渣水管；2—伸缩节；3—受渣斗；4—喷嘴；5—扩散管

　　高压水力喷射器除渣系统具有结构简单、设备紧凑和输送距离远等优点，但其耗水量、耗电量都大，喷射器和灰渣管的磨损较严重。

二、锅炉除灰系统

（一）水力除灰系统

　　水力除灰系统是以水为介质输送灰渣的系统。它一般由排渣、冲灰、碎渣、输送等设备和排渣沟、输灰管道及其附件组成。水力除灰具有除灰迅速、对灰渣适应性强、灰渣不易飞扬、运行安全可靠、操作维护方便等优点。该系统有耗水量大、管道磨损快、易结渣堵灰、湿灰渣不易综合利用等不足之处。水力除灰系统按所输送的灰渣不同，可分为灰渣混除和灰渣分除两种系统。灰渣混除就是将除尘器等分离下的飞灰和炉膛排出的炉渣在灰渣输送设备之前混合在一起输送。灰渣分除就是将细灰和炉渣分别通过单独的管道系统输送。在水力除灰系统中，灰的输送方式按灰水比的不同可分为低浓度除灰和高浓度除灰系统。

　　1. 低浓度除灰方式

　　低浓度除灰方式是输送灰水比为 $10\% \sim 15\%$ 的灰浆，以灰浆泵为主要输送设备的除灰系统，如图 7-19 所示。该系统流程是：除尘器、空气预热器、省煤器下部灰斗的细灰经冲灰器流入灰沟到灰浆池，再由灰浆泵经压力输送管道送至灰场。

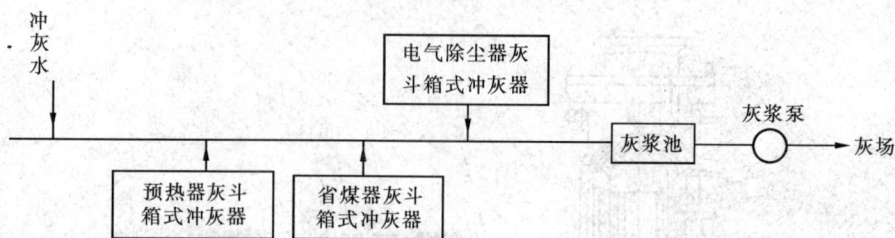

图 7-19　低浓度水力除灰系统流程图

2. 高浓度除灰方式

高浓度除灰方式是在低浓度输灰系统的基础上发展的，如图 7-20、图 7-21 所示。低浓度的灰浆由灰渣泵打入浓缩池（机）制成灰水比为 50%～60% 的高浓度灰浆，用油隔离灰浆泵、水隔离泵或柱塞泵送往灰场。该系统最大的特点是可重复利用除灰水，对环境污染较轻。

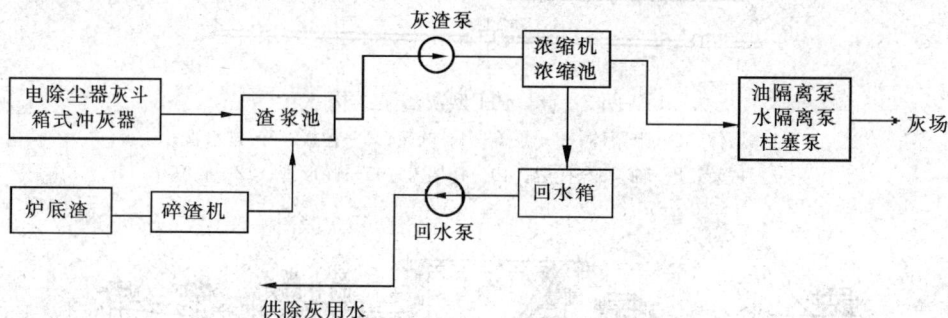

图 7-20　高浓度水力除灰系统流程图

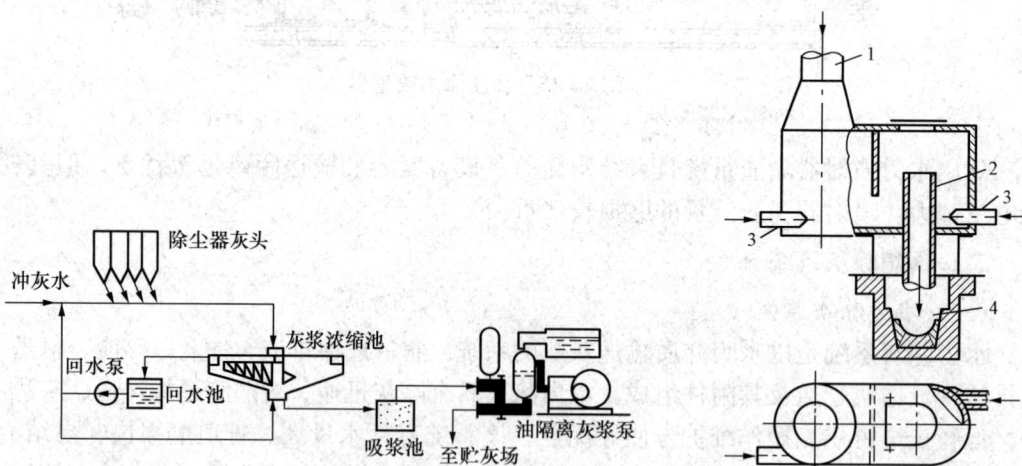

图 7-21　油隔离灰浆泵高浓度除灰系统

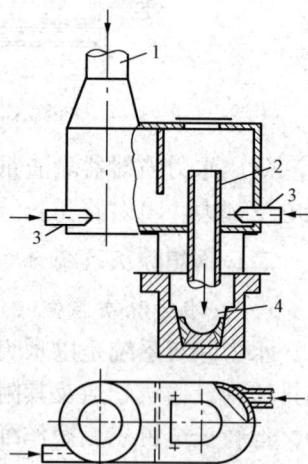

图 7-22　箱式冲灰器
1—落灰管；2—排灰管；
3—冲灰喷嘴；4—灰沟

（1）冲灰器。冲灰器安装在干式除尘器或尾部烟道的灰斗下面，它的作用是：用水冲刷灰斗中的干灰，将其连续或定期地排入地沟，并防止空气漏入灰斗。图 7-22 为常用的箱式冲灰器示意图。冲灰时，冲灰水切向引入箱壁，产生强烈的旋转，将落入的细灰迅速搅拌混合成灰浆排出。冲灰水的旋转使箱底不易发生积灰。箱式冲灰器结构简单，在灰斗下面设有锁气器，能防止空气和水蒸气漏入。

（2）油隔离灰浆泵。油隔离灰浆泵是一种往复式活塞泵产生输送压力、以隔离油为中间介质的粉粒状物料水力输送设备，如图7-23所示。它主要由活塞缸、油箱、油水分离罐、Z形管、阀箱、排浆管、空气室、传动装置等组成。活塞缸分左右两个。各自独立的缸体分别固定在机架上。油水分离罐的顶部装有排气阀和供油阀，分别用于排气和补油。油水分离罐与阀箱之间用Z形管连接，以防止灰粒沉淀及空气进入分离罐，排浆管上装有空气罐，用以稳定管路中灰浆的压力和流量，当产生水击时还可以降低水击压力。

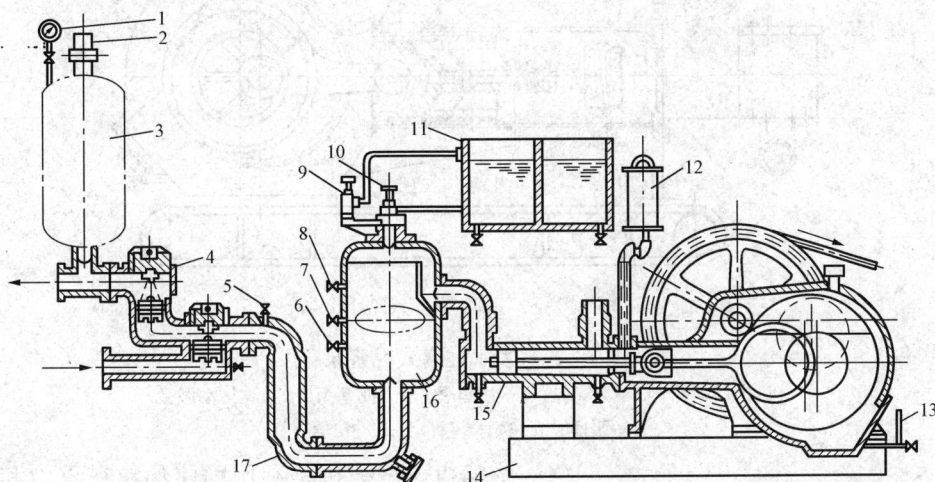

图7-23　油隔离灰浆泵

1—压力表；2—安全阀；3—空气罐；4—阀箱；5—高压水进口；6—灰浆观察阀；

7—油面观察阀；8—油观察阀；9—排气阀；10—供油阀；11—油箱；

12—油杯；13—油位计；14—机架；15—活塞；

16—油水分离罐；17—Z形管

油隔离灰浆泵工作过程如下：传动装置将电动机的旋转转变为活塞在活塞缸内的往复直线运动；当活塞从左死点向右移动时，油水分离罐内形成真空，油被吸入活塞缸中。同时灰浆吸入阀开启而排出阀关闭，灰浆经吸入管进入油水分离罐。当活塞到达右死点时，吸入过程结束；在活塞向左移动时，吸入阀关闭而排出阀开启，油又被压回油水分离罐的上部并推压灰浆，使灰浆进入排浆管排出，活塞达到左死点时，排出过程结束，完成一个工作循环。与此同时，另一个活塞在进行着相反方向的工作循环，在双缸双活塞的交替作用下，且又有空气罐的稳定作用，泵可以不断地把灰浆输送出去，达到远距离输送的目的。

油隔离灰浆泵的压力高（2.5~10MPa），输送距离可达25~30km以上，不仅能满足高浓度、远距离、大压差的输送要求，而且具有省水、节电、减轻污染等优点。

（3）柱塞泵。柱塞泵全称是"喷水柱塞式泥浆泵"，它是近几年研制出的一种新型灰浆泵，其结构如图7-24所示。该泵独特之处在于它有一套清洗系统。其工作过程为：传动装置将电动机的回转运动转变为柱塞的往复直线运动，当柱塞作往复直线运动时，水清洗系统向柱塞的周围喷射清水，从而在柱塞圆周方向上形成一层高压水环，这层水环一方面将柱塞表面黏附的灰粒清洗掉，另一方面又可以将灰浆与柱塞密封隔离，避免固体颗粒进入密封系统时造成的表面磨损，同时还能起冷却和润滑柱塞的作用，延长了柱塞及密封的寿命。

喷水柱塞式泥浆泵具有结构合理、性能好、省油节电、体积小、噪声低、无污染、寿命长、操作方便等特点，是发电厂远距离、高浓度输送灰浆的理想设备。

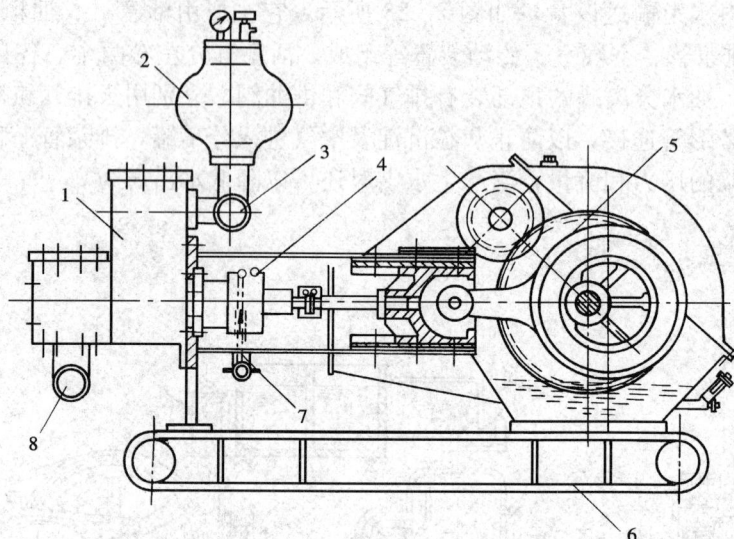

图 7-24 喷水柱塞式泥浆泵

1—进出口阀箱；2—空气包；3—出口管；4—柱塞组合；5—传动组合；
6—泵座；7—喷水装置；8—进口管

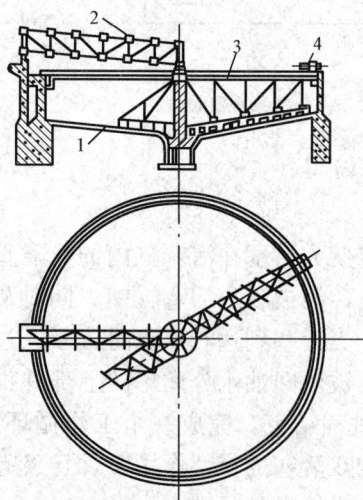

图 7-25 耙式浓缩机
1—沉淀池（浓缩池）；
2—槽架；3—耙架总装；4—传动装置

（4）浓缩机。浓缩机是利用固体颗粒在重力和离心力作用下的沉降，浓缩灰浆，达到高浓度灰浆输送和清水回收的目的。发电厂常采用耙式浓缩机，如图 7-25 所示。它主要由进料管、槽架、沉淀池、耙架和传动装置等组成。

耙式浓缩机的沉淀池一般为圆形混凝土结构，池底为锥形。其工作过程是：当灰浆沿槽架上部的送料管流入沉淀池时，灰浆中较粗的颗粒便在重力和离心力作用下直接沉入池底，较细的颗粒随溢流水向四周边流动并沉淀，在池底形成锥形浓缩灰浆；并在此通过有一定坡度的管道流向灰浆泵入口，再由油隔离泵或水柱泵送往灰场；澄清的清水沿溢流槽溢出，流到回水池，供除灰系统循环使用。

在高浓度除灰系统中，厂区内灰浆和灰渣向沉淀池的输送，一般仍采用灰渣泵低压水力除灰系统。

（二）气力除灰

气力除灰系统是以空气为介质输送细灰的系统。气力除灰不需要冲灰水源，不改变灰的特性，既节约能源，也为灰的综合利用提供了有利条件。因而在新建的 300MW 及以上大型机组中广泛采用气力除灰系统。气力除灰系统分为正压和负压两大类,根据空气压力和输送设备的不同,气力除灰系统还有其具体的分类,见表 7-2。

表 7-2   气力除灰系统分类

类型	主要设备	气源压力 (kPa)	输送量 (t/h)	输送距离 (m)	灰气混合比 (kg/kg)	主要特点
高正压	仓泵	>200	30~100	500~1000	7~15	出力大,输送距离远
低正压	气锁阀	<200	80	200~450	25~30	适合中等距离输送,省去集中装置
负压	抽气设备	-50	50	<200	2~10 20~25①	厂区短距离输送,工作环境清洁
空气斜槽— 气力提升泵	空气斜槽 气力提升泵	3~5	40	≤60		设备简单,尤其适合多灰斗集中输送
负-正压联合	抽气设备 仓泵		100			输送距离远,集中与分配并用

* 对受灰器作供料装置的负压系统,灰气混合比为 2~10,对除灰控制阀作供料装置的负压系统,灰气混合比为 20~25。

1. 正压气力除灰系统

(1) 仓泵气力除灰系统。目前普遍采用的正压除灰系统是仓式气力输送泵(简称仓泵)系统。它是利用压缩空气使仓式气力输送泵内的灰与空气混合,并吹入输送管道,直接排入灰库。其流程是:从干式除尘器分离下来的灰,经螺旋输粉机或给料机,进入仓泵,用压缩空气将缸体内的灰吹到灰库内,由于突然扩容,速度急剧降低,大部分灰粒从气流中分离出来并降落到灰库内,只有少部分很细的灰粒随气流进入压力式布袋收尘器,并被捕集下来,较清洁的空气排入大气,如图 7-26 所示。

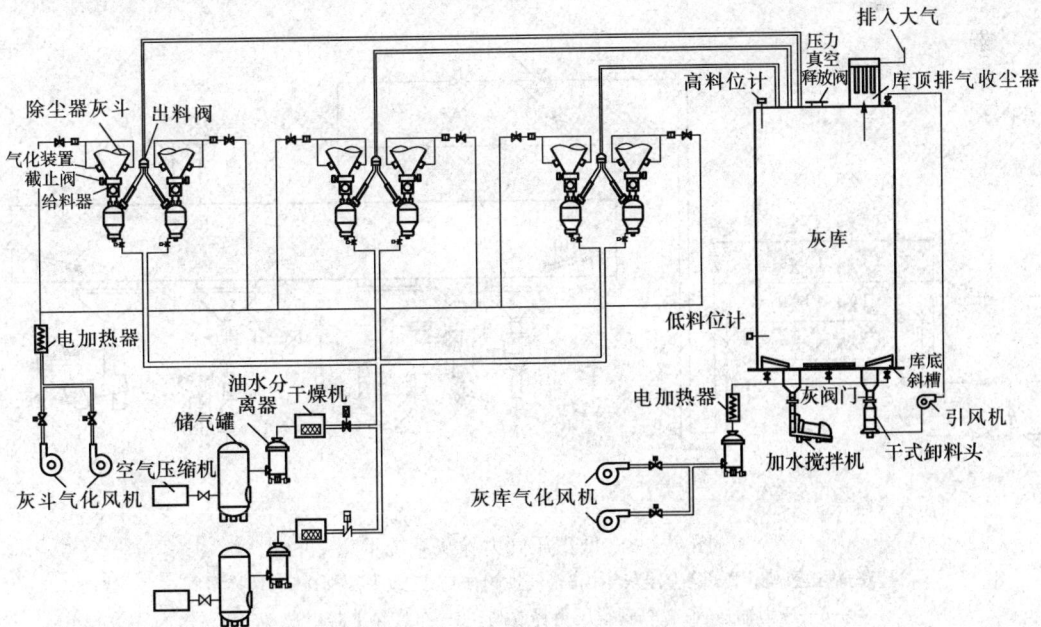

图 7-26 高正压气力除灰系统及灰库示意

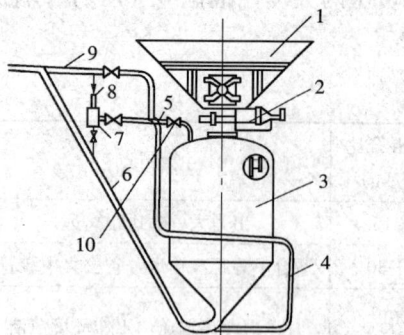

图 7-27 下引式仓泵结构

1—灰斗；2—锥形阀；3—仓泵；
4—冲灰压缩空气管；5—压灰空气管；
6—输灰管；7—滤水管；8—压缩空气总管；
9—冲洗压缩空气管；10—压灰空气门

仓泵有上引式、下引式和流态化三种型式。图 7-27 为下引式仓泵的结构图。该泵由带锥底的罐体、进料阀、料位开关、排料斜喷嘴和供气管等部件组成。其工作过程为四个阶段：①进料阶段：仓泵进料阀开启，灰斗 1 中的灰经锥形阀 2 和插门板定期排入仓泵，灰料在仓泵中不断积累，料满或达到设定间隔时间关闭进料阀进入下一阶段；②进气加压阶段：仓泵进料阀、出料阀关闭，进气阀（压灰空气门 10）开启，压缩空气通过底部的流化盘进入仓泵，在仓泵内加压，使灰流化，当泵内压力上升到设定压力高限时，高压开关动作，过渡到下一阶段；③排放阶段：仓泵进料阀关，出料阀、进气阀开，仓泵积累灰由压缩空气以连续浓相形式经输灰管 6 输送至灰库，直到泵内压力降至设定的低限值时进入下一阶段；④吹扫阶段：清扫仓泵和管道中的残灰，压力下降到一定值时，自动关闭进气阀，又开始进料阶段。重复上述过程连续除灰。

仓泵系统的特点是输送距离长，出力高，运动部件少，运行可靠。但由于压力较高，故对配套设备要求相应提高。设备磨损严重，运行不当或维修不及时将造成环境污染。

（2）低正压气锁阀气力除灰系统。气锁阀气力除灰系统是以气锁阀为供料装置，以回转式鼓风机为空气动力源的新型气力除灰系统。气锁阀的布置方式为串联式，即每一个灰斗下面设置一台气锁阀，几台气锁阀可公用一条输灰管道。典型的气锁阀气力除灰系统如图 7-28 所示。

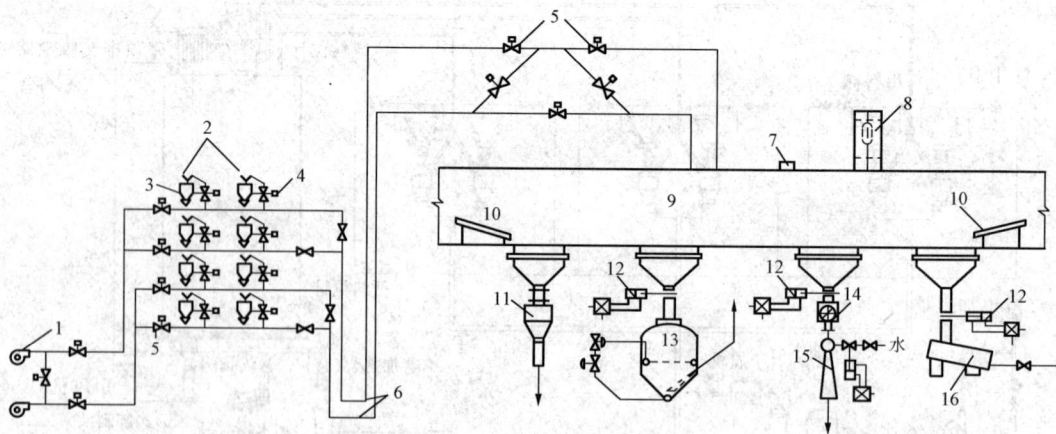

图 7-28 低正压气力除灰系统示意

1—输送风机；2—除尘器灰斗；3—气锁阀；4—三通平衡阀；5—切换滑阀；
6—压力输送管；7—真空压力释放阀；8—布袋除尘器；9—灰库；
10—空气输送斜槽；11—干灰卸料装置；12—灰闸门；13—仓泵；
14—叶轮给料机；15—水力喷射泵；16—加水搅拌机

气锁阀的结构如图 7-29 所示。气锁阀分上下两个室。上室有上下两个门，分别由顶阀和底阀控制开、关；下室的上门即是上室的下门，下室的下门与输灰管道开放连接，另有一个三通平衡阀，其作用是通过切换相应管道使上室交替地加压或泄压。

气锁阀的工作程序：当上阀开启时，物料借助于自重从灰斗流入上室，并贮存在上室内（上室又称为贮灰室），这时三通平衡阀处于使上室与灰斗连通状态，经过预定的时间后，上阀关闭；三通平衡阀切换到与压力风管相通的位置，对上室加压，使上室内压力稍高于输送管道压力，此时下阀开启，物料以一定速度流入输送管道，被气流带走。经过预定出料时间后，下阀关闭，三通平衡阀再次切换，对上室泄压，随后上阀再次开启，进入下一个装料、卸料循环。

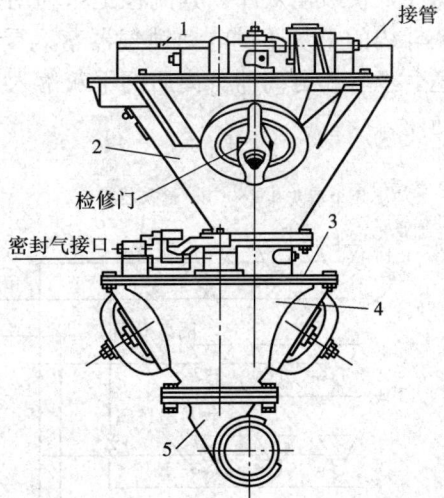

图 7-29　气锁阀结构
1—上阀；2—上室；3—下阀；
4—下室；5—出料三通阀

由于气锁阀本身具有装料和卸料功能，所以整个系统控制方式较为灵活，既可使各个气锁阀交替装料，又可使多台同时装料、卸料，通过一个总程序控制器，操作人员可以自由选择各种工作方式。

气锁阀气力除灰系统的输送能力一般可达 80t/h，输送距离约 500m，吸尘装置简单。其缺点是气锁阀体积高大，若灰斗下空高度不够则不能安装。

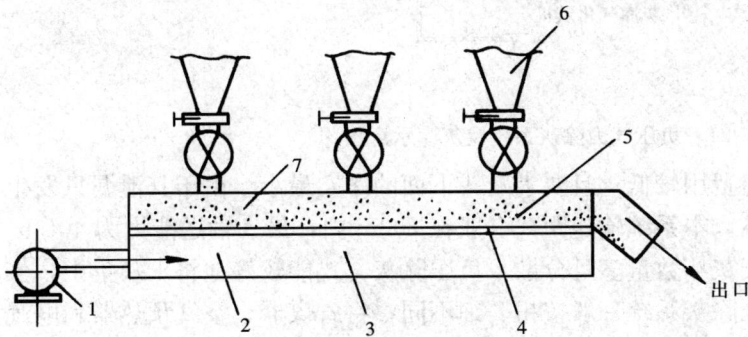

图 7-30　空气斜槽输灰示意图
1—鼓风机；2—下槽体；3—空气；4—透气层；
5—干灰；6—灰斗；7—上槽体

（3）空气斜槽。空气斜槽是一种既经济又实用的气力除灰设备。槽身微倾斜，低压空气从下往上通过孔隙密布的透气层不断地供给，使空气在飞灰中的分布呈毛细管状态，从使飞灰均匀气化，并在重力的切向分力作用下形成流动状态，沿斜坡下滑而达到输送的目的，见图 7-30。由于空气是自下向上吹的，所以透气层（多孔隔板）与干灰几乎是不接触的。因此空气斜槽具有磨损小、易维护、能耗低、出力大、结构简单、运行可靠、无噪声、易于改变输送方向和多点卸料等优点，是一种较为理想的水平输送的除灰设备。空气斜槽对潮气很敏感，为了保证斜槽能可靠地输送粉煤灰，在某些情况下，还应采取必要的加热措施。

2. 负压气力除灰系统

负压气力除灰系统是利用抽气设备（主要有罗茨风机、真空泵、抽气器）产生系统负压将飞灰抽吸至灰库。其流程是：利用抽气设备的抽吸作用，使输灰系统内产生一定负压，当灰斗内的干灰通过电动锁气器落入受灰器内时，与吸入受灰器的空气混合，并一起吸入管道，经气粉分离器分离后的干灰落入灰库，清洁空气则通过负压风机重返大气，如图 7 - 31 所示。

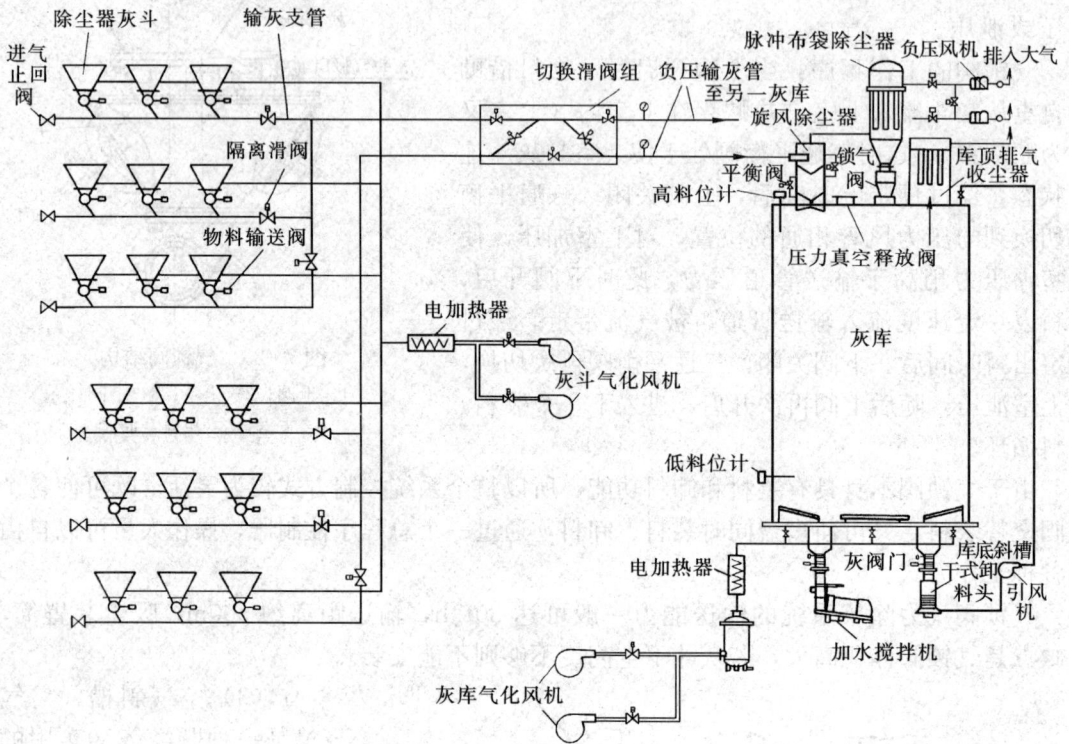

图 7 - 31　负压气力除灰系统及灰库示意图

负压除灰系统特点是：基建费用较低，且要求灰斗下面的净空最小。由于其泄漏只发生在系统内部，所以运行比较清洁。本系统输送距离一般在 200m 内，最大输送能力为 40t/h。对采用电气除尘器的电厂，由于灰斗数量多且分散，负压除灰方式能较好地将干灰集中，然后再进行处理或综合利用。负压除灰系统一般按粗、细不同，将省煤器、空气预热器和电气除尘器一电场灰斗中的灰送往粗干灰仓，而将除尘器二、三电场的灰送往细干灰仓中。也有的系统不分粗、细干灰仓，采用混除方式。

（1）罗茨风机。罗茨风机是靠转子旋转排出气体的容积式风机，它由两个渐开线形转子（空心或实心）2 和 3、长圆形机壳 1、两根平行轴 6 及进风口、排风口组成，如图 7 - 32 所示。两个转子相差 90°，并以相同的速度作反方向旋转，在转子转动过程中，气体从一侧吸入壳体再从另一侧排出，从而在入口形成一定的真空，转子和外壳间的空气随其容积的变化而被压缩排出。每个转子旋转一周送气两次，排出两倍阴影部分体积的空气。罗茨风机的工作过程如图 7 - 33 所示。

（2）水环式真空泵。水环式真空泵实际上是一种压缩机，抽取容器中的气体，将其加压到 0.1MPa 以上，从而克服排气阻力，使容器中的气体排入大气。

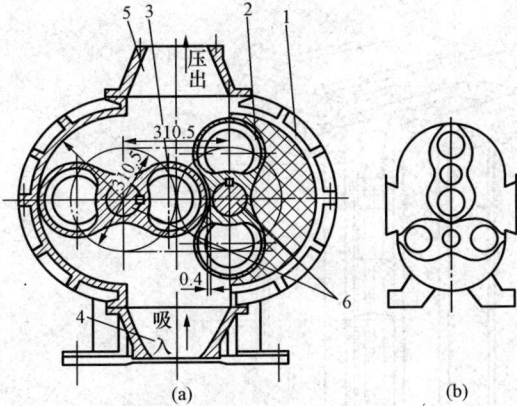

图 7-32　罗茨风机剖面

(a) 卧式；(b) 立式

1—机壳组；2—主动转子组；3—从动转子组；
4—进风口；5—排风口；6—轴

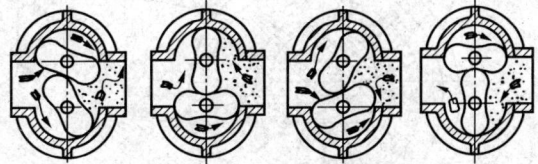

图 7-33　罗茨风机工作过程示意

水环式真空泵结构如图 7-34 所示。泵体内注水至轴线处，当叶轮 3 旋转时，在离心力作用下，水被甩向泵体 2 的内壁，而产生水环 5。在叶轮、水环间形成月牙形空间。它被叶轮分成独立的小室，水环内表面上在上部与轮壳相切，水环从这点起沿逆时针方向逐渐离开轮壳，小室容积增大，形成真空，侧盖上吸气孔 1 将所要抽气空间的气体吸入此真空小室内，随着叶轮旋转，水又逼近轮壳，小室内气体逐渐受到压缩，最后达到一定压强后，经侧盖上排气孔 4 排至出口，叶轮每转一周进行一次吸气和排气，水在泵内起着活塞作用。气体从叶轮中获得能量，又将能量传给气体。叶轮是实现能量转换的部件。水环式真空泵结构简单，没有阀门和其他配气机构，用水作介质来形成真空，泵的磨损小，吸排气均匀，运转平稳，但效率低。

（3）布袋过滤器。为了捕集输送管中极细的未被旋风分离器收集的飞灰，在细灰分离器（旋风分离器）后设置了布袋过滤器，进行第二次净化，经过布袋过滤器的洁净空气由真空泵（或风机）抽吸后排入大气。

布袋过滤器是一个圆筒体，内装用涤纶毡制作的过滤袋，其结构如图 7-35 所示。含尘空气进入旋风除尘器分离段，当气灰上升时，较重的尘粒落到容器底部；细尘粒随空气继续上升，进入布袋除尘器。当气流通过滤袋时，灰尘滞留在滤袋外表，通过脉动空气冲击抖落到灰库。由程序控制器控制的电磁阀周期性动作，带动隔膜阀动作，使母管内的压缩空气从喷气小孔喷射，经文丘里管进入过滤袋内，产生空气冲击，使过滤袋振动抖落黏附在过滤布上的灰尘。

三、水力、气力混合除灰渣系统

目前我国某些电厂锅炉灰渣处理方法为：干除灰（或干灰收集湿灰排出）及水力除渣的方式，即采用了气力、水力混合除灰渣系统。整套的灰渣处理系统流程如下：

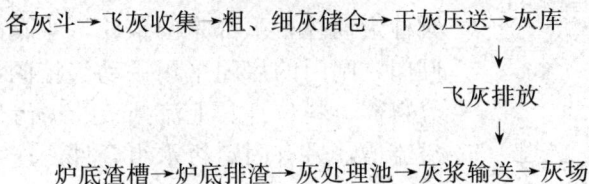

各灰斗→飞灰收集→粗、细灰储仓→干灰压送→灰库

↓

飞灰排放

↓

炉底渣槽→炉底排渣→灰处理池→灰浆输送→灰场

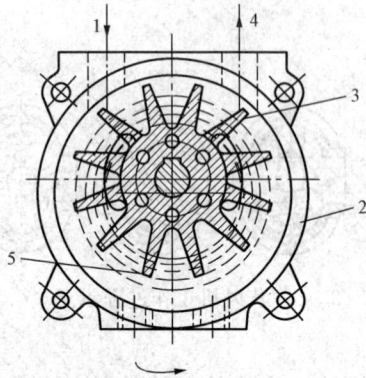

图 7-34 水环式真空泵结构图

1—吸气孔；2—泵体；3—叶轮；
4—排气孔；5—水环

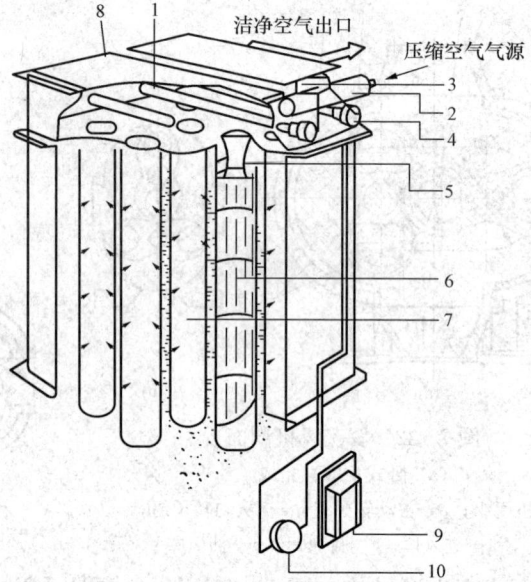

图 7-35 布袋过滤器结构

1—喷气管；2—空气联管；3—控制电磁阀；4—隔膜阀；
5—文丘里喷嘴；6—扩袋圈；7—过滤袋；8—检修门；
9—程序控制器；10—压力表

四、水力、气力、机械联合除灰渣系统

水力、气力、机械联合除灰渣系统是湿除渣、干除灰和汽车运输方式。其流程如下：

气力：各灰斗→真空飞灰收集→粗、细灰储仓→干灰压送→灰库

干灰

水力：炉底渣室——→炉底排渣——→脱水仓——→汽车转运

该系统的主要设备前已述，这里仅介绍灰渣脱水设备——脱水仓。

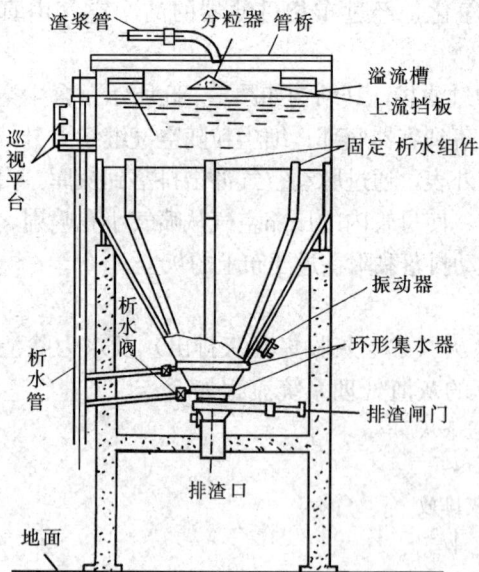

图 7-36 脱水仓构造示意图

脱水仓是一种湿式连续脱水装置。一套脱水仓系统由两台脱水仓组成。当一台脱水仓的筒体被灰渣水混合物注满后，在静态情况下进行沉淀脱水，不能再进灰渣浆，此时灰浆切换到另一台脱水仓。前一台脱水仓经过6~8h的脱水后，仓内灰渣浆含水率大大下降，呈干湿状态，卸料后开始进料，另一台脱水仓开始脱水。两台脱水仓轮流使用，达到连续脱水的目的。

脱水仓构造如图7-36所示。脱水仓上部是圆柱形筒体，下部是圆锥斗，斗底部设有排料闸门，闸门的启闭采用手动气控阀，仓内设有分料器、料位计、上流挡板、锯齿形溢流堰及溢流槽，另有固定析水组合件、连接箱及振动装置等。

脱水仓工作过程是：脱水仓进灰浆之前，先关闭仓底排渣闸门及析水管闸门。排渣闸门关闭到位时，闸门密封圈自动充气，使闸门密封更加严密。

灰浆由脱水仓顶部引入，经锥形分料器均匀流到仓内堆积。当料积聚到规定高度时，仓顶高料位发出信号，此时操作人员将进浆管切换到另一台脱水仓。

料（灰浆）积聚过程中，脱水仓上部的湿料在仓内经过稳流沉淀后，通过溢流槽进入回收水池；存贮在仓内的湿料靠自重进行析水，析出的水通过析水阀和析水管引入回收水池。然后再利用回收水泵打至灰渣转运器。脱水后的干湿灰渣由排渣门排入大容积自卸汽车，送去综合利用。

五、灰渣综合利用

近年来，国内外都在致力于灰渣综合利用，变废为宝，保护环境，提高经济效益。灰渣综合利用的主要途径有：①用粉煤灰作水泥掺合料；②制灰渣砖和灰渣砌砖；③筑路工程中作路面基础；④粉煤灰作农业肥料；⑤制造铸面和保温纤维；⑥提炼稀有金属——锗及其他。

六、贮灰场简介

灰渣综合利用固然有着许多途径，但是要进行相应的投资，其经济效益要具体分析，因此大量粉煤灰现在还很难被百分之百的利用。没能利用的灰渣需要地方堆放，即贮灰场。贮灰场一般用荒山山谷、湖海滩涂、沼泽地或塌陷区等荒废处筑围而成，距离电厂应尽可能近，以减少投资，节省运行和管理费用。灰渣浆可用管道直接送至贮灰场。为保护环境，从贮灰场分离出来的废水应回收并再次利用。

小　　结

1. 燃煤锅炉运行中要排放大量的烟尘、灰渣，为了保护环境，电厂必须装设除尘除灰设备和系统。

2. 采用电气除尘器来净化烟气，其除尘效率高达 98% 以上。电气除尘器是利用高压电场产生的静电力将粉尘分离出来。电气除尘器由两部分构成：本体包括放电极、集尘极、清灰设备和外壳等部件，另一部分是产生高压直流电装置和低压控制装置。

3. 电厂锅炉除灰渣方式有水力、气力和机械三种。水力除渣方式包括连续除渣和高压水力喷射泵除渣系统。气力除灰系统有正压和负压系统，目前国内外还采用水力、气力、机械联合除灰渣系统。

水力除灰系统的主要设备是连续排渣槽、捞渣机、碎渣机、灰渣泵、油隔离泵等。

4. 正压气力除灰系统主要有仓泵式和低压气锁阀式。它们是以压缩空气为输送介质和动力。负压除灰系统是利用抽气设备的抽吸作用产生负压，干灰在受灰器与空气混合吸入输灰管道经分离器后干灰落入灰库，清洁空气则通过抽气设备返回大气。其主要设备是罗茨风机和真空泵。

5. 机械除灰渣系统是先将灰渣沉淀，然后用抓斗机抓起，用汽车运到厂外综合利用。

水力、气力、机械联合除灰渣系统是将炉底灰渣和粗灰用灰渣泵打到脱水仓后，用汽车外运综合利用，而细灰采用正（负）压系统送至灰库。

复习思考题

7-1 回答下列概念题：

（1）除尘器；（2）粉尘比电阻；（3）电晕；（4）除灰系统。

7-2 简述电气除尘器的工作原理及除尘过程。

7-3 粉尘比电阻对除尘效率有何影响？

7-4 简述电气除尘器的结构。

7-5 阴极系统由哪几部分组成？其功能是什么？

7-6 写出连续除灰渣系统的流程。并简述其中主要设备的作用。

7-7 试述油隔离泵工作原理及工作过程。

7-8 画出双仓泵正压除灰系统，并叙述仓泵的工作过程。

7-9 什么是低正压除灰系统？并叙述气锁阀的工作原理和特点。

7-10 负压气力除灰系统的特点是什么？该系统包括哪些主要设备？

7-11 负压除灰系统采用几级吸尘器？详述布袋吸尘器的吸尘过程。

7-12 试述罗茨风机的工作过程。

7-13 画出某一水力、气力、机械联合除灰渣系统的方框图。

7-14 试述灰渣综合利用的主要途径。

参 考 文 献

1　张永涛主编. 锅炉设备及系统. 北京：中国电力出版社，1998.
2　容銮恩，袁镇福等合编. 电站锅炉原理. 北京：中国电力出版社，1997.
3　樊泉桂主编. 阎维平副主编. 锅炉原理. 北京：中国电力出版社，2004.
4　樊泉桂著. 亚临界与超临界锅炉. 北京：中国电力出版社，2000.
5　阎维平编著. 洁净煤燃烧技术. 北京：中国电力出版社，2001.
6　毛建雄，毛建全，赵树民编著. 煤的清洁燃烧. 北京：科学出版社，1998.
7　容銮恩主编. 300MW 火力发电机组丛书（第一分册）燃煤锅炉机组. 北京：中国电力出版社，1998.
8　望亭电厂编著. 300MW 火力发电机组运行与检修技术培训教材. 北京：中国电力出版社，2002.
9　范从振主编. 锅炉原理. 北京：水利电力出版社，1986.
10　周菊华主编. 锅炉设备. 北京：中国电力出版社，2002.
11　周菊华主编. 电厂锅炉运行. 北京：中国电力出版社，1998.
12　周菊华主编. 电厂锅炉. 北京：中国电力出版社，2004.
13　吴志敏主编. 电厂锅炉. 北京：中国电力出版社，1998.
14　张立华主编. 电厂锅炉. 北京：中国电力出版社，1997.
15　中国动力工程学会主编. 火力发电设备. 第一卷　锅炉. 北京：机械工业出版社，2001.
16　哈尔滨第三发电厂编著. 600MW 火力发电机组培训教材. 北京：中国电力出版社，2001.